普通高等教育"十二五"规划教材

数控加工技术

主编　李铁钢
编写　李跃中　张　陈　范智广
主审　刘东梅　吴广东

中国电力出版社
CHINA ELECTRIC POWER PRESS

内 容 提 要

本书是普通高等教育"十二五"规划教材。

全书内容共分八章,包括数控加工技术基础、数控车床程序编制、数控铣床和加工中心程序编制、计算机辅助数控程序编制技术、数控加工仿真技术、数字化测量技术、其他数控加工技术、数控加工技术的研究热点。本书内容翔实,结构合理,全面反映数控技术的工程实践。

本书可作为高等院校工科机械类专业的教材,也可供其他专业的师生和相关工程技术人员参考使用。

图书在版编目(CIP)数据

数控加工技术/李铁钢主编. —北京:中国电力出版社,2014.8
(2021.1重印)

普通高等教育"十二五"规划教材

ISBN 978-7-5123-6096-9

Ⅰ.①数… Ⅱ.①李… Ⅲ.①数控机床-加工-高等学校-教材 Ⅳ.①TG659

中国版本图书馆 CIP 数据核字(2014)第 139783 号

中国电力出版社出版、发行

(北京市东城区北京站西街 19 号 100005 http://www.cepp.sgcc.com.cn)

北京九州迅驰传媒文化有限公司印刷

各地新华书店经售

*

2014 年 8 月第一版 2021 年 1 月北京第四次印刷

787 毫米×1092 毫米 16 开本 17.25 印张 421 千字

定价 50.00 元

前　言

　　本书在内容编排上，从工程实际出发，以应用为导向，介绍了数控加工技术，使学生通过学习，真正掌握相关知识与技能。

　　本书编者都是在高等院校多年从事数控技术教学研究的一线教师，具有丰富的教学、工程实践与教材编写经验，能够准确地把握学生的学习状态与实际需求。

　　本书具体讲授了数控加工技术基础、数控车床程序编制、数控铣床和加工中心程序编制、计算机辅助数控程序编制技术、数控加工仿真技术、数字化测量技术、其他数控加工技术、数控加工技术的研究热点，数控加工技术贯穿于制造实践中。

　　本书语言简洁，图例清晰，案例典型丰富，技术先进实用。

　　本书由沈阳工程学院李铁钢担任主编，参加编写的还有李跃中、张陈、范智广。具体分工如下：绪论、第一、四、六、七章由李铁钢编写，第五章由范智广编写，第八章由张陈编写，附录由李跃中编写。本书提供电子课件，主编邮箱 ltgchina@126.com。

　　本书由中航工业沈阳飞机工业（集团）有限公司刘东梅、吴广东高级工程师担任主审。

　　在本书的编写过程中，得到沈阳工程学院和中航工业沈阳飞机工业（集团）有限公司高级工程技术人员的大力帮助，并提出许多宝贵的建议，在此一并致谢。

　　鉴于编者水平有限，不妥之处在所难免，敬请读者批评指正。

编　者

2014 年 5 月

目　　录

绪　　论

科学技术和社会生产的不断发展，对机械产品的性能、质量、生产率和生产成本提出了越来越高的要求。机械加工工艺过程自动化是实现上述要求的最重要技术措施之一，它不仅能够提高产品质量和生产率，降低生产成本，还能改善工人的劳动条件。因此，许多企业采用自动机床、组合机床和专用机床组成自动或半自动生产线。但是，采用这种自动和高效率的设备，需要很大的初期投资及较长的生产准备周期，只有在大批量的生产条件下（如汽车、拖拉机、家用电器等）进行主要零件生产，才会有显著的经济效益。

机械制造工业中，单件、小批量生产的零件约占机械加工总量的 80%，此外，科学技术的进步和机械产品市场竞争日趋激烈，致使机械产品不断改型、更新换代，批量相对减少，质量要求越来越高，采用专用的自动机床加工这类零件就显得很不合理，而调整或改装专用的"刚性"自动生产线投资大、周期长，从技术上讲有些是不可能实现的。

采用各类仿型机床加工，虽然可以部分地解决小批量复杂零件的加工，但在更换零件时，需制造靠模和调整机床，生产准备周期长，而且由于靠模误差的影响，加工零件的精度很难达到较高的要求。

为了解决上述问题，满足多品种、小批量，特别是结构复杂、精度要求高的零件的自动化生产，迫切需要一种灵活的、通用的、能够适用产品频繁变化的"柔性"自动化机床。

随着计算机科学技术的发展，1952 年，美国泊森斯公司（Parsons）和麻省理工学院（M. I. T.）合作，成功研制了世界上第一台以数字计算机原理为基础的数字控制三坐标铣床，开创了机械加工自动化的新纪元。1955 年，数字控制机床进入实用化阶段，在复杂曲面的加工中发挥了重要的作用。

我国从 1958 年开始研制数控机床，20 世纪 60 年代中期进入实用阶段。近年来，由于改革开放，引进国外的数控系统和伺服系统的制造技术，使我国数控机床在品种、数量和质量方面得到了迅速发展。目前，我国的数控机床种类和数控加工技术取得了重大的发展。

数字控制技术在国民经济生产中发挥着举足轻重的作用，广义上说，数字控制技术包含对装备制造、造纸、石油、化工以及各种各样的生产设备的过程控制；狭义上说，数字控制技术指机床数控技术。

数字控制简称数控（Numerical Control，NC），采用数字指令自动控制机械的动作，控制位置、角度和速度等机械量，也包括温度、压力、流量等物理量。

采用计算机数控（Computer Numerical Control，CNC）技术进行机床控制，提高了机床的性能。

数控技术是电子信息技术与传统机床技术相融合的机电一体化产品，在整个现代制造系统中处于核心的地位，其拥有量已成为衡量一个国家的制造技术水平和工业水平的重要指标。

第一章　数控加工技术基础

第一节　数控加工技术的基本概念

一、数控加工原理

数控加工是指通过数控机床进行零件的自动加工，利用计算机精确控制机床按给定的未知坐标进行运动，其工作过程分以下几个步骤实现：

（1）根据被加工零件的图纸制订工艺方案，用规定的代码和程序格式编写加工程序；

（2）将程序指令输入机床数控装置；

（3）数控装置将程序代码进行译码运算，向机床各坐标轴的伺服机构和辅助控制装置发出信号驱动机床的各运动部件，并控制所需要的辅助动作，最后加工出合格的零件。

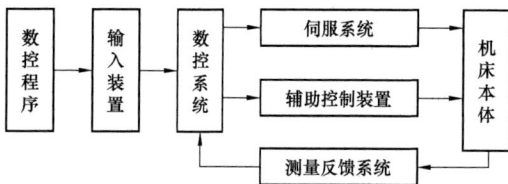

图 1-1　数控机床的基本组成

二、数控机床的组成

如图 1-1 所示，数控机床的基本组成包括数控程序、输入装置、数控系统、伺服系统和测量反馈系统、辅助控制装置及机床本体。

1. 数控程序

数控机床工作时，不需要工人直接去操作机床加工，而是由数控系统控制机床，程序上存储着加工零件所需的全部操作信息和刀具相对工件的位移信息等。加工程序可存储在控制介质（也称信息载体）上，常用的控制介质有穿孔带、磁带和磁盘等。

2. 输入装置

输入装置的作用是将控制介质（信息载体）上的数控代码变成相应的电脉冲信号，传递并存入数控系统内。根据控制介质的不同，输入装置可以是光电阅读机、磁带机、软盘驱动器、U 盘和移动硬盘。数控加工程序也可通过键盘，用手工方式（MDI 方式）直接输入数控系统，或者将数控加工程序由编程计算机用通信方式传送到数控系统中。现在广泛使用的方法是利用局域网通过 DNC 控制程序实现加工。

3. 数控系统

数控系统是数控机床的中枢，它由输入/输出接口线路、控制器、运算器和存储器四大部分组成，这种由专用电路组成的专用计算机数控系统俗称硬件数控。现在一般采用通用小型计算机或微型计算机作为数控装置，这种数控系统称计算机数控系统，又称为软件数控。

数控系统接受输入装置送来的脉冲信息，经过数控系统的逻辑电路或系统软件进行编译、运算和逻辑处理后，输出各种信息和指令，控制机床的各个部分，进行规定的有序的动作。这些控制信息中最基本的信息是经插补运算确定的各坐标轴（即作进给运动的各执行部件）的进给速度、进给方向和进给位移量指令。其他还有主运动部件的变速、换向和启停指令；刀具的选择和交换指令；冷却、润滑装置的启停；工件和机床部件的松开、夹紧；分度工作台转位等辅助指令等。

机床的性能很大程度决定于数控系统的功能，典型的国外数控系统有 SIEMENS、FANUC、FIDIA、NUM 和 A - B；国内数控系统有华中系统、广州系统、蓝天系统和飞扬系统等。数控系统按照机床功能和价格档次分模块选购配置。

4. 伺服系统和测量反馈系统

伺服系统接受来自数控装置的指令信息，经功率放大后，严格按照指令信息的要求驱动机床的移动部件，以加工出符合图样要求的零件。因此，它的伺服精度和动态响应是影响数控机床的加工精度、表面质量和生产率的重要因素之一。

伺服系统包括驱动装置和执行机构两大部分。目前大都采用直流或交流伺服电动机作为执行机构。

测量元件将数控机床各坐标轴的位移指令值检测出来并经反馈系统输入到机床的数控装置中，数控装置对反馈回来的实际位移值与设定值进行比较，并向伺服系统输出达到设定值所需的位移量指令。

相对于数控系统发出的每个进给脉冲信号，机床移动部件的位移量称为最小设定单位，也称为脉冲当量，数控机床根据其精度的不同，使用的脉冲当量为 0.01、0.005mm 及 0.001mm，现在常用的为 0.001mm。

5. 辅助控制装置

辅助控制装置的主要作用是接收数控装置输出的主运动换向、变速、启停、刀具的选择和交换，以及其他辅助装置动作等指令信号，经过必要的编译、逻辑判别和运算，经功率放大后直接驱动相应的电器，带动机床机械部件、液压气动等辅助装置完成指令规定的动作。此外，机床上的限位开关等开关信号经它的处理后送数控装置进行处理。

由于可编程逻辑控制器（PLC）响应快，性能可靠，易于使用、编程和修改，并可直接驱动机床电器，现已广泛作为数控机床的辅助控制装置。

6. 机床本体

与传统的机床相比较，数控机床本体仍然由主传动装置、进给传动装置、床身及工作台以及辅助运动装置、液压气动系统、润滑系统、冷却装置等组成。但数控机床的整体布局、外观造型、传动系统、刀具系统的结构以及操作机构等方面都已发生了很大的变化。这种变化的目的是为了满足数控技术的要求和充分发挥数控机床的特点。

三、数控加工技术的特点

采用数控加工技术的优点如下。

1. 加工精度高

目前，数控机床的脉冲当量普遍达到了 0.001mm，而且进给传动链的反向间隙与丝杠螺距误差等均可由数控装置进行补偿，因此，数控机床能达到很高的加工精度。对于中、小型数控机床，定位精度普遍可达 0.03mm，重复定位精度为 0.01mm。此外，数控机床的传动系统与机床结构都具有很高的刚度和热稳定性，制造精度高，数控机床的自动加工方式避免了人为的干扰因素，同一批零件的尺寸一致性好，产品合格率高，加工质量十分稳定。

2. 对加工对象的适应性强

数控机床改变加工零件时，只需重新编制（更换）程序。输入新程序就能实现对新的零件的加工，为复杂结构的单件、小批量生产以及试制新产品提供了极大的便利。对那些普通手工操作的一般机床很难加工或无法加工的精密复杂零件，数控机床也能实现自动加工。

3. 自动化程度高，劳动强度低

数控机床对零件的加工是按事先编好的程序自动完成，操作者除了安放穿孔带或操作键盘、装卸工件、关键工序中间检测，以及观察机床运行之外，不需要进行繁杂的重复性手工操作。劳动强度与紧张程度均可大大减轻。加上数控机床一般都具有较好的安全防护、自动排屑、自动冷却和自动润滑等装置，使操作者的劳动条件也大为改善。

4. 生产效率高

零件加工所需的时间主要包括机动时间和辅助时间两部分。数控机床主轴的转速和进给量的变化范围比普通机床大，因此数控机床每一道工序都可选用最有利的切削用量；由于数控机床的结构刚性好，因此允许进行大切削用量的强力切削，这就提高了数控机床的切削效率，节省了机动时间。数控机床的移动部件空行程运动速度快，工件装夹时间短，辅助时间比一般机床少。

数控机床更换被加工零件时几乎不需要重新调整机床，节省了零件安装调整时间，数控机床加工质量稳定，一般只作首件检验和工序间关键尺寸的抽样检验，因此节省了停机检验时间。在加工中心机床上进行加工时，一台机床实现了多道工序的连续加工，生产效率的提高更加明显。

5. 良好的经济效益

数控机床虽然设备昂贵，加工时分摊到每个零件上的设备折旧费较高，但在单件、小批量生产情况下，使用数控机床加工，可节省划线工时，减少调整、加工和检验时间，节省直接生产费用；数控机床加工零件一般不需制作专用工夹具，节省了工艺装备费用；数控机床加工精度稳定，降低了废品率，使生产成本进一步下降。此外，数控机床可实现一机多用，节省厂房面积、节省建厂投资。因此，使用数控机床仍可获得良好的经济效益。

6. 有利于现代化管理

数控机床加工能准确地计算零件加工工时和费用，并有效地简化了检验工夹具、半成品的管理工作，有利于生产现代化管理。数控机床使用数字信息与标准代码输入，最适宜于数字计算机联网，成为计算机辅助设计、制造及管理一体化的基础。

四、数控加工适合的零件

（1）形状复杂、精度高的结构件和曲面类零件；

（2）一次装夹进行钻、铣、镗、铰和攻丝等工艺加工的零件；

（3）中小批量、质量高的零件；

（4）通用机床工装复杂，需要长时间调整的零件。

典型的加工零件如图1-2所示。

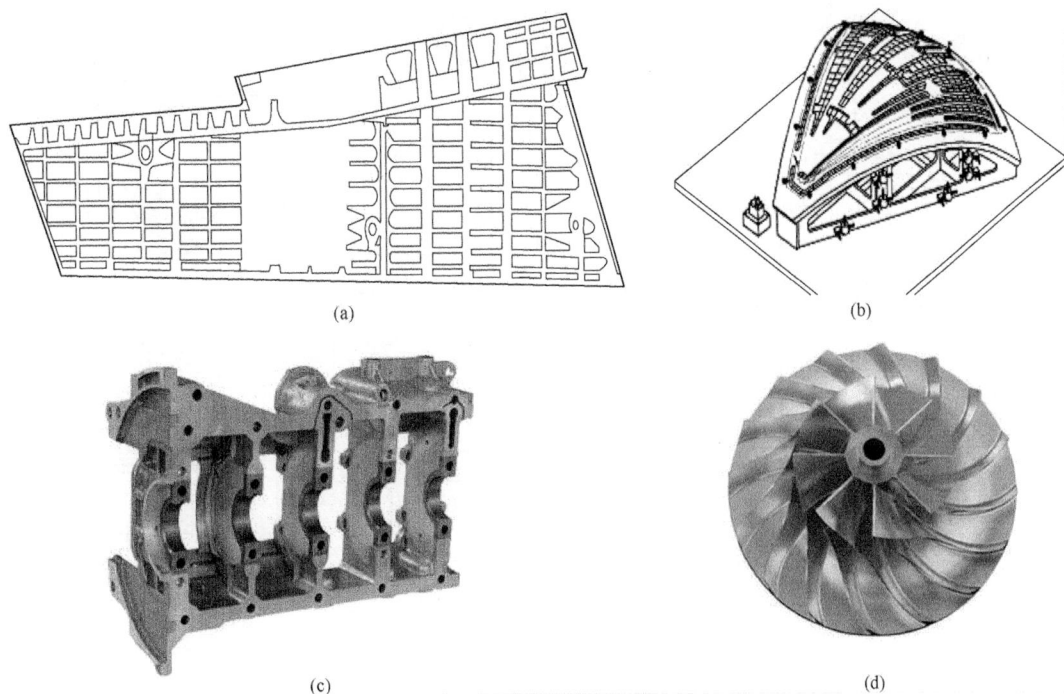

图 1-2　典型的加工零件
(a) 飞机壁板；(b) 曲面真空夹具；(c) 发动机箱体；(d) 压缩机叶轮

第二节　数控机床的分类及应用

数控机床品种规格多，归纳起来可分为如下几类。

一、按工艺用途分类

1. 金属切削类数控机床

与传统的机械加工车、铣、钻、镗、磨、齿轮加工相适应的数控机床有数控车床、铣床、镗床、钻床、磨床、齿轮加工机床等。尽管这些数控机床加工工艺方法存在很大差别，具体的控制方式也各不相同，但它们都具有很好的精度一致性、较高的生产率和自动化程度。

在普通数控机床上加装一个刀库和自动换刀装置就成为加工中心机床，加工中心机床进一步提高了普通数控机床的自动化程度和生产效率。以铣、镗、钻加工中心为例，在数控铣床上增加了一个容量较大的刀库和自动换刀装置，工件一次装夹后，可以对其大部分加工面进行铣、镗、钻、扩、铰以及攻螺纹等多工序加工，特别适合箱体类零件的加工。JCS-018立式加工中心外观图如图 1-3 所示。

加工中心机床可以有效地避免由于工件多次安装造成的定位误差，减少了机床的台数和占地面积，缩短了辅助时间，大大提高了生产效率和加工质量。

2. 金属成形类数控机床

金属成形类数控机床是指采用挤、冲、压、拉等成形工艺方法加工零件的数控机床，普

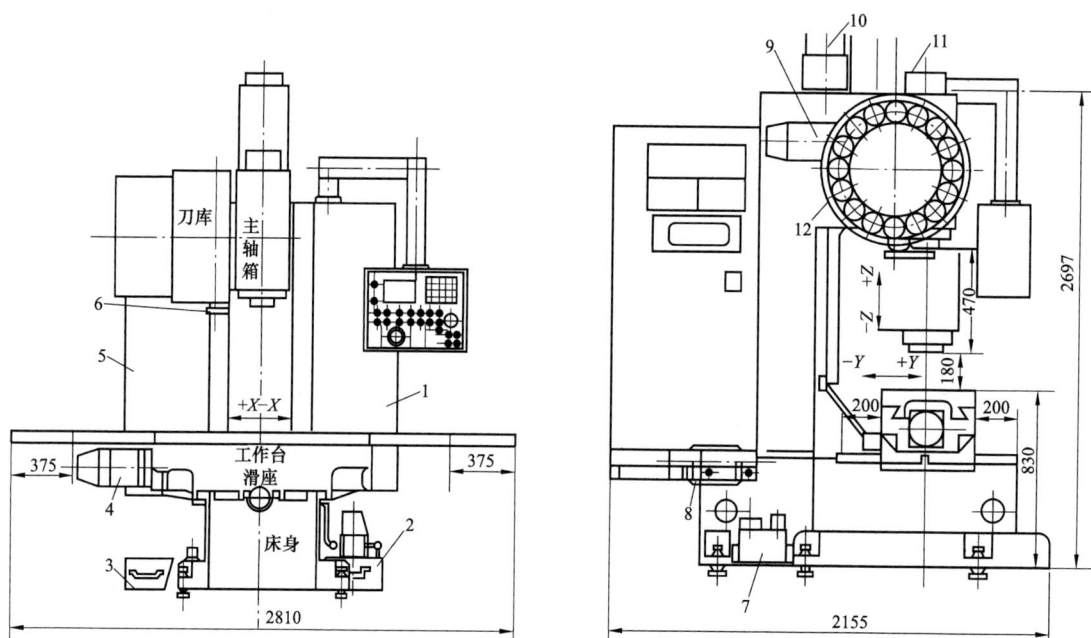

图 1-3　JCS-018 立式加工中心外观图

1—伺服装置、电源；2—冷却油箱（选用）；3—切屑箱；4—X 轴电动机；5—数控装置；6—机械手；
7—润滑油箱；8—Y 轴电动机；9—刀库电动机；10—Z 轴电动机；11—主轴电动机；12—刀库罩壳

通金属成形类机床很多通过模具对材料进行成形，数控技术的引用减少了模具，提高了制造精度和生产效率。

常用的金属成形类数控机床有数控液压机、数控冲床、数控弯管机、折弯机和数控旋压机等。

3. 特种加工类数控机床

特种加工指利用声、光、电、磁和化学物质等对零件进行加工，常用的有电火花线切割加工机床、电火花成形机床和激光加工机床等。近年来，非加工设备中也大量采用了数控技术，如数控多坐标测量机、自动绘图机及工业机器人等。

二、按控制系统分类

1. 点位控制数控机床

点位控制数控机床的特点是机床移动部件只能实现由一个位置到另一个位置的精确定位，在移动和定位过程中不能进行任何加工。机床数控系统只需控制行程终点的坐标值，而不控制点与点之间的运动轨迹，因此几个坐标轴之间的运动不需任何联系。为了尽可能地减少移动部件的运动时间并提高定位精度，移动部件首先快速移动，到接近终点坐标时降速，准确移动到终点定位。这类数控机床主要有数控坐标镗床、数控钻床、数控冲床、数控点焊机及数控弯管机等。

点位控制数控机床的数控装置称为点位数控装置，这种控制系统比较简单。

2. 直线控制数控机床

直线控制数控机床的特点是机床移动部件不仅要实现由一个位置到另一个位置的精确移

动定位，而且能够实现平行坐标轴方向的直线切削加工运动。直线数控机床虽然扩大了点位控制数控机床的工艺范围，但它的应用仍然受到了很大的限制，这类数控机床主要有简易数控车床、数控铣镗床等。

3. 轮廓控制数控机床

轮廓控制数控机床的特点是能够对两个或两个以上坐标轴同时进行切削加工控制，它不仅能控制机床移动部件的起点与终点坐标，而且要控制整个加工过程中每一点的速度和位移。图 1-4 所示为两坐标轮廓控制数控铣床的工作原理。

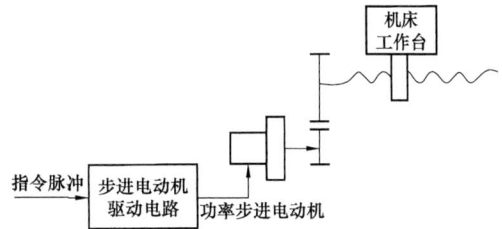

常用的数控车床、数控铣床、数控磨床是典型的轮廓数控机床，它们可代替所有类型的仿型加工，提高加工精度和生产率，缩短生产准备时间。数控火焰切割机、电火花加工机床以及数控绘图机等也都采用了轮廓控制系统。

三、按伺服系统分类

1. 开环控制数控机床

开环控制数控机床的特点是其控制系统不带反馈装置，通常使用功率步进电动机为伺服执行机构。数控装置输出的脉冲通过环形分配器和驱动电路，不断改变供电状态，使步进电动机转过相应的步距角，再经过齿轮减速装置带动丝杠旋转，通过丝杠螺母机构转换为移动部件的直线位移。移动部件的移动速度与位移量是由输入脉冲的频率和脉冲数所决定的。图 1-5 所示为开环数控机床工作原理。

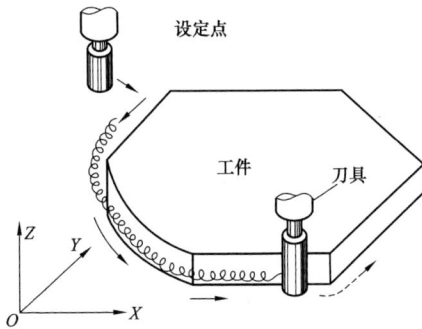

图 1-4 两坐标轮廓控制数控铣床的工作原理

图 1-5 开环数控机床工作原理

开环控制系统结构简单，成本较低。但是，系统对移动部件的实际位移量不进行检测，也不能进行误差校正。因此，步进电动机的步距角误差、齿轮与丝杠等传动误差都将反映到被加工零件的精度中去。因此，开环系统仅适应加工精度要求不高的中小型数控机床，特别是简易经济型数控机床。

2. 半闭环控制数控机床

半闭环控制数控机床的特点是在开环控制数控机床的传动丝杠上装有角位移检测装置（如感应同步器和光编码器等），通过检测丝杠的转角间接地检测移动部件的位移，然后反馈到数控装置中去。半闭环数控系统的调试比较方便，并且具有很好的稳定性。目前已逐步将角位移检测装置和伺服电动机设计成一个部件，使其结构更加紧凑。图 1-6 所示为半闭环控制数控机床的工作原理图。

3. 闭环控制数控机床

闭环控制数控机床的特点是在机床移动部件上直接安装直线位移检测装置，将测量到的

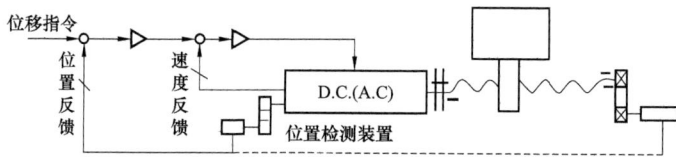

图 1-6　半闭环控制数控机床的工作原理

实际位移值反馈到数控装置中，与输入的指令位移值进行比较，用差值对机床进行控制，使移动部件按照实际需要的位移量运动，最终实现移动部件的精确运动和定位。从理论上讲，闭环系统的运动精度主要取决于检测装置的检测精度，而与传动链的误差无关，显然其控制精度将超过半闭环系统，这就为进一步提高机床的加工精度创造了条件。图 1-7 所示为闭环控制数控机床工作原理图。

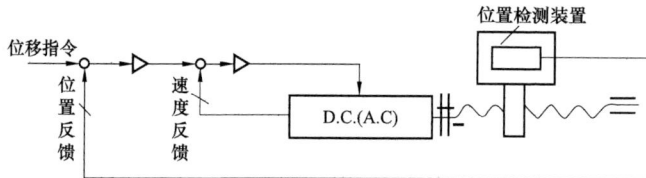

图 1-7　闭环控制数控机床工作原理

四、按数控系统功能分类

按控制系统的功能水平可把数控机床分为高、中、低档（经济型）三种，但是，这种分类由于没有一个确切的定义，所以涵义不明确。下面可从几个方面对高、中、低档数控机床进行分类。

（1）主轴功能。主轴不能自动变速的为低档；可以自动无级变速的，甚至具有 C 轴功能的数控机床（如数控车床）为中、高档。

（2）分辨率和进给速度。分辨率为 $10\mu m$，进给速度为 $8\sim15 m/min$ 为低档；分辨率为 $1\mu m$，进给速度为 $15\sim24 m/min$ 为中档；分辨率为 $0.1\mu m$，进给速度为 $15\sim100 m/min$ 为高档。

（3）伺服进给类型。采用开环、步进电动机进给系统为低档；采用半闭环的直流伺服系统为中档；采用闭环控制的直流或交流伺服系统为高档。

（4）联动轴数。低档数控机床联动轴数为 $2\sim3$ 轴，中、高档的则为 $2\sim4$ 轴或 $2\sim5$ 轴以上。

（5）通信功能。低档数控一般无通信功能；中、高档一般有 RS232C、RS485 等通信接口和接入网络的功能；高档的还有制造自动化协议 MAP（Manufacturing Automation Protocol）通信接口，具备联网功能。

（6）显示功能。低档数控机床一般只有简单的数码显示或简单的 CRT 字符显示，而中档数控则具有较齐全的 CRT 和 LED 显示，不仅有字符，而且有图形、人机对话、自诊断功能；高档数控还可以有三维图形显示。

（7）内装 PLC。低档数控无内装 PLC，中、高档数控都有内装 PLC，高档数控内装 PLC 功能很强，并具有轴控制的扩展功能。

(8) 主 CPU。低档数控一般采用 8 位 CPU，中、高档数控已由 16 位 CPU 向 32 位 CPU 过渡，目前新型的数控已有选用 64 位 CPU 的，以提高运算速度，增加处理功能。

在我国，把由单板机、单片机和步进电动机组成的数控系统和其他功能简单、价格低的系统称为经济型数控。主要用于车床、线切割机床，以及旧机床改造等。这类数控机床属于低档数控。而把功能比较齐全的数控系统称为全功能数控或称标准型数控。

第三节 数控加工坐标系

一、机床坐标系

数控机床利用数字化的零件几何信息控制机床实现精确的运动，加工出合格的零件，因此必须在程序中给出几何信息的位置坐标，机床按照坐标去控制刀具运动，因此必须建立机床坐标系。

（一）建立机床坐标系的基本原则

从数控机床的结构上看，既有刀具运动、工件静止的机床，又有刀具静止、工件运动的机床。为了简化问题的讨论，从相对运动的观点，统一选择刀具相对于静止工件运动的原则作为分析机床坐标系的基本原则。

（二）机床坐标系

标准机床坐标系中 X、Y、Z 坐标轴的相互关系用右手笛卡尔直角坐标系决定。

（1）伸出右手的大拇指、食指和中指，并互为 90°，则大拇指代表 X 坐标，食指代表 Y 坐标，中指代表 Z 坐标。

（2）大拇指的指向为 X 坐标的正方向，食指的指向为 Y 坐标的正方向，中指的指向为 Z 坐标的正方向。

（3）围绕 X、Y、Z 坐标旋转的旋转坐标分别用 A、B、C 表示，根据右手螺旋定则，大拇指的指向为 X、Y、Z 坐标中任意轴的正向，则其余四指的旋转方向即为旋转坐标 A、B、C 的正向，机床坐标系如图 1-8 所示。

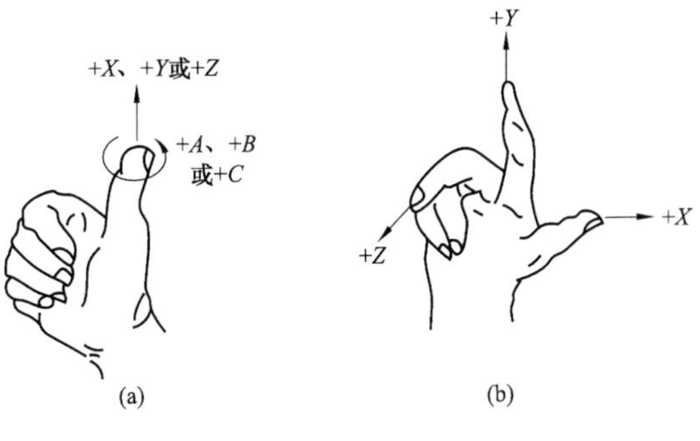

（三）运动方向的规定

增大刀具与工件距离的方向为各坐标轴的正方向。

图 1-8 机床坐标系
(a) 角度坐标确定；(b) 直线坐标确定

（四）坐标轴方向的确定

1. Z 坐标

Z 坐标的运动方向平行于主轴轴线，Z 坐标的正方向为刀具离开工件的方向。

如果机床上有几个主轴，则选一个垂直于工件装夹平面的主轴方向为 Z 坐标方向；如果主轴能够摆动，则选垂直于工件装夹平面的方向为 Z 坐标方向；如果机床无主轴，则选垂直于工件装夹平面的方向为 Z 坐标方向。前置刀架数控车床坐标系如图 1-9 所示。

2. X 坐标

X 坐标平行于机床工作台，为工件的装夹平面，一般在水平面内。确定 X 轴的方向时，要考虑两种情况。

（1）如果工件做旋转运动，则刀具离开工件的方向为 X 坐标的正方向。对于数控车床，图 1-9 所示为前置刀架数控车床的 X 轴情况，后置刀架数控车床的 X 轴如图 1-10 所示。

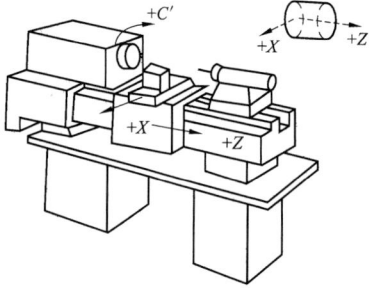

图 1-9　前置刀架数控车床坐标系　　　　　图 1-10　后置刀架数控车床坐标系

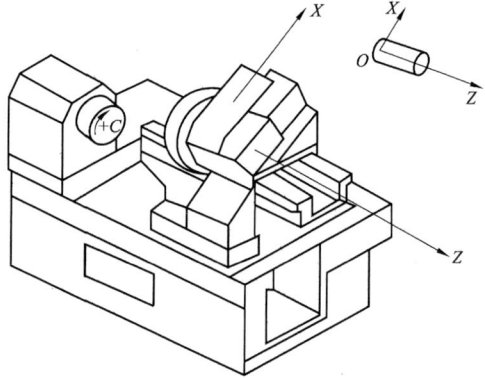

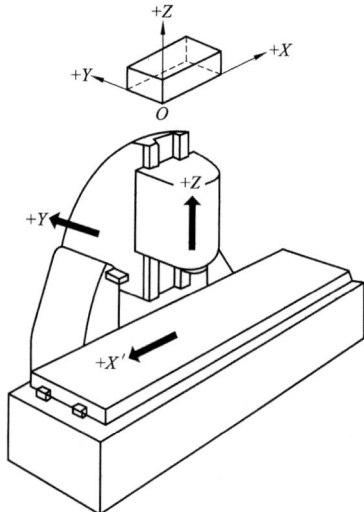

（2）如果刀具做旋转运动，则分为两种情况。Z 坐标水平时，观察者沿刀具主轴向工件看时，$+X$ 运动方向指向右方；Z 坐标垂直时，观察者面对刀具主轴向立柱看时，$+X$ 运动方向指向右方。立式数控车床坐标系如图 1-11 所示，立式数控铣床坐标系如图 1-12 所示，卧式数控镗铣床坐标系如图 1-13、图 1-14 所示。

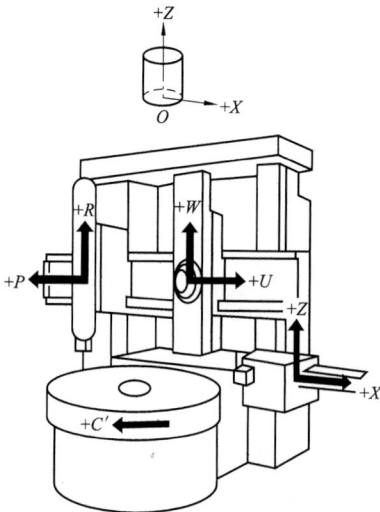

图 1-11　立式数控车床坐标系　　　　　图 1-12　立式数控铣床坐标系

3. Y 坐标

根据 X 坐标和 Z 坐标的方向，按照右手定则来确定 Y 坐标的方向。数控车床的 Y 坐标系如图 1-15 所示（向下垂直于 X 向导轨的投影视图方向）。

（五）附加坐标系

为了满足加工的需求，有的机床设置附加坐标系，附加坐标平行于主要的线性和角度坐标。

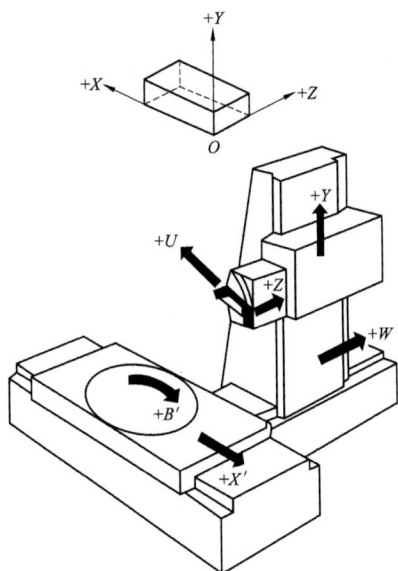

图 1-13　卧式数控镗铣床坐标系一　　　　图 1-14　卧式数控镗铣床坐标系二

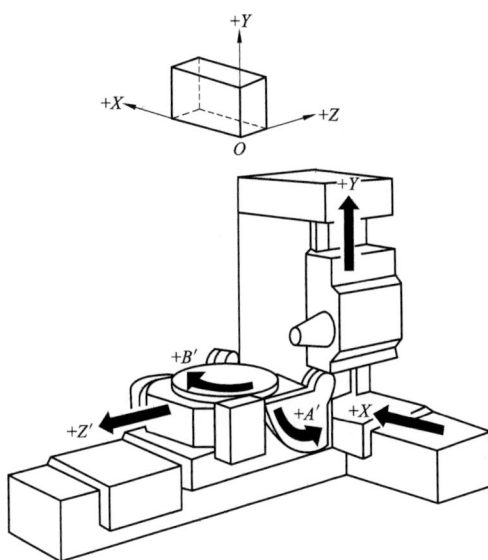

(a)　　　　　　　　　　(b)

图 1-15　数控车床的 Y 坐标系

(a) 前置刀架数控车床坐标系；(b) 后置刀架数控车床坐标系

对于直线运动，通常建立的附加坐标系如下。

1. 指定平行于 X、Y、Z 的坐标轴

第二组 U、V、W 坐标，第三组 P、Q、R 坐标，如图 1-11 所示。

2. 指定平行于 A、B、C 的坐标轴

第二组用 D、E、F 坐标表示，第三组用 P、Q、R 坐标表示。

（六）工件运动的表征

如果表征工件相对于静止的刀具的运动坐标则用 A'、B'、C'、X' 表示，如图 1-11～图 1-14 所示。

（七）机床坐标系的建立

机床坐标系通过机床硬件机构由机床生产厂家建立，在机床使用时通过开机"回参考点"操作建立。

机床参考点是用于对机床运动进行检测和控制的固定位置点，机床参考点的位置是由机床制造厂家在每个进给轴上用限位开关精确调整好的，坐标值已输入数控系统中。因此参考点对机床原点的坐标是一个已知数。

通常数控机床原点和机床参考点是重合的，有些机床不重合。数控机床开机时，必须先确定机床原点，而确定机床原点的运动就是刀架返回参考点的操作，这样通过确认参考点，就确定了机床原点。只有机床参考点被确认后，刀具（或工作台）移动才有基准。如果连续使用机床，每次开机只需回一次参考点即可。每个运动坐标必须各自回参考点建立机床坐标系，通常机床的参考点位于各坐标轴正向的最大极限位置。

二、编程坐标系

编程（程编）坐标系是编程人员根据零件图样及加工工艺等建立起来的坐标系，编程坐标系的原点简称编程原点。

编程坐标系一般供编程计算运动坐标时使用，确定编程坐标系时不必考虑工件毛坯在机床上的实际装夹位置。

编程原点应尽量选择在零件的设计基准或工艺基准上，编程坐标系中各轴的方向应该与所使用的数控机床相应的坐标轴方向一致。

（1）数控车床的 Z 轴同零件的回转轴线重合，X 轴可任意设置。如图 1-16 所示为车削零件的编程原点。

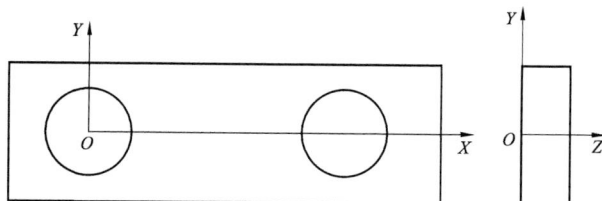

（2）数控铣床的 XOY 平面应该为工件的定位面或与定位面平行的主要表面，如典型的"两孔一平面"定位方式的坐标系设置如图 1-17 所示。

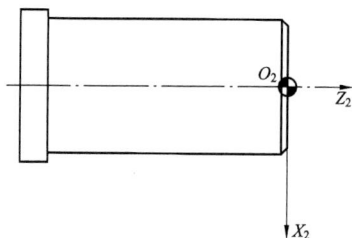

图 1-16 　车削零件的编程原点　　　　图 1-17 　典型的"两孔一平面"定位方式的坐标系设置

编程坐标系的数量设置应该尽量少，以减少程编的错误率和工人操作，对于掉头装夹的车床类零件和翻面加工的铣床类零件，两次设置的坐标系应该具有明确的几何位置关系。

三、加工坐标系

1. 加工坐标系的确定

加工坐标系是指以确定的加工原点为基准所建立的坐标系，是零件被装夹好后，相应的编程原点在机床坐标系中的位置。

在加工过程中，数控机床是按照工件装夹好后所确定的加工原点位置和程序要求进行加工的。编程人员在编制程序时，只要根据零件图样就可以选定编程原点、建立编程坐标系、计算坐标数值，而不必考虑工件毛坯装夹的实际位置。对于加工人员来说，则应在装夹工件、调试程序时，将编程原点转换为加工原点，并确定加工原点的位置，在数控系统中给予设定（即给出原点设定值），设定加工坐标系后就可根据刀具当前位置，确定刀具起始点的坐标值。在加工时，工件各尺寸的坐标值都是相对于加工原点而言的，这样，数控机床才能按照准确的加工坐标系位置开始加工。

2. 加工坐标系的表示

数控铣床粗加工平面工序的加工坐标系如图 1-18 所示。

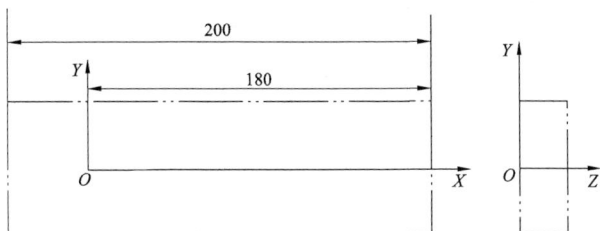

图 1-18　数控铣床粗加工平面工序的加工坐标系

第四节　数控加工工艺

一、数控加工流程

数控机床的加工工艺是建立在普通机床工艺的基础上，与通用机床的加工工艺有许多相同之处，但在数控机床上加工零件比通用机床加工零件的工艺规程要复杂得多。在数控加工中，比较注意细节问题，要将机床的运动过程、零件的工艺过程、刀具的形状、切削用量和走刀路线等都编入程序，这就要求程序设计人员具有多方面的知识基础。典型的数控加工工艺流程如图 1-19 所示。

二、数控加工工艺设计

（一）数控加工工艺内容的选择

对于一个零件来说，并非全部加工工艺过程都适合在数控机床上完成，而往往只是其中的一部分工艺内容适合数控加工。这就需要对零件图样进行仔细的工艺分析，选择那些最适合、最需要进行数控加工的内容和工序。在考虑选择内容时，应结合本企业设备的实际，立足于解决难题、攻克关键问题和提高生产效率，充分发挥数控加工的优势。

1. 适于数控加工的内容

适于数控加工的内容在选择时，一般可按下列顺序考虑。

（1）通用机床无法加工的内容应作为优先选择内容。

（2）通用机床难加工，质量也难以保证的内容应作为重点选择内容。

（3）通用机床加工效率低、工人手工操作劳动强度大的内容，可在数控机床尚存在富余加工能力时选择。

2. 不适于数控加工的内容

（1）占机调整时间长。如以毛坯的粗基准定位加工

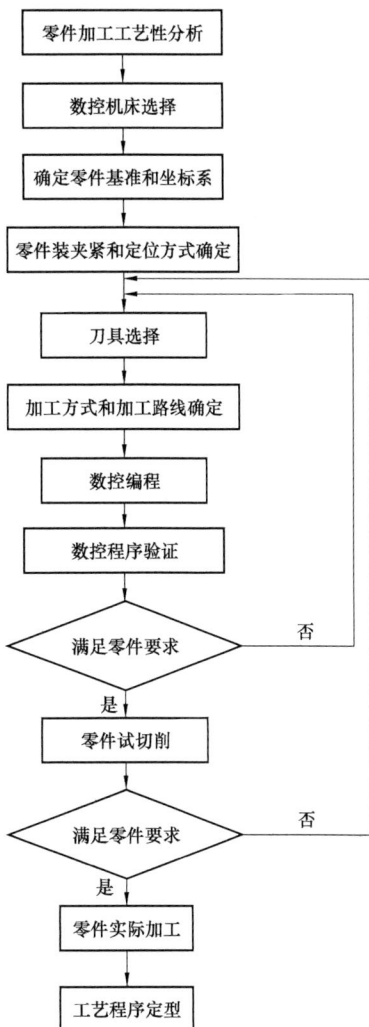

图 1-19　数控加工工艺流程

第一个精基准，需用专用工装协调的内容。

（2）加工部位分散，需要多次安装、设置原点。这时，采用数控加工很麻烦，效果不明显，可安排通用机床补加工。

（3）按某些特定的制造依据（如样板等）加工的型面轮廓。主要原因是获取数据困难，易于与检验依据发生矛盾，增加了程序编制的难度。

此外，在选择和决定加工内容时，也要考虑生产批量、生产周期、工序间周转情况等。

（二）数控加工工艺性分析

被加工零件的数控加工工艺性问题涉及面很广，下面结合编程的可能性和方便性提出一些必须分析和审查的主要内容。

1. 尺寸标注应符合数控加工的特点

在数控编程中，所有点、线、面的尺寸和位置都是以编程原点为基准的，因此零件图样上最好直接给出坐标尺寸或尽量以同一基准引注尺寸。

2. 几何要素的条件应完整、准确

在程序编制中，编程人员必须充分掌握构成零件轮廓的几何要素参数及各几何要素间的关系。由于零件设计人员在设计过程中考虑不周或被忽略，常常出现参数不全或不清楚，如圆弧与直线、圆弧与圆弧是相切、相交还是相离。所以在审查与分析图纸时，一定要仔细核算，发现问题及时与设计人员联系。

3. 定位基准可靠

在数控加工中，加工工序往往较集中，以同一基准定位十分重要。因此需要设置一些辅助基准，或在毛坯上增加一些工艺凸台。如图 1-20 （a）所示的零件，为增加定位的稳定性，可在底面增加一工艺凸台，如图 1-20 （b）所示。在完成定位加工后再除去。

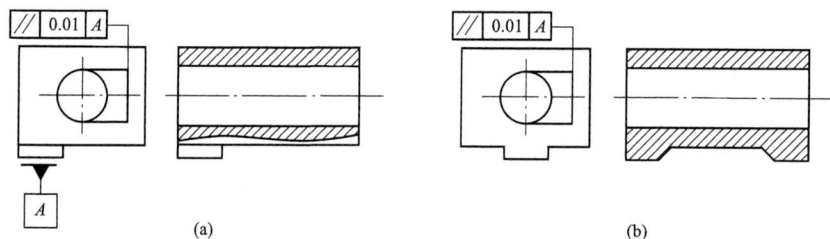

图 1-20　工艺凸台的应用
（a）改进前的结构；（b）改进后的结构

4. 统一几何类型及尺寸

零件的外形、内腔最好采用统一的几何类型及尺寸，这样可以减少换刀次数，还可能应用控制程序或专用程序以缩短程序长度。零件的形状尽可能对称，便于利用数控机床的镜向加工功能来编程，以节省编程时间。

三、数控加工工艺路线设计

（一）工序的划分

数控加工的工序划分突破了传统工序的概念，采用将传统的工序集中而成的复杂工序，按以下原则划分。

（1）一次定位安装、加工作为一道工序。这种方法适合于加工内容较少的零件，加工完后就能达到待检状态。

（2）以同一把刀具加工的内容划分工序。有些零件虽然能在一次安装中加工出很多待加工表面，但考虑到程序太长，会受到某些限制，如控制系统的限制（主要是内存容量）、机床连续工作时间的限制（如一道工序在一个工作班内不能结束）等。此外，程序太长会增加出错与检索的困难。因此程序不能太长，一道工序的内容不能太多。

（3）以加工部位划分工序。对于加工内容很多的工件，可按其结构特点将加工部位分成几个部分，如内腔、外形、曲面或平面，并将每一部分的加工作为一道工序。

（4）以粗、精加工划分工序。对于精加工后易发生变形的工件，由于对粗加工后可能发生的变形需要进行校形，故一般来说，凡要进行粗、精加工的过程，都要将工序分开。

（二）顺序的安排

顺序的安排应根据零件的结构和毛坯状况，以及定位、安装与夹紧的需要来考虑。顺序安排一般应按以下原则进行。

（1）上道工序的加工不能影响下道工序的定位与夹紧，中间穿插通用机床加工工序的应综合考虑。

（2）先进行外形加工，后进行内形加工。

（3）先上后下加工。

（4）以相同定位、夹紧方式加工或用同一把刀具加工的工序，最好连续加工，以减少重复定位次数、换刀次数与挪动压板次数。

（三）数控加工工艺与普通工序的衔接

数控加工工序前、后一般都穿插有其他普通加工工序，如衔接得不好就容易产生矛盾。因此在熟悉整个加工工艺内容的同时，要清楚数控加工工序与普通加工工序各自的技术要求、加工目的、加工特点，如是否留加工余量、留多少，定位面与孔的精度要求及几何公差，对校形工序的技术要求，对毛坯的热处理状态等，这样才能使各工序达到相互满足加工需要，且质量目标及技术要求明确，交接验收有依据。

（四）数控机床的选择

1. 选择数控机床考虑的问题

选择数控机床时，一般应考虑以下几个方面的问题。

（1）数控机床主要的规格尺寸应与工件的轮廓尺寸相适应。即小的工件应当选择小规格的机床加工，而大的工件则选择大规格的机床加工，做到设备的合理使用。

（2）机床结构取决于机床规格尺寸、加工工件的重量等因素的影响。表1-1列出了数控设备最常见的重要规格和性能指标。

表1-1　　　　　　　　　　数控设备最常见的重要规格和性能指标

序号	机床性能	机床规格
1	主轴转速	18 000r/min
2	工作行程	X 为 600mm，Y 为 450mm，Z 为 450mm
3	工作台规格	850×530mm

续表

序号	机床性能	机床规格
4	快移速度	22m/min
5	工作进给	15m/min
6	刀库容量	24 把
7	定位精度	$A=0.008mm$
8	重复精度	$R=0.006mm$
9	控制系统	SINUMERIC840D

（3）机床的工作精度与工序要求的加工精度相适应。根据零件的加工精度要求选择机床，如精度要求低的粗加工工序，应选择精度低的机床；精度要求高的精加工工序，应选用精度高的机床。

（4）机床的功率与刚度以及机动范围应与工序的性质和最合适的切削用量相适应。如粗加工工序去除的毛坯余量大，切削余量选得大，就要求机床有大的功率和较好的刚度。

（5）装夹方便、夹具结构简单也是选择数控设备需要考虑的一个因素。选择采用卧式数控机床还是立式数控机床，将直接影响所选择的夹具的结构和加工坐标系，直接关系到数控编程的难易程度和数控加工的可靠性。

应当注意的是，在选择数控机床时应充分利用数控设备的功能，根据需要进行合理的开发，以扩大数控机床的功能，满足产品的需要。然后，根据所选择的数控机床，进一步优化数控加工方案和工艺路线，根据需要适当调整工序的内容。在多次进行常规机床和数控机床加工转换时，数控工序尽量采用集中原则，以提高加工效率。

2. 选择加工机床考虑的因素

选择加工机床，首先要保证加工零件的技术要求，能够加工出合格的零件；其次是要有利于提高生产效率，降低生产成本。选择加工机床一般要考虑到机床的结构、载重、功率、行程和精度；还应依据加工零件的材料状态、技术状态要求和工艺复杂程度，选用适宜、经济的数控机床，综合考虑以下因素的影响。

（1）机床的类别（车、铣、加工中心等）、规格（行程范围）、性能（加工材料）。

（2）数控机床的主轴功率、扭矩、转速范围，刀具以及刀具系统的配置情况。

（3）数控机床的定位精度和重复定位精度。

（4）零件的定位基准和装夹方式。

（5）机床坐标系和坐标轴的联动情况。

（6）控制系统的刀具参数设置，包括机床的对刀、刀具补偿及自动换刀等相关功能。

（五）确定走刀路线

走刀路线就是刀具在整个加工工序中的运动轨迹，它既反映工序内容，又反映工序顺序，包含切削路线和非切削路线两部分。确定走刀路线时应注意以下几点。

1. 非切削路线速度

非切削路线速度尽量最快。

2. 走刀路线尽量短

最短走刀路线设计如图 1-21 所示，加工零件上的孔系，3 种方法中图 1-21（c）所示的路线最短，则可节省定位时间近一倍，提高了加工效率。

图 1-21　最短走刀路线设计

(a) 路线 1；(b) 路线 2；(c) 路线 3

3. 最终轮廓一次走刀完成

为保证工件轮廓表面加工后的粗糙度要求，最终轮廓应安排在最后一次走刀中连续加工出来，避免两次连接处产生接刀痕迹。

4. 轮廓精加工切向切入、切出

刀具的切出或切入点应在沿零件轮廓的切线上，以保证工件轮廓光滑；应避免在工件轮廓面上垂直进、退刀而划伤工件表面；尽量减少在轮廓加工切削过程中的暂停（切削力突然变化造成弹性变形），以免留下接刀痕，如图 1-22 所示。

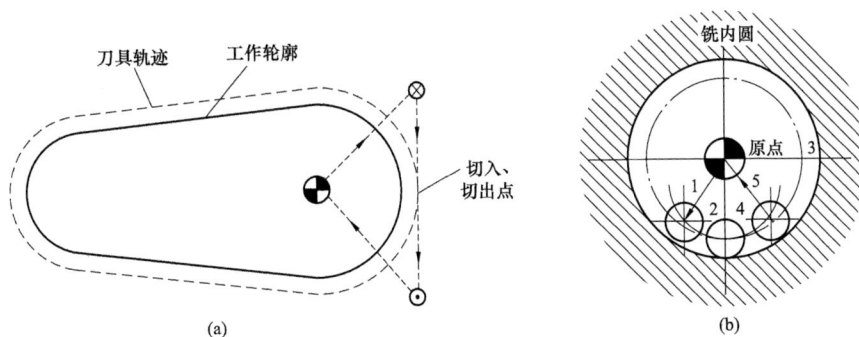

图 1-22　轮廓精加工切向切入、切出

（a）刀具直线切入和切出轮廓时的状态；（b）刀具圆弧切入和切出轮廓时的状态

1—接近路线；2—圆弧切入；3—加工路线；4—圆弧切出；5—离开路线

5. 选择使工件在加工后变形小的路线

对横截面积小的细长零件或薄板零件应采用分几次走刀加工到最后尺寸或对称去除余量法安排走刀路线。安排工步时，应先安排对工件刚性破坏较小的工步。

（六）对刀与换刀

工件在机床上的位置，即工件坐标系与机床坐标系的相互位置关系是通过对刀操作实现的。

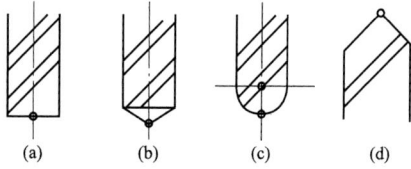

图 1-23 典型刀具的刀位点
(a) 平头立铣刀；(b) 钻头；
(c) 球头铣刀；(d) 车刀、镗刀

一般情况下，对刀是从各坐标轴方向分别进行的，对刀时直接或间接地使对刀点与刀位点重合。所谓刀位点，是指刀具的定位基准点。对刀点通常为编程原点或与编程原点有稳定精确关系的点。对刀点可以设在被加工零件上，也可以设在夹具或机床上，但必须与工件的编程原点有准确的关系，这样才能确定工件坐标系与机床坐标系的关系。典型刀具的刀位点如图 1-23 所示。

四、数控加工工艺文件

数控加工工艺文件既是数控加工和产品验收的依据，也是操作者遵守、执行的规程。数控加工技术文件由工艺编程人员编写，在整个生产部门和环节中流通。数控加工工艺文件主要有数控编程任务书、数控加工工艺规程首页、数控加工工序卡片、数控加工路线卡片、数控加工走刀路线图、数控刀具卡片、数控刀具明细表等。

数控加工工艺文件格式无统一的国家标准要求，各企业独立制定企业标准并在内部统一执行，以下提供了常用的文件格式。

1. 数控编程任务书

一些企业数控工艺编制和程序编制由不同人员完成，为阐明工艺人员对数控加工工序的技术要求和工序说明，以及数控加工前应保证的加工余量，利用数控编程任务书下达程序编制计划任务，是编程人员和工艺人员协调工作和编制数控程序的重要依据之一，见表 1-2。

表 1-2 　　　　　　　　　　　　数 控 编 程 任 务 书

工艺处	数控编程任务书	产品零件图号		任务书编号	
		零件名称			
		使用数控设备		共　　页第　　页	
技术要求：					
		编程收到日期	月　　日	经手人	
编制		审核		编程	审核 　　　　批准

2. 数控加工工艺规程首页

表示零件图号、零件版次、工艺规程编号、更改单、工艺路线、材料状态、工区、数控程序介质编号等总体信息，详见表1-3。

表1-3 数控加工工艺规程首页

种类 加工工艺表 1号

机型	工艺规程（封面）	工艺规程编号	厂代号	共34页第1页
				下转2页
零件名称	连杆	图号	版次	图纸技术单 图纸更改单
零件版次			00	
单机数量				
加工路线				
状态表				
材料牌号状态				
材料代码				
材料标准				
材料规格	锻件			
单件毛料尺寸				
成组下料尺寸				
夹头量				
工区				
补充说明： 数控介质编号：40-R-5276/A				
7				
版次	编制 校对 审核 审校	审批 批准 检验处	有效架次	工艺规程更改单

3. 数控加工工序卡片

数控加工工序卡与普通加工工序卡类似，所不同的是工序简图中应注明编程原点与对刀点，要进行简要编程说明（如所用机床型号、程序编号、刀具半径补偿、镜向对称加工方式等）及切削参数（即程序输入的主轴转速、进给速度、最大背吃刀量或宽度等）的选择，详见表1-4。

表 1 - 4　　　　　　　　　　数 控 加 工 工 序 卡 片

数控加工工序卡		零、组件图号	零、组件名称	版次	文件编号	第　页
		ZG03·01	支架	1	××-××	共××页
			工序号	50	工序名称	精铣轮廓
			加工车间	2	材料牌号	2A50
					设备型号	××××
			编程说明及操作			
			控制机	SINU MERIK7M	切削速度	m/min
			程序介质		主轴转速	800r/min
			程序标记	ZG03·01-2	进给速度	500～100mm/min
					原点编码	G57
			编程方式	G90	编程直径	φ21～φ3707.722
			镜像加工	无	刀补界限	$R_{max}<10.5$
			转心距			
工步号	工序内容	工装		对刀高度		
		名称	图号			
		过渡真空夹具	ZG311/201			
1	补铣型面轮廓周边圆角 R5	立铣刀	ZG101/107			
2	铣扇形框内外形	成形铣刀	ZG103/018			
3	铣外形及 φ70 孔	立铣刀	ZG101/106			
			更改标记	更改单号	更改者/日	有效批/架次
工艺员 ×××	校对 ×××	审定 ×××	批准		×××	

4. 数控加工路线卡片

表示零件的车间状态、工序、工装、机床、刀具和量具的使用情况，见表 1-5。

表 1 - 5　　　　　　　　　　数 控 加 工 路 线 卡 片　　　　　　加工工艺表 2 号

机型		工艺规程[工作说明]		工艺规程编号	厂代号	第　页		
						下转　页		
工序号	工序名称	操 作 说 明			标记	工装、设备、刀量具		
						名称	编号	代码
⋮								
编制		校对	审核		审校	审批	批准	检验处

5. 数控加工走刀路线图

在数控加工中，常常要注意并防止刀具在运动过程中与夹具或工件发生意外碰撞，为此必须设法告诉操作者关于编程中的刀具运动路线（如从哪里下刀、在哪里抬刀、哪里是斜下刀等）。为简化走刀路线图，一般可采用统一约定的符号来表示。不同的机床可以采用不同的图例与格式，表 1-6 为一种常用的格式。

表 1 - 6　　　　　　　　　　　　　数控加工走刀路线图

走刀路线图		零件图号	NC01	工序	5	工步号		程序号	O100
机床	XK5032	程序段	N10-N170	内容		铣轮廓周边		共 20 页	第 10 页

			编程	
			校对	
			审批	

符号	⊙	⊗	◑	•—→	—→	⊥	o----	•—•—•	▭
含义	抬刀	下刀	编程原点	起刀点	走刀方向	走刀线相交	爬斜坡	铰孔	行切

6. 数控刀具卡片

进行数控加工时为了提高加工自动化程度和精度，需要专门的刀具准备人员在机床外的对刀仪上预先调整和测量加工使用的刀具直径和长度。刀具卡反映刀具编号、刀具结构、尾柄规格、组合件名称代号、刀片型号和材料等。它是组装刀具和调整刀具的依据，详见表 1 - 7。

表 1 - 7　　　　　　　　　　数 控 刀 具 卡 片

零件图号		J30102 - 4	数 控 刀 具 卡 片			使用设备	
刀具名称		镗刀				TC - 30	
刀具编号		T13006	换刀方式	自动	程序编号		
刀具组成	序号	编号	刀具名称	规格		数量	备注
	1	T013960	拉钉			1	
	2	390、140 - 50 50 027	刀柄			1	
	3	391、01 - 50 50 100	接杆	$\phi50 \times 100mm$		1	
	4	391、68 - 03650 085	镗刀杆			1	
	5	R416.3 - 122053 25	镗刀组件	$\phi41 \sim \phi53$		1	
	6	TCMM110208 - 52	刀片			1	
编制		审校		批准		共　页	第　页

7. 数控刀具明细表

数控刀具明细表是刀具调整人员调刀和机床操作者输入刀具数据的依据，见表 1 - 8。

表 1 - 8　　　　　　　　　　　　　　　　**数 控 刀 具 明 细 表**

零件图号	零件名称	材料	数控刀具明细表		程序编号	车间	使用设备
JSO102 - 4							

刀号	刀位号	刀具名称	刀具图号	刀具			刀补地址		换刀方式	加工部位
				直径（mm）		长度（mm）	直径	长度	自动/手动	
				设定	补偿	设定				
T13001		镗刀		$\phi63$		137			自动	
T13002		镗刀		$\phi64.8$		137			自动	
T13003		镗刀		$\phi65.1$		176			自动	
T13004		镗刀		$\phi65\times45°$		200			自动	
T13005		环沟铣刀		$\phi50$	$\phi50$	200			自动	
T13006		镗刀		$\phi48$		237			自动	

　　不同的机床或不同的加工目的可能会需要不同形式的数控加工专用技术文件。在工作中，可根据具体情况设计文件格式。

五、计算机辅助数控加工工艺文件编制

（一）数控加工技术文件的编制

　　随着我国制造业的发展，数控加工工艺文件的编制已经全部采用计算机编制，打印输出指导生产。计算机辅助数控加工技术文件的编制方法如下。

　　（1）利用 OFFICE WORD 绘制表格，利用 CAD 软件绘制两维平面图形，将图形插入OFFICE WORD 中打印输出。

　　（2）利用 OFFICE EXCEL 绘制表格，利用 CAD 软件绘制两维平面图形，将图形插入OFFICE EXCEL 中打印输出。

　　（3）利用 AUTOCAD 绘制表格和两维平面图形，打印输出。

　　使用 OFFICE WORD 和 OFFICE EXCEL 绘制表格繁琐，且与 CAD 软件的图形不关联，需要经常切换软件和绘图；使用 AUTOCAD 绘制表格和两维平面图形时，文件管理和打印不方便，且写字功能很差，降低了工艺文件的编制效率。现在广泛采用的方法是利用 CAPP （Computer Aided Process Planning） 软件进行数控加工技术文件的编制，管理和输出方便。

　　（二）利用 CAXA 工艺图表编制数控加工技术文件

　　CAXA 工艺图表是高效快捷的工艺卡片编制软件，它可以方便地引用设计的图形和数据，同时为生产制造准备各种需要的管理信息。CAXA 工艺图表以工艺规程为基础，针对工艺编制工作繁琐重复的特点，以"知识重用和知识再用"为指导思想，提供了多种方便实用的快速填写和绘图手段，可以兼容多种 CAD 数据，真正做到所见即所得的操作方式，符合工艺人员的工作思维和操作习惯。CAXA 工艺图表具有如下功能。

　　1. 卡片的填写与编辑

　　CAXA 工艺图表按所见即所得的方式填写卡片，用户不仅可以自己定义表格、填写表格，而且还可以拷贝粘贴 OFFICE WORD、OFFICE EXCEL 等软件的数据；提供各种特殊工程图形符号的直接填写，如公差偏差、几何公差等；可以对卡片中的文字字体、字号、颜色以及文字对齐方式进行编辑和修改。

　　2. CAD 图形的重用和工艺简图绘制

　　充分利用现有 CAD 系统的图形文件，如 DXF、DWG、EXB 等文件的输入；轻松绘制和编辑各种工艺简图、工艺模板；提供工艺简图中需要的定位夹紧符号库等。

3．智能双向关联填写

工艺过程卡片上的内容与相应工序卡片上的相关内容可以双向自动关联，工序号自动生成和更新；可一次完成所有卡片公共项目的填写，修改任意一张卡片的公共信息后，整套工艺规程的公共信息也会自动关联更新。

4．导航功能

对一套工艺的所有卡片按树状层次展示给用户，用户可轻松地在卡片间进行切换；在填写卡片时，将单元格对应的内容以树状层次结构展示，方便用户使用；可在工艺过程卡片上选取相应的工序记录，并通过右键菜单创建或打开相应的工序卡；可通过键盘在卡片间顺序切换；可在卡片树上选取指定的卡片进行打印输出。

5．工艺知识库

丰富专业的工艺知识库，可以帮助用户快速填写工艺卡片；系统开放的数据库结构，允许用户自由扩充，定制自己的知识库；用户在填写过程中，可以随时将常用的词语入库，或者选取知识库的内容直接填写。

6．工艺规程卡片模板定制

用户既可以利用软件提供的国标模板进行填写，也可以利用卡片模板定义功能，定制出适合自己企业特点的工艺模板，并实现模板单元格与知识库的关联。

7．统计等辅助功能

CAXA工艺图表可以定制各种形式的统计卡片，把工艺规程中卡片里相同属性的内容提取出来，自动生成符合本套工艺规程的工艺信息并进行统计输出。CAXA工艺图表对一套工艺规程的所有卡片按树状层次展示给用户，用户可轻松地在卡片间切换；还可以使用关键字进行工艺规程的模糊查找，将工艺规程中的卡片输出成CAD文件。如图1-24所示为CAXA工艺图表的用户界面。

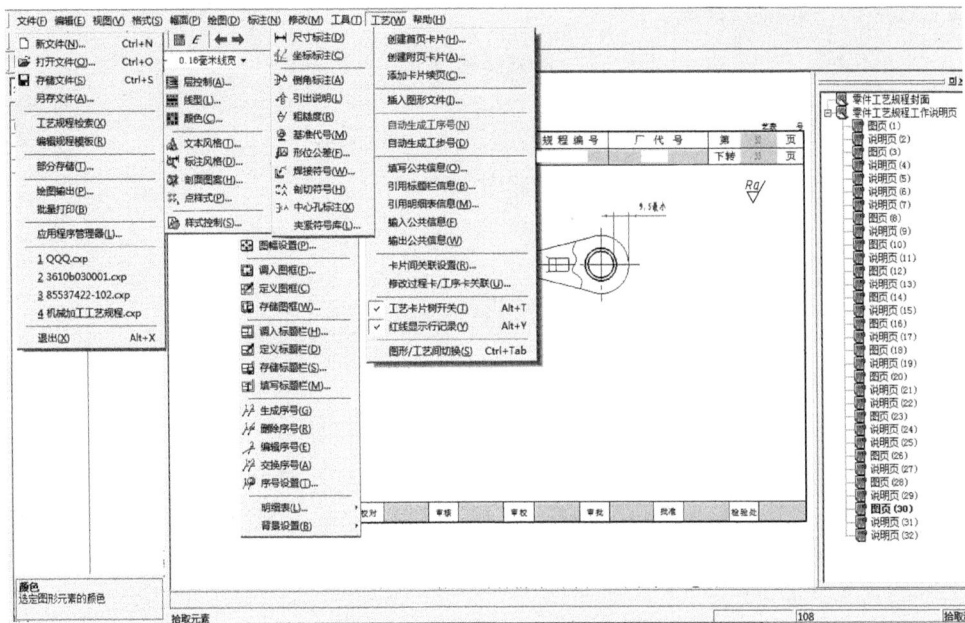

图1-24　CAXA工艺图表的用户界面

第五节 数 控 加 工 程 序

数控机床是一种高效的自动化加工设备，其加工的效率和质量取决于数控加工程序，数控加工程序是一系列数控机床指令的集合。数控系统的种类繁多，它们使用的数控程序语言规则和格式也不尽相同，本书以 ISO 国际标准为主来介绍数控加工程序。当针对某一台数控机床编制加工程序时，应该严格按机床编程手册中的规定进行程序编制。

一、程序结构

（一）程序组成

数控加工程序是一 ASCII 码的文本文件，一个完整的数控程序从结构功能上看由程序开始部分、程序内容部分、程序结束部分组成。

1. 程序开始部分

程序号为程序开始部分，也是程序的开始标记，供在数控装置存储器中的程序目录中查找、调用。程序号一般由地址码和四位数字组成。常见的程序定义地址码为 O、P 或％。例如，FANUC 系统为 O8888，华中系统为％8888 等。

2. 程序内容部分

程序内容部分是整个程序的主要部分，每行称为一个程序段，由多个程序段组成，每个程序段又由若干个程序字组成，每个程序字由地址码和若干个数字组成。指令字代表某一信息单元，代表机床的一个位置或一个动作。如："X2500"是一个字，X 为地址符，数字"2500"为地址中的内容。

3. 程序结束部分

程序结束一般由辅助功能代码 M02（程序结束指令）或 M30（程序结束指令和返回程序开始指令）组成。

加工程序的一般格式举例：

```
%;                              开始符
O1000;                          程序号
N10 G00 G54 X80 Y300 M03 S2500;
N20 G01 X150 Y50 F500 T02 M08;  程序主体
N30 X90
...
N300 M30;                       结束符
%;
```

（二）程序段格式

程序段格式是指程序段中的字、字符和数据的安排形式。程序段有固定程序段格式、带分割符的程序段格式和字地址可变程序段格式三种形式。现在一般使用字地址可变程序段格式，每个字长不固定，各个程序段中的长度和功能字的个数都是可变的。

（三）程序字功能

组成程序段的每一个字都有其特定的功能含义，以下是以 FANUC - 0i - TB 数控系统的规范为主来介绍的，实际工作中，请遵照机床数控系统说明书来使用各个功能字。

1. 顺序号字 N

顺序号又称程序段号或程序段序号。顺序号位于程序段之首，由顺序号字 N 和后续数字组成。顺序号字 N 是地址符，后续数字一般为 1～4 位的正整数。数控加工中的顺序号实际上是程序段的名称，与程序执行的先后次序无关。数控系统不是按顺序号的次序来执行程序，而是按照程序段编写时的排列顺序逐段执行。

（1）顺序号的作用。对程序的校对和检索修改；作为条件转向的目标，即作为转向目的程序段的名称。有顺序号的程序段可以进行复归操作，这是指加工可以从程序的中间开始，或回到程序中断处开始。

（2）一般使用方法。编程时将第一程序段冠以 N5，以后以间隔 5 递增的方法设置顺序号，这样，在调试程序时，如果需要在 N5 和 N10 之间插入程序段时，就可以使用 N6、N7 等。

2. 准备功能字 G

准备功能字的地址符是 G，又称为 G 功能或 G 指令，用于建立机床或控制系统工作方式的一种指令。后续数字一般为 1～3 位正整数，见表 1-9。

表 1-9　　　　　　　　　　　　　准备功能字含义表

功能字	FANUC 系统	功能字	FANUC 系统
G00	快速移动点定位	G65	用户宏指令
G01	直线插补	G70	精加工循环
G02	顺时针圆弧插补	G71	外圆粗切循环
G03	逆时针圆弧插补	G72	端面粗切循环
G04	暂停	G73	封闭切削循环
G05	—	G74	深孔钻循环
G17	XY 平面选择	G75	外径切槽循环
G18	ZX 平面选择	G76	复合螺纹切削循环
G19	YZ 平面选择	G80	撤销固定循环
G32	螺纹切削	G81	定点钻孔循环
G33	—	G90	绝对值编程
G40	刀具补偿注销	G91	增量值编程
G41	刀具补偿——左	G92	螺纹切削循环
G42	刀具补偿——右	G94	每分钟进给量
G43	刀具长度补偿——正	G95	每转进给量
G44	刀具长度补偿——负	G96	恒线速控制
G49	刀具长度补偿注销	G97	恒线速取消
G50	主轴最高转速限制	G98	返回起始平面
G54～G59	加工坐标系设定	G99	返回 R 平面

3. 尺寸字

尺寸字用于确定机床上刀具运动终点的坐标位置。

其中，第一组 X、Y、Z、U、V、W、P、Q、R 用于确定终点的直线坐标尺寸；第二组 A、B、C、D、E 用于确定终点的角度坐标尺寸；第三组 I、J、K 用于确定圆弧轮廓的圆心坐标尺寸。在一些数控系统中，用 R 表示圆弧的半径等。

4. 进给功能字 F

F 指定切削的进给速度，不同机床有不同含义。

5. 主轴转速功能字 S

S 指定主轴转速，通常单位为 r/min。

6. 刀具功能字 T

T 指定加工时所用刀具的编号，对于数控车床，其后的数字还兼作指定刀具长度补偿和刀尖半径补偿用。

7. 辅助功能字 M

M 的后续数字一般为 1~3 位正整数，用于指定数控机床辅助装置的开关动作，见表 1-10。

表 1-10　　　　　　　　　　　辅 助 功 能 字 含 义 表

功能字	含　义	功能字	含　义
M00	程序停止	M06	换刀
M01	计划停止	M07	2 号冷却液开
M02	程序停止	M08	1 号冷却液开
M03	主轴顺时针旋转	M09	冷却液关
M04	主轴逆时针旋转	M30	程序停止并返回开始处
M05	主轴旋转停止		

（四）指令分组

同功能的指令为一组指令，同组指令在一个程序段中只能出现 1 次。

（五）缺省指令

数控系统的指令众多，不可能也无必要在程序中完全指定状态，因此未指定的指令有一个缺省的状态，如机床启动后主轴关（M05 为缺省状态）。

（六）模态指令和非模态指令

只在一个程序段中有效的指令为非模态指令。

本程序段中出现，下一程序段中不出现将一直有效，直到本组的另一指令出现，或者取消其功能的指令出现其功能方无效，这样的指令称为模态指令。

二、程序编制方法及编程软件

1. 程序编制方法

数控程序的编制方法如图 1-25 所示，分为直接编程和辅助编程两大类。

直接编程指的是直接利用 ISO 的字地址功能字指令和数控机床编程。代码编程直接书写程序，宏程序

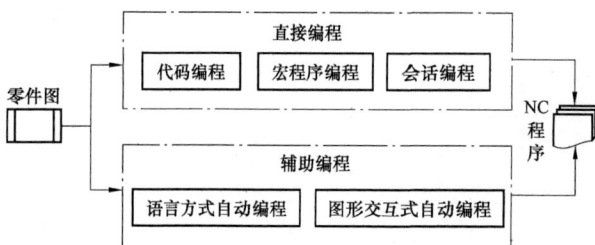

图 1-25　数控程序编制方法

编程利用机床提供的变量和系统宏程序结合 ISO 标准代码书写程序，会话编程利用机床数控系统提供的高级功能，利用图形用户终端绘制简单的零件几何外形，而后由机床直接生成数控程序代码。

由于零件的复杂性，直接编程不能编制复杂的零件程序，且程序编制结果不直观，易错。

语言编程是最早出现的数控自动编程语言，利用 APT 语言的编程流程如图 1-26 所示，利用字符语言书写 APT 源程序，程序包括几何元素定义语句、刀具定义语句、运动定义语句和其他辅助语句，完成后提交计算，生成加工程序。此种方式程序编制的结果不直观，易错，现在已经无人采用。

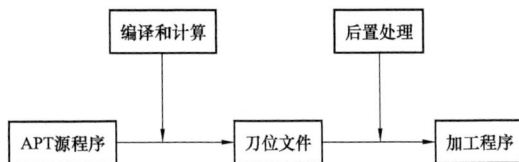

图 1-26　APT 语言的编程流程

广泛采用的是计算机图形交互式自动编程，利用集成 CAD/CAM 软件进行程序编制，利用 CAD 功能定义几何信息，利用 CAM 模块进行刀具运动语句定义，程序编制直观，容易发现错误。

2. 计算机数控编程软件

计算机数控编程软件广义上包括数据的转换软件、图形交互式编程软件和数控程序加工仿真软件三大类。

图形交互式编程软件主要包括通用编程软件和专用编程软件两大类，通用编程软件有 PRO/E、CATIA、UG、MASTERCAM、CIMATRON、EDGECAM 和 CAXA 等；专用编程软件有钣金编程软件 RADAN、CNCKAD、艺术雕刻软件 ARTCAM、刻字软件北京精雕等。

CATIA 是法国达索公司的产品开发旗舰解决方案，作为 PLM 协同解决方案的一个重要组成部分，它可以帮助制造厂商设计他们未来的产品，并支持从项目前阶段、具体的设计、分析、模拟、组装到维护在内的全部工业设计流程。模块化的 CATIA 系列产品提供产品的风格和外型设计、机械设计、设备与系统工程、管理数字样机、机械加工、分析和模拟。CATIA 产品基于开放式可扩展的 V5 架构。使企业能够重用产品设计知识，缩短开发周期，加快企业对市场的需求反应。CATIA 系列产品为汽车、航空航天、船舶制造、厂房设计、电力与电子、消费品和通用机械制造等领域提供 3D 设计和模拟解决方案。

Unigraphics（简称 UG）系统是集 CAD/CAE/CAM 为一体的三维参数化软件，是当今世界最先进的计算机辅助设计、分析和制造软件之一，广泛应用于航空、航天、汽车、造船、通用机械和电子等工业领域。

Unigraphics 系统提供了一个基于过程的产品设计环境，使产品开发从设计到加工真正实现了数据的无缝集成，从而优化了企业的产品设计与制造。UG 面向过程驱动的技术是虚拟产品开发的关键技术，在面向过程驱动技术的环境中，用户的全部产品以及精确的数据模型能够在产品开发全过程的各个环节保持相关，从而有效地实现了并行工程。

UG 不仅具有强大的实体造型、曲面造型、虚拟装配和产生工程图等设计功能；而且，在设计过程中可进行有限元分析、机构运动分析、动力学分析和仿真模拟，提高设计的可靠性；同时，可用建立的三维模型直接生成数控代码，用于产品的加工，其后处理程序支持多种类型数控机床。另外，它所提供的二次开发语言 UG/OPen GRIP，UG/open API 简单易学，实现功能多，便于用户开发专用 CAD 系统。具体来说，UG 具有以下特点。

（1）具有统一的数据库，真正实现了 CAD/CAE/CAM 等各模块之间的无数据交换的自由切换，可实施并行工程。

（2）采用复合建模技术，可将实体建模、曲面建模、线框建模、显示几何建模与参数化建模融为一体。

（3）用基于特征（如孔、凸台、型胶、槽沟、倒角等）的建模和编辑方法作为实体造型基础，形象直观，类似于工程师传统的设计办法，并能用参数驱动。

（4）曲面设计采用非均匀有理 B 样条作基础，可用多种方法生成复杂的曲面，特别适合于汽车外形设计、汽轮机叶片设计等复杂曲面造型。

（5）出图功能强，可方便地从三维实体模型直接生成二维工程图。能按 ISO 标准和国标标注，并能直接对实体做旋转剖、阶梯剖和轴测图挖切生成各种剖视图，增强了绘制工程图的实用性。

（6）以 Parasolid 为实体建模核心，实体造型功能处于领先地位。目前 CAD/CAE/CAM 软件均以此作为实体造型基础。

（7）提供了界面良好的二次开发工具 GRIP（GRaphical Interactive Programming）和 UFUNC（User Function），并能通过高级语言接口，使 UG 的图形功能与高级语言的计算功能紧密结合起来。

（8）具有良好的用户界面，绝大多数功能都可通过图标实现；进行对象操作时，具有自动推理功能；同时，在每个操作步骤中，都有相应的提示信息，便于用户做出正确的选择。

Pro/E 是美国参数技术公司（Parametric Technology Corporation，PTC）的重要产品，在目前的三维造型软件领域中占有重要地位。Pro/E 作为世界机械 CAD/CAE/CAM 领域的新标准而得到业界的认可和推广，是目前主流的三维 CAD/CAM 软件之一。

三、程序的编辑和校验

1. 程序的编辑

数控程序可以利用带格式和不带格式的通用文本编辑器编辑，但利用带格式的编辑器在保存文件时应该存储为纯文本方式，否则，输入到机床上不能加工零件。

数控程序可以利用专门的程序编辑软件编辑，此类软件修改程序比较方便，具有如下功能。

（1）仿真程序的加工结果。

（2）高亮显示并区分程序字。

（3）比较两个同程序名不同版本程序的差异。

（4）修改行号。

（5）删除空白字符。

（6）删除注释。

（7）大小写程序字转换。

（8）海德汉和 ISO 代码转换。

（9）程序的编辑。

（10）程序的旋转、镜像、刀补和偏置变换。

（11）查找和替换程序字。

（12）简单的宏程序和会话编程功能。

典型的程序编辑软件 CIMCOEDIT 的界面如图 1-27 所示。

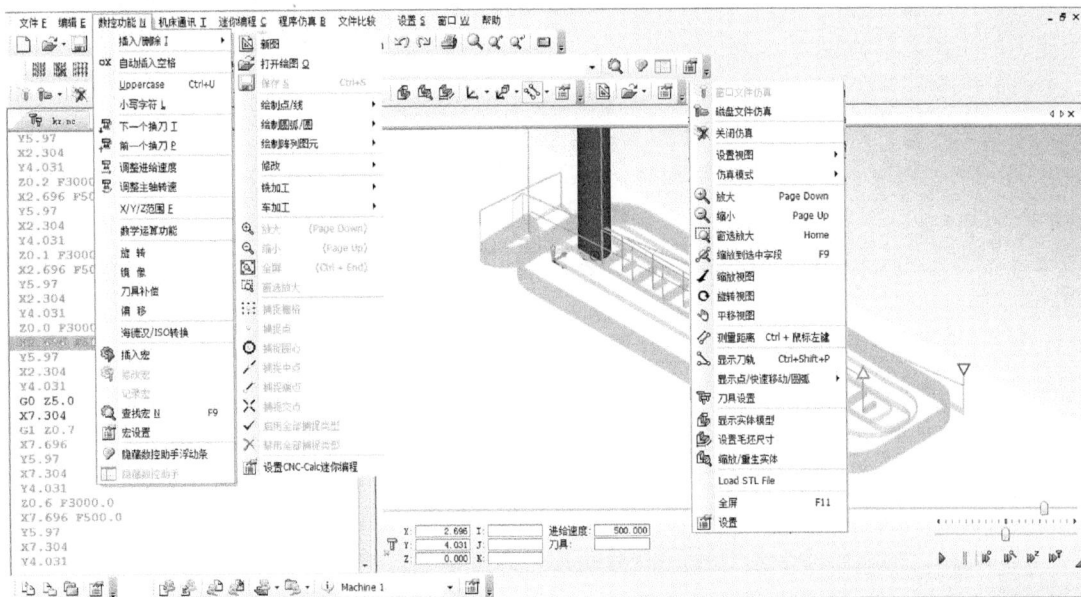

图 1-27 CIMCOEDIT 软件的界面

2. 程序的校验

编制好程序的零件不能直接进行批量生产，只有经过首件试切鉴定合格才能投入批量生产，零件程序在试切生产前应该经过计算机仿真验证合格后才能投入试切。试切的方法如下。

（1）利用木头试切。

（2）利用塑料板或塑料棒试切。

（3）利用石蜡试切。

（4）利用正式料试切。

（5）机床坐标值 Z 抬高试切。

木头和石蜡试切只能观察走刀路线的近似路线，不能测量尺寸；塑料件试切可以测量尺寸，但不能反映工艺情况；正式料试切可反映真实加工情况，但有一定的报废风险。

四、程序输入

数控程序输入机床的方法有纸带输入、软盘输入、U 盘输入、移动硬盘输入、手动 MDI 输入、串行口 RS232 输入和网络输入等形式。纸带输入和软盘输入现在已经很少采用；手动 MDI 输入只能输入简单程序，费时易错；现在广泛采用串行口 RS232 输入和网络输入形式。

利用 RS232 接口，实现数控程序与机床的双向传入和传出，受信号干扰限制，最大传输距离不大于 15m。

利用网络接口，外接计算机实现数控机床的程序传输和控制。

五、程序管理

数控程序试切合格后应该进行鉴定，鉴定完成后要在程序服务器处进行备份，以后程序的更改要履行严格的审查和批准手续。

随着数控机床的普及应用，许多单位都拥有一定数量的数控机床，但在数控设备的程序传输、程序编辑与仿真、数控程序的管理等方面还存在一些不足，制约着数控设备的最大生产能力的发挥，具体表现如下。

（1）车间现有的数控系统繁杂，各系统之间所用的通信软件也不一样，相互之间不兼容，给技术人员、操作人员的编程和应用带来很多不便，大大地限制了零件的转移加工。

（2）通信程序为1对1的通信程序，在进行机床与计算机的通信时，必须1个人在机床前操作机床，另一个人在计算机终端前操作通信软件，两者交替操作。

（3）程序通信采用台式计算机或笔记本单机传输形式，频繁的热插、热拔容易烧坏机床或计算机接口。

（4）车间堆放很多电脑，工业环境恶劣，电脑寿命大大缩短，而且凌乱、不利于车间现场管理。

（5）编程员缺少数控程序数值处理、程序模拟仿真、程序版本比较等数控编程专用软件，编程效率低，数据处理、程序检查效率低且容易出错。

（6）程序没有集中管理，一般是编程员自己各自保管，容易丢失或误操作。

（7）电脑上的程序和工艺卡片、模型图片、刀具清单等之间都是孤立保存，时间久了，就不知道它们的对应关系，还需要反复进行对照，才能知道某个程序是做什么的。

（8）程序无严格的流程签署管理，职责不明晰，出问题后无法追溯，不符合 ISO 9000 体系要求。

以 CIMS 为代表的企业信息化理念已经受到现代化企业越来越多的重视，DNC 与系统集成如图 1-28 所示，广义上的分布式数字控制（Distributed Number Control，DNC），是

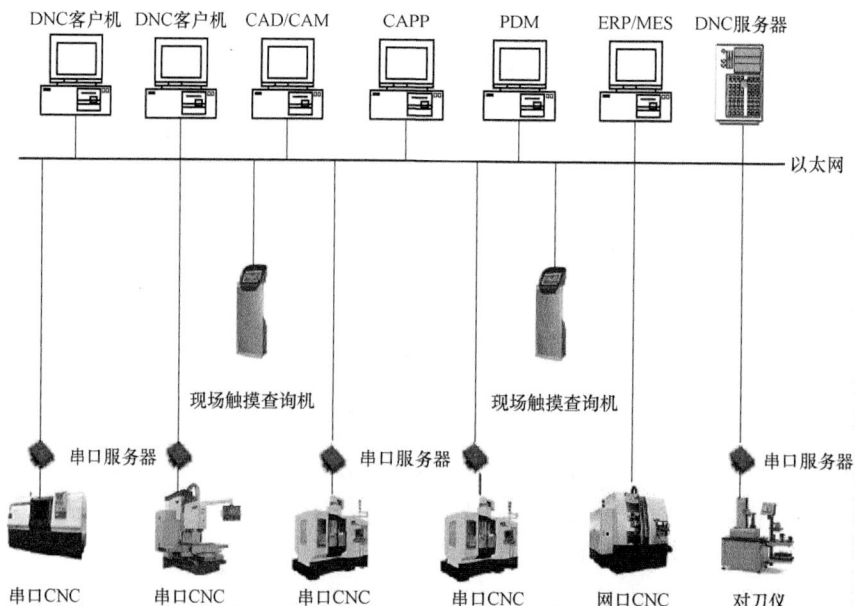

图 1-28　DNC 与系统集成

以计算机技术、通信技术、数控技术等为基础，把数控机床与上层控制计算机集成起来，从而实现数控机床的集中控制管理，以及数控机床与上层控制计算机间的信息交换。DNC 逐渐由单一的程序传输演变为集分布式程序通信、程序编辑与仿真、数控程序管理等强大功能于一体的综合系统，DNC 是现代化机械加工车间实现设备集成、信息集成、功能集成的一种新方法，DNC 成为 MES 等系统的最重要一环，是车间自动化的重要组成部分。

第六节　程序中零件几何信息的表征

一、尺寸链的换算

（一）计算的目的

如图 1-29 的零件，利用数控车床加工，左端利用三爪夹盘装夹，程编坐标系 Z 轴选择回转轴线，Z 原点在零件右端面，端面 A、B 的加工需要使用 Z 向的坐标数值。在图纸上，B 面尺寸距离 Z 原点为 60，且尺寸为自由公差，正常的生产情况下可以保证精度，因此取 Z60。对于 A 面，涉及公差问题，需要利用尺寸链进行换算。转换后零件图如图 1-30 所示。

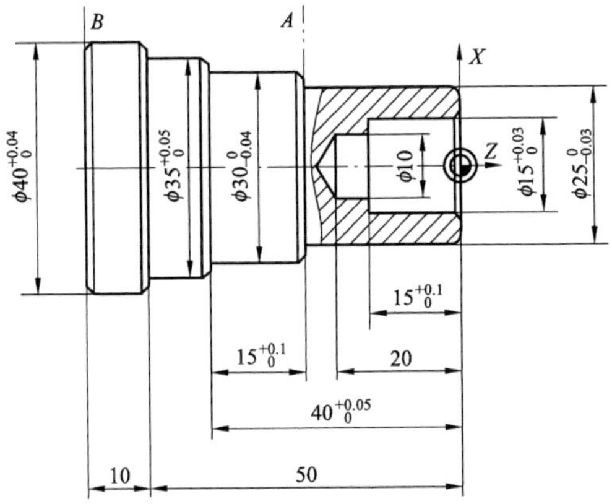

图 1-29　零件图原图

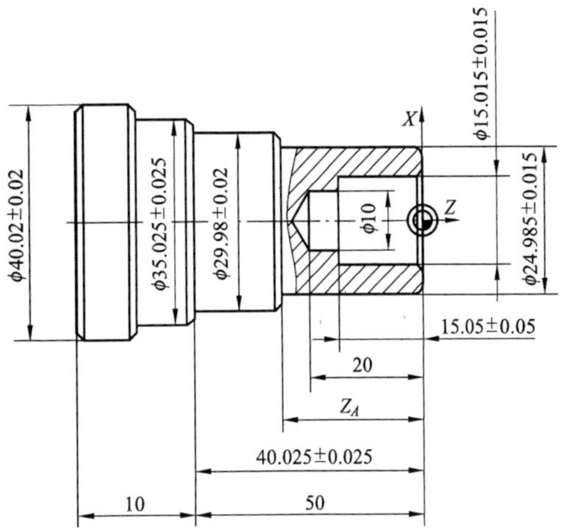

图 1-30　转换后零件图

（二）计算方法

计算步骤如下。

1. 寻找尺寸链

设 A 面的尺寸坐标为 Z_A，其上偏差为 ES，下偏差为 EI，寻找首尾相接的尺寸成链，如图 1-31 所示。

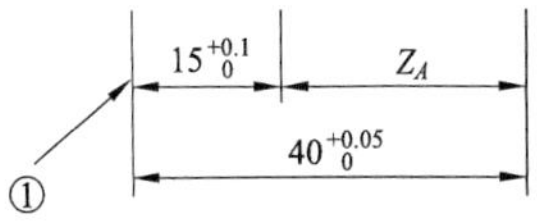

2. 寻找封闭环

在数控程序中通过坐标 Z_A 加工表面 A，表面①通过尺寸 $40^{+0.05}_{0}$ 保证，最终图纸尺寸 $15^{+0.1}_{0}$ 间接保证，为封闭环。

3. 寻找增减环

沿尺寸链一个方向画箭头，与封闭环同向为减环，与封闭环反向为增环。

图 1-31　尺寸链图

4．计算

（1）由尺寸链计算方法。封闭环的基本尺寸等于增环的基本尺寸减去减环的基本尺寸。

（2）封闭环的上偏差等于增环的上偏差减去减环的下偏差。

（3）封闭环的下偏差等于增环的下偏差减去减环的上偏差。

求得

$$Z_A = 40, \ ES = 0, \ EI = -0.05$$

二、公差的处理

1．计算的目的

如图 1-29 所示，零件精密尺寸有公差要求，很多时候为非对称公差，零件图的工作表面或配合表面，一般都注有公差，公差带位置各不相同。有七个尺寸注有公差要求，其公差带均为单向偏置。数控加工与传统加工一样存在诸多的误差影响因素，总会产生一定的加工误差。如果按零件图样公称尺寸进行编程，加工后的零件尺寸将出现大于公称尺寸或小于公称尺寸两种情况。从理论上讲，两种情况出现的概率各为 50%，对于公差带单向偏置的尺寸，如果按公称值进行编程加工，意味着将会有 50% 不合格的可能性，其中一部分已经是废品（如外圆尺寸小于最小极限尺寸，即公称尺寸-下偏差），而另一部分还可以通过补充加工进行修正（如外圆尺寸大于最大极限尺寸，即公称尺寸+上偏差）。上述两种情况的出现都将带来不必要的经济损失。

对于一批零件的尺寸检验，从统计学上看符合正态分布，故可以使用平均值作为数控编程时的坐标。基于此，数控编程时通常须将公差尺寸进行转换，使其公差带成对称偏置，再以此尺寸公称值编程，从而最大限度地减少不合格品的产生，提高数控加工效率和经济效益。

2．计算方法

设原尺寸为 A_{EI}^{ES}，转化后为 $B \pm G$，则

$$B = A + \frac{1}{2}(ES + EI) \tag{1-1}$$

$$G = \frac{1}{2}(ES - EI) \tag{1-2}$$

图 1-29 经上述各项换算转换后即形成图 1-30，编程时使用即可。

三、基点及基点坐标计算

（一）基点

零件的轮廓由许多不同的几何要素组成，如直线、圆弧、二次曲线等，各几何要素之间的连接点称为基点。基点坐标是编程中必需的重要数据。

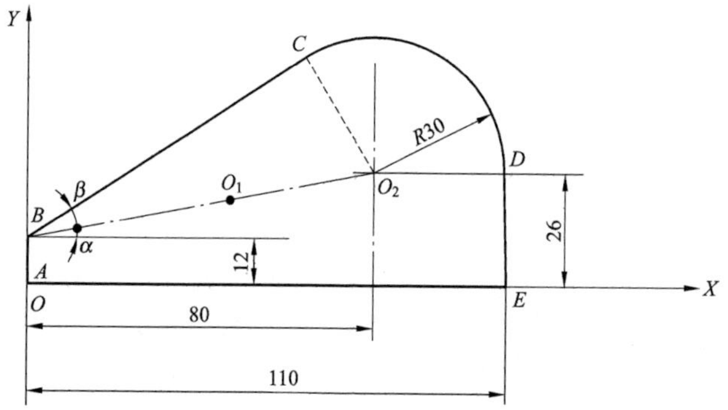

（二）基点坐标的计算

1．手工数学计算

【例 1-1】 图 1-32 所示零件中，A、B、C、D、E 为基点。A、

图 1-32 零件图

B、D、E 的坐标值容易求出，C 点是直线与圆弧切点。

解：建立下列方程：

直线方程为

$$Y = \tan(\alpha + \beta)X$$

圆弧方程为

$$(X - 80)^2 + (Y - 26)^2 = 30$$

$$\tan\alpha = 7/40$$

$$\sin\beta = 30/BO_2$$

$$(BO_2)^2 = 80^2 + 14^2$$

联立求解，得 C 点坐标为（64.2786，51.5507）。

由此可见基点的计算比较麻烦，对于复杂的零件，其计算工作量可想而知，为提高编程效率，可应用 CAD/CAM 软件辅助编程。

2. CAD 软件辅助计算

利用 CAD 软件按 1：1 的比例画出图形，而后利用分析功能得到基点的坐标。

四、节点坐标计算

（一）节点

数控系统一般只能作直线插补和圆弧插补的切削运动，如果工件轮廓是非圆曲线，数控系统就无法直接实现插补，而需要用直线段或圆弧段去逼近非圆曲线，逼近线段或圆弧与被加工曲线的交点称为节点。

例如，对图 1-33 所示的曲线用直线逼近时，其节点为 A、B、C、D、E。节点的最大弦向高度为逼近允许误差，称为容差 δ。节点的数目主要取决于轮廓曲线特性、逼近线段形状及容差要求等；同一曲线插补点数量与加工精度的允许容差有关。

下面介绍几种比较常用的节点坐标的计算方法。

（二）直线插补节点坐标的计算

1. 等间距直线逼近

如图 1-34 所示，X 坐标按等间隔 Δx 分段，将 $x_1 - x_7$ 的值代入方程 $y = f(x)$，可求出坐标值 $y_1 - y_7$，从而求出节点 $A_1 - A_7$ 的坐标值。

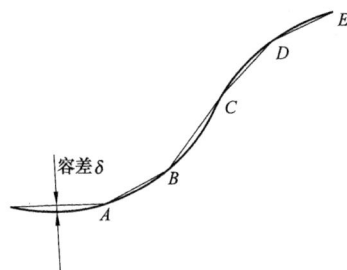

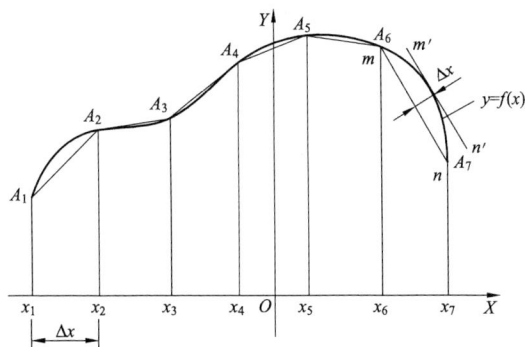

图 1-33 节点　　　　图 1-34 等间距直线逼近节点坐标计算

此种方法的特点是，间距 Δx 的大小一般凭经验按零件加工精度取值；间距 Δx 大小与曲率、曲线走势和允许拟合误差有关；在曲率大和曲线陡峭处要求 Δx 小，则点数多。

2. 等步长直线逼近

由于轮廓曲线各处的曲率不等，因而各拟合段的逼近允许误差 δ 也不等。为了保证加工精度，必须将拟合的最大误差控制在允许范围内。采用等步长的直线逼近曲线，其最大误差必定在曲率半径最小处。因此，如图 1-35 所示，只要求出最小曲率半径 $R_{\min}$，就可以结合公差确定允许的步长 L，再按步长 L 计算各节点的坐标。计算步骤如下：

曲线 $y=f(x)$ 上任意一点的曲率半径为

$$R = \frac{\sqrt{(1+y'^2)^3}}{y''} \tag{1-3}$$

取 $dR/dx=0$，则

$$3y'y''^2 - (1-y'^2)y''' = 0 \tag{1-4}$$

根据 $y=f(x)$ 求得 y'、y''、y'''，并代入式（1-2）求得 x，再将 x 代入式（1-1）即可求得 $R_{\min}$。

由图中几何关系可以得

$$(R_{\min} - \delta)^2 + (L/2)^2 = R_{\min}^2 \tag{1-5}$$

$$L = 2\sqrt{R_{\min}^2 - (R_{\min}-\delta)^2} \approx 2\sqrt{2\delta R_{\min}} \tag{1-6}$$

以起点 A 为圆心，作半径为 L 的圆，与 $y=f(x)$ 曲线相交于 B 点，联立求解方程组

$$\begin{cases} (x-X_0)^2 + (y-Y_0)^2 = L^2 \\ y = f(x) \end{cases} \tag{1-7}$$

即可求得 B 点的坐标。

按照上述步骤依次向后作圆求解，即可逐个求出全部节点的坐标。

特点是，当曲率差别大时，程序点数较多。排除了等间距的曲线走势影响，通常应用在曲率变化不大的情况。

3. 等误差直线逼近

每个插补段误差相等，插补段长度不等，如图 1-36 所示。

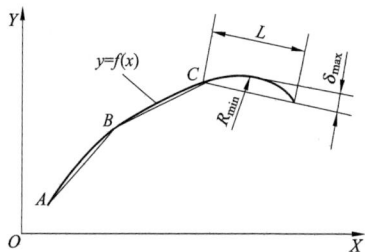

图 1-35 等步长直线逼近节点坐标计算   图 1-36 等误差直线逼近节点坐标计算

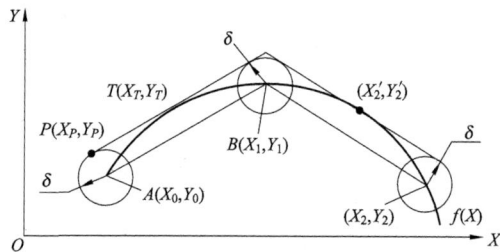

以轮廓曲线的起点 $A(X_0, Y_0)$ 为圆心、以容差 δ 为半径作圆，则

$$(x-X_0)^2 + (y-Y_0)^2 = \delta^2 \tag{1-8}$$

作圆与曲线的公切线 PT，分别交圆和曲线于点 P、T，设点 $P(X_P, Y_P)$、$T(X_T, Y_T)$，则以 P、T 点坐标形式给出的直线 PT 的斜率为

$$k = (Y_P - Y_T)/(X_P - X_T) \tag{1-9}$$

以曲线导数给出的切线 PT 的斜率为

$$k = \frac{\mathrm{d}y}{\mathrm{d}x}\bigg|_P = f'(X_T) \tag{1-10}$$

以圆方程导数表示的公切线 PT 的斜率为

$$k = \frac{\mathrm{d}y}{\mathrm{d}x}\bigg|_P = -\frac{X_P - X_0}{Y_P - Y_0} \tag{1-11}$$

由式 $(1-8)\sim$式$(1-11)$ 联立可求出 $P(X_P, Y_P)$ 和 $T(X_T, Y_T)$，将其带入即可求得 k，则拟合线段 AB 的方程为

$$y - Y_0 = k(x - X_0) \tag{1-12}$$

将式 $(1-12)$ 与 $y=f(x)$ 联立求解，可以求出 $B(X_1, Y_1)$，再以 B 点为圆心作圆，重复上述过程即可求出后一节点的坐标(X_2, Y_2)，依次类推，可求出全部节点。

4. 特点

(1) 插补段最大误差相等，插补段长度不等，同等步长直线逼近法相比，插补段数减少，节点数减少，编程工作量减少。

(2) 手工计算较麻烦，需要使用计算机进行辅助计算。

（三）圆弧插补节点坐标的计算

利用圆弧插补形成节点坐标的方法有曲率圆法、三点圆法和相切圆法。

三点圆法是先用直线逼近方法计算出轮廓曲线的节点坐标，然后再通过连续的三个节点作逼近圆弧，并通过解析法求出该逼近圆弧的圆心坐标和半径。如图 1-37 所示，从曲线起点开始，通过 P_1、P_2、P_3 三点作圆。

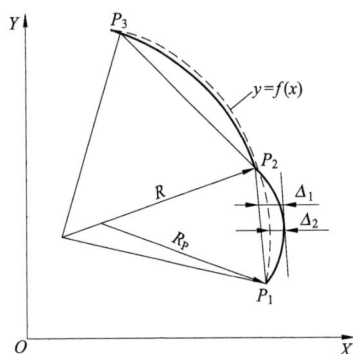

图 1-37 三点圆法节点坐标计算

圆方程的一般表达式为

$$x^2 + y^2 + Ax + By + C = 0 \tag{1-13}$$

通过已知点 $P_1(x_1, y_1)$、$P_2(x_2, y_2)$、$P_3(x_3, y_3)$ 的圆，其圆方程中各参数为

$$A = \frac{y_1(x_3^2 + y_3^2) - y_3(x_1^2 + y_1^2)}{x_1 y_2 - x_3 y_2} \tag{1-14}$$

$$B = \frac{x_3(x_2^2 + y_2^2) - x_1(x_2^2 + y_2^2)}{x_1 y_2 - x_3 y_2} \tag{1-15}$$

$$C = \frac{y_3 x_2(x_1^2 + y_1^2) - y_1 x_2(x_3^2 + y_3^2)}{x_1 y_2 - x_3 y_2} \tag{1-16}$$

其圆心坐标为

$$x_0 = -\frac{A}{2} \tag{1-17}$$

$$y_0 = -\frac{B}{2} \tag{1-18}$$

半径为

$$R = \frac{\sqrt{A^2 + B^2 - 4C}}{2} \tag{1-19}$$

若直线逼近轮廓曲线误差为 Δ_1，圆弧与轮廓的误差为 Δ_2，则 $\Delta_2 < \Delta_1$。

为了减少圆弧段的数目，并保证程序编制的精度。此时，直线段逼近误差 Δ_1 应满足

$$\Delta_1 = \frac{R\Delta_允}{|R - R_P|} \qquad (1-20)$$

式中　R_P——曲线 $y = f(x)$ 在 P_1 点的曲率半径；

　　　　R——逼近圆弧的半径；

　　　　$\Delta_允$——拟合允许误差。

五、粗加工和辅助路线计算

粗加工路线的计算和零件的精度有关，如果余量足够，可采取近似计算法，对一些精度低的粗加工路线，可采取近似画图法，以减少计算工作量。

辅助路线指进刀、退刀路线和刀具不同区域的连接路线，以不同零件、夹具、刀具和已加工路线碰撞即可。

六、列表数据处理

在实际应用中，有些零件的轮廓形状是通过实验或测量方法得到的，如飞机的机翼、叶片、汽车模具、某些检验样板等，这时常以坐标点列表的形式描绘轮廓形状，如表 1-11 所示。这种由列表点给出的轮廓曲线称为列表曲线。列表曲线没有具体的方程式。

表 1-11　　　　　　　　　　　　　　列 表 曲 线 点

N	x	y	N	x	y	N	x	y	N	x	y
0	0	28.000	10	57.20	22.177	20	114.4	19.119	30	171.60	16.748
1	5.72	26.882	11	62.92	21.819	21	120.12	18.859	31	177.32	16.534
2	11.44	26.070	12	68.64	21.477	22	125.84	18.605	32	183.04	16.324
3	17.16	25.400	13	74.36	21.148	23	131.56	18.357	33	188.76	16.116
4	22.88	24.815	14	80.08	20.830	24	137.28	18.114	34	194.48	15.912
5	28.60	24.290	15	85.80	20.524	25	143.00	17.875	35	200.20	15.710
6	34.32	23.809	16	91.52	20.226	26	148.72	17.642	36	205.92	15.511
7	40.04	23.364	17	97.24	19.938	27	154.44	17.413	37	211.64	15.315
8	45.76	22.946	18	102.96	19.657	28	160.16	17.187	38	217.36	15.122
9	51.48	22.552	19	108.68	19.385	29	165.88	16.966	39	223.08	14.931

列表曲线轮廓零件在以传统的工艺方法加工时，加工粗糙度大，需要人工修整，其加工质量完全取决于钳工的技术水平，且生产效率极低。目前列表曲线广泛采用数控加工，但在直接编程时遇到了较大困难。这主要是由于试图用数学方程来描述列表曲线轮廓，以获得比较理想的拟合效果，其数学处理过程比较复杂。

当给出的列表曲线列表点已经密集到足以满足曲线的精度要求时，即可直接在相邻列表点间用直线或圆弧进行编程。但一般列表曲线给出的列表点往往较少，只能描述曲线的大致走向。为了保证加工精度，必须增加新的节点，也称插值。

在数学处理方面，目前处理列表曲线的方法通常采用二次拟合法。即在对列表曲线进行拟合时，第一次先选择直线方程或圆方程之外的其他数学方程式来拟合列表曲线，如图 1-38 所示，称为第一次拟合；然后根据编程容差要求，在已给定的各相邻列表点之间按照第一次拟

合时的方程（称为插值方程）进行插点加密求得新的节点，也称第二次曲线拟合，以这些节点为基准便可编制逼近线段的程序。插值加密后相邻节点之间，采用直线段编程还是圆弧段编程，取决于第二次拟合时所选择的方法。第二次拟合的数学处理过程，与前面介绍的非圆曲线数学处理过程一致。

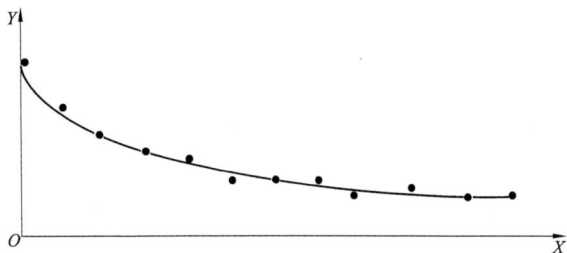

图 1-38　列表曲线第一次拟合

　　列表曲线一次拟合的方法很多，常用的有三次样条曲线拟合、圆弧样条拟合和双圆弧样条拟合等，它们的数学处理比较复杂。目前，遇到较为复杂的列表曲线或非圆曲线加工问题，通常可采用 CAD/CAM 编程技术。

七、复杂曲面计算

复杂曲面需要使用 CAD/CAM 软件进行处理。

八、NURBS 插补

以 NURBS 格式取代传统 NC 代码的直线和圆弧插补，由于先进机床加工的高进给特性，如果加工时过于频繁的剧烈变速，会使机床的优势得不到体现，所以一些机床系统专门提供了 NURBS（Non - Uniform Rational B-Splines）插补功能指令，这是一种表现自由曲线或自由曲面的几何格式。刀具沿着这种 NURBS 曲线移动，称为 NURBS - NC data 功能。同传统代码相比，使刀具顺着曲线平滑移动的 NURBS - NC data，比传统的使用 NC 代码（G0l/G02/G03）叙述的 NC data 更容易提高进给速度，而且减少 NC 数据量，并可以提高进给率，缩短加工时间，加工出高精度、高品质的切削表面，把先进机床的优势发挥到极致。

九、数控加工误差

数控加工误差 $\Delta_{数加}$ 是由编程误差 $\Delta_{编}$、机床误差 $\Delta_{机}$、定位误差 $\Delta_{定}$、对刀误差 $\Delta_{刀}$ 等误差综合形成。即

$$\Delta_{数加} = f(\Delta_{编} + \Delta_{机} + \Delta_{定} + \Delta_{刀}) \quad (1-21)$$

　　（1）编程误差 $\Delta_{编}$ 由容差 δ、圆整误差组成。容差 δ 是在用直线段或圆弧段去逼近非圆曲线的过程中产生，如图 1-39 所示。圆整误差是在数据处理时，将坐标值四舍五入，圆整成整数脉冲当量值而产生的误差。脉冲当量是每个单位脉冲对应坐标轴的位移量，普通精度级的数控机床，一般脉冲当量值为 0.01mm，较精密数控机床的脉冲当量值为 0.005mm 或 0.001mm。

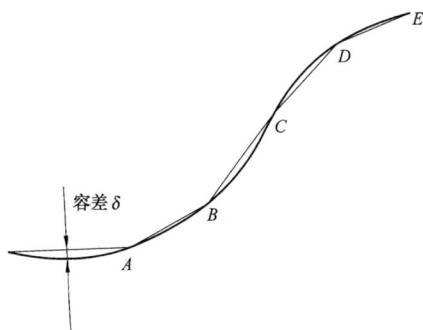

图 1-39　逼近误差

　　（2）机床误差 $\Delta_{机}$ 由数控系统误差、进给系统误差等产生。

（3）定位误差 $\Delta_{定}$ 是当工件在夹具上定位、夹具在机床上定位时产生的。

（4）对刀误差 $\Delta_{刀}$ 是在确定刀具与工件的相对位置时产生的。

思 考 与 练 习

1. 什么叫数控？数控技术的发展方向是什么？

2. 数控机床的加工原理是什么？

3. 数控机床由哪些部分组成？各有什么作用？

4. 什么叫做点位控制、直线控制和轮廓控制数控机床？有何特点及应用？

5. 数控程序的编制方法有哪些？

6. 数控机床适合加工什么样的零件？

7. 程序段号的意义是什么？其编制规则如何？

8. 何为程序段格式？程序段有哪几种格式？

9. 何为准备功能与辅助功能？举例说明。

10. 何为模态代码与非模态代码？举例说明。

11. 数控机床坐标系和加工的零件坐标系有何区别？

12. 数控加工工艺文件有哪些？各有什么作用？

13. 什么是刀位点？常见刀具的刀位点有哪些？

14. 什么是基点？基点坐标的计算方法有哪些？

15. 什么是节点？节点坐标的计算方法有哪些？

16. 程序的校验方式有哪些？

17. 数控编程的误差有哪些？

第二章 数控车床程序编制

第一节 数控车削机床分类

由于使用要求的不同，数控车床在配置、结构和使用上具有不同特点，可从下面几个方面对数控车床进行分类。

一、按主轴的配置形式分类

1. 卧式数控车床

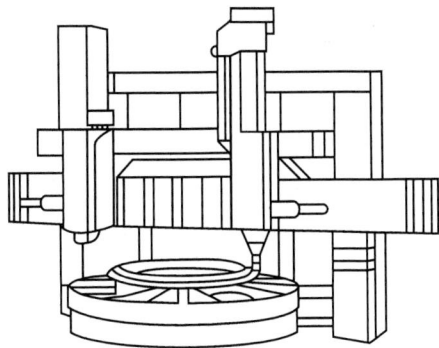

卧式数控车床分为水平导轨和倾斜导轨两种类型，其中倾斜导轨卧式数控车床利于排屑，高档数控车床广泛采用这种结构形式。如图2-1所示。

2. 立式数控车床

立式数控车床简称为数控立车，主轴垂直于水平面，具有一个直径很大的圆形工作台，用来装夹工件。这类机床主要用于加工径向尺寸大、轴向尺寸相对较小的大型复杂零件，如图2-2所示。

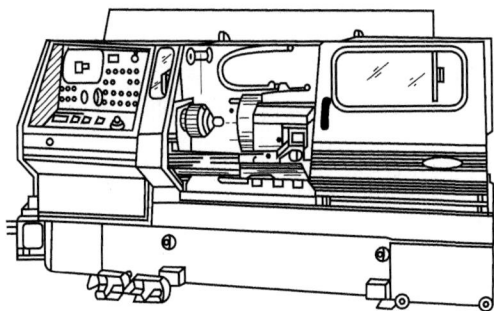

图2-1 卧式数控车床   图2-2 立式数控车床

二、按主轴的位置分类

1. 单刀架单主轴数控车床

数控车床一般都配置有各种形式的单刀架，如四工位卧式转位刀架或多工位转塔式自动转位刀架，只有一个主轴，这是最常用的机床。

2. 双刀架单主轴数控车床

双刀架单主轴数控车床的双刀架配置平行分布，也可以是相互垂直分布，可以同时加工一个零件的不同部分。

3. 单刀架双主轴数控车床

一般数控车床只有一个主轴，但这种机床配备有一个副主轴，工件在前主轴上加工完毕，副主轴可以前移，将工件交换转移至副主轴上，对工件进行完整加工。

4. 双刀架双主轴数控车床

双刀架双主轴数控车床有两个独立的主轴和两个独立的刀架，加工方式灵活多样，可以两个刀架同时加工一个主轴上零件的不同部分，提高加工效率；可以两个刀架同时加工两个主轴上相同的零件，相当于两台机床同时工作；也可以正副主轴分别使用独立的刀架对一个工件进行完整加工。

三、按数控系统的功能分类

按数控系统的功能分类，数控车床分为经济型数控车床、全功能型数控车床和车削复合中心等类型。

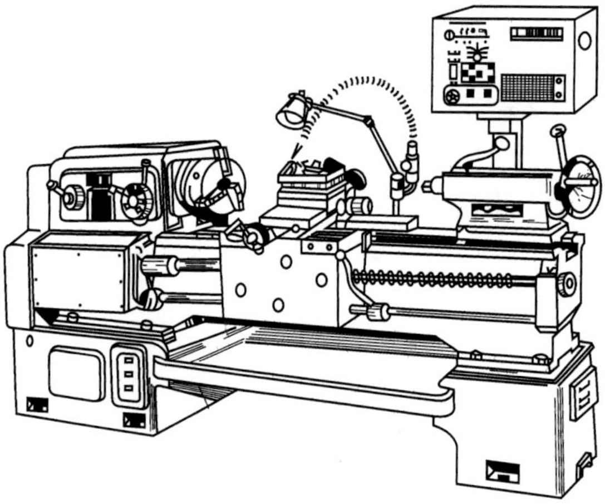

图 2-3　经济型数控车床

1. 经济型数控车床

经济型数控车床属于低档型数控机床，通常通过在传统的机床基础上加装单片机、伺服系统而形成，如图 2-3所示。

此类机床大多数具有如下特征。

（1）为开环或半闭环数控系统，加工精度稍差。

（2）主轴一般为非变频无极调速，使用主轴箱和换挡齿轮手工变速。

（3）没有自动夹紧工件和上下料装置。

（4）无切屑自动收集装置。

2. 全功能型数控车床

全功能型数控车床为现在广泛使用的数控机床，如图 2-1所示，具有如下特征。

（1）具有高精度的数控装置。

（2）具有高精度的传动机构。

（3）主轴具有变频无极调速功能。

（4）具有很好的机床床罩。

（5）具有图形显示、仿真加工、刀具补偿和通信功能。

（6）一般采用闭环或半闭环控制。

（7）具有切屑自动收集装置。

（8）使用主流的数控系统软件。

3. 车铣复合中心

车铣复合中心是以标准型数控车床为主体，配备刀库、自动换刀器、分度装置、铣削动力头和机械手等部件，实现多工序复合加工的车床。在车铣复合中心上，工件一次装夹可以完成回转类零件的车、铣、钻、铰、螺纹加工等多工序的加工。车铣复合中心的功能全面，加工质量和速度都很高，但价格也较贵。如图 2-4所示。

图 2-4 车削中心

1—主机；2—刀库；3—换刀机械手；4—刀架；5—装卸料机械手；6—载料机

第二节 数控车床的典型功能部件

为了提高数控车床的生产效率，在普通车床的基础上增加了自动化装置，如图 2-5 所示。

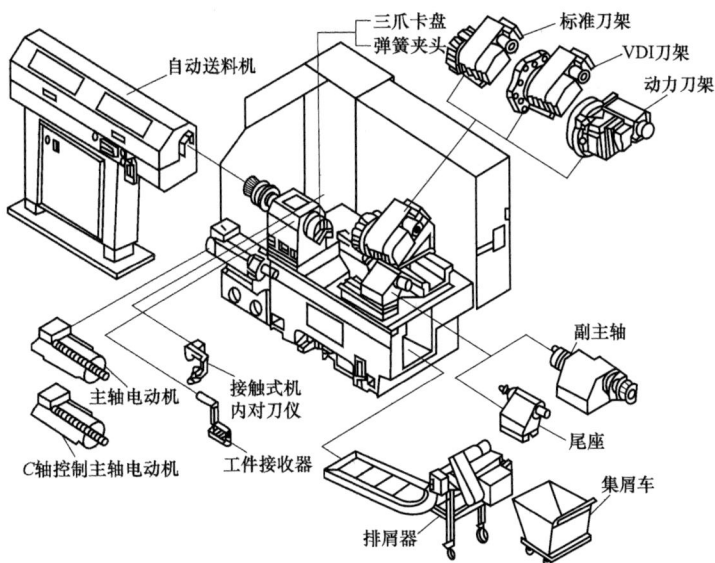

图 2-5 数控车床的功能部件

一、数控车床的刀架

数控车床上使用的回转刀架是一种最简单的自动换刀装置。根据不同的加工对象，有四方刀架、卧轴盘形刀架和动力刀架等多种形式，回转刀架上分别安装着 4、6 把或更多的刀具，并按数控装置的指令换刀。回转刀架又有立式和卧式两种，立式回转刀架的回转轴与机床主轴垂直布置，结构比较简单，经济型数控机床多采用这种刀架。

1. 四方刀架

可以装夹 4 把刀，一次连续加工使用的刀具少。

2. 卧轴盘形刀架

如图 2-6 所示，一次安装和加工使用刀具较多，通常可安装 8、12 把和 24 把刀具。

3. 动力刀架

如图 2-7 所示，刀架具有动力，可主动切削，用于车铣复合加工。

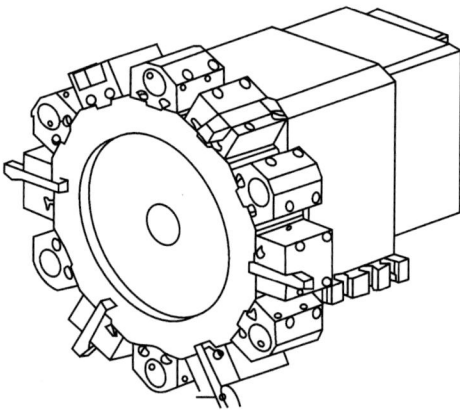

图 2-6　卧轴盘形刀架

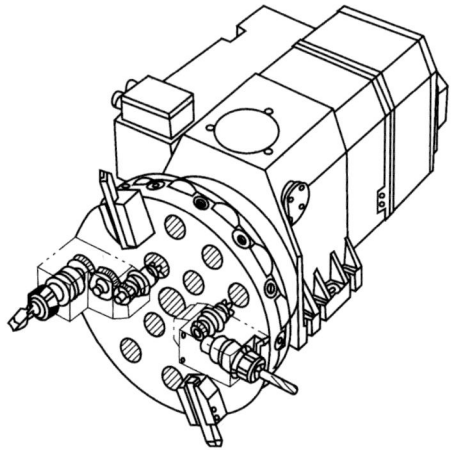

图 2-7　动力刀架

二、可编程尾座

可通过指令进行尾座零件的夹紧和松开。

三、动力夹盘

可通过液压缸控制液压夹盘自动夹紧和松开工件。

第三节　数控车削加工刀辅具

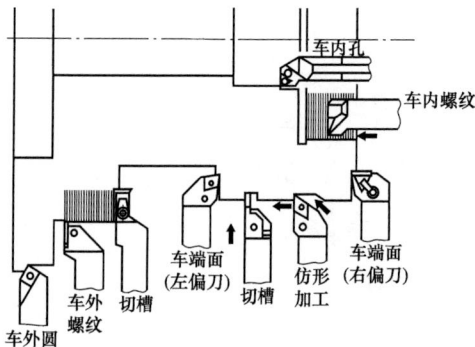

图 2-8　车刀和加工特征示意图

一、数控车削刀具及典型结构的加工

数控车床上使用最广泛的刀具有外圆车刀和孔加工刀具等，车刀可以按照结构、加工表面特征等分类。孔加工刀具有内孔螺纹车刀、镗刀、钻头和铰刀等。图 2-8 为典型的车刀和加工特征示意。

二、数控车削工具系统

1. 回转刀架工具安装

车刀在刀架的安装如图 2-9 所示。

图 2-9　刀盘

（a）槽形刀盘；（b）孔型刀盘

2. 模块化工具系统

例如镗刀，为了不同结构的孔加工的需求，具有系列化的部件，可自由选配扩大工艺范围。

第四节　数控车削工艺

一、数控车削对刀

对刀是确定工件坐标系在机床坐标系的位置。对刀应该在每个独立运动的坐标轴上分别进行。对刀分为试切法对刀和找正法对刀两大类。

（一）试切法对刀

如图 2-10 所示，以工件右端面中心为程序原点，程序起点 H 的工件坐标为（100，50）；刀架上装 4 把刀：1 号刀为 90°外圆粗车刀、2 号基准刀为 90°外圆精车刀、3 号刀为切断刀、4 号刀为 60°三角螺纹刀。基准刀按照"手动试切工件的外圆与端面→分别记录显示器（CRT）显示试切点 A 的 X、Z 机床坐标→推出程序原点 O 的机床坐标→推出程序起点 H 的机床坐标"的思路对刀。根据 A 点与 O 点的机床坐标的关系则

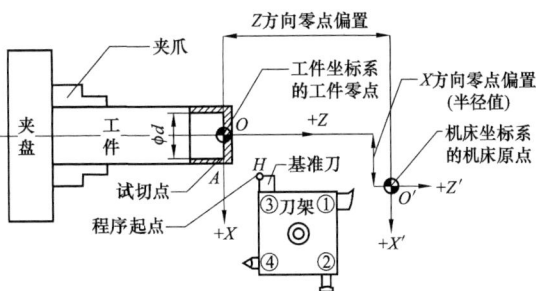

图 2-10　试切法对刀

$$XO = XA - \phi d$$

$$ZO = ZA$$

可以推出程序原点 O 的机床坐标。再根据 H 相对于 O 点的工件坐标为（100，50），最

后推出 H 点的机床坐标为

$$XH = 100 - \phi d$$

$$ZH = ZA + 50$$

这样建立的工件坐标系是以基准刀的刀尖位置建立的工件坐标系。

在试切过程中，为了提高效率和保证试切后工件的加工余量足够，刚好全部切到毛坯即可，试切对刀时，机床不能加工。

（二）找正法对刀

利用工具或仪器寻找到对刀点在机床坐标系中的坐标位置，此种方法称为找正法对刀，分为直接找正、机内对刀仪找正和机外对刀仪找正。

1. 直接找正

利用塞尺直接测量刀具在机床中的位置，受刀具结构的影响，精度较差。

2. 机内对刀仪找正

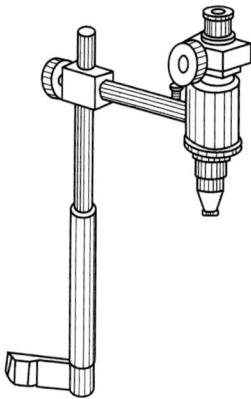

如图 2-11 所示，数控车床机内人工对刀仪对刀，一般通过人工操作，将刀具运行到位置固定的对刀装置的某位置，例如，使刀尖处于光学放大镜的十字线交点，刀尖放大投影如图 2-12 所示，此时读取系统显示器的显示坐标值，与基准刀具的坐标值比较即可获得偏置量。

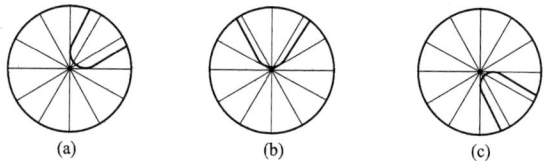

图 2-11　光学对刀仪

图 2-12　刀尖放大投影

（a）端面外径车刀；（b）对称车刀；（c）端面内径车刀

机内对刀仪找正如图 2-13 所示，数控车床机内自动对刀仪对刀，一般将刀具触及一个位置固定的传感器测头，通过测头发出信号，使数控系统自动读取刀具当前位置坐标信息，从而通过计算取得刀偏量。

3. 机外对刀仪找正

当加工的零件复杂，使用的刀具数量较多时，消耗在对刀上的辅助时间比例就会增加，从而降低机床的利用率。这种情况下，如果有一定的机床数量，可以考虑采用机外对刀仪，这种对刀仪一般具有两个方向的高精度位移测量系统，刀

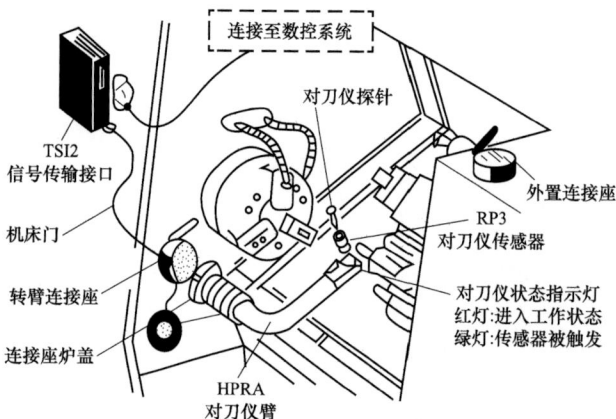

图 2-13　机内对刀仪找正

具通过刀座以在刀架上一样的安装方式在对刀仪上安装，被测刀具刀尖可以通过光学放大显示在屏幕上。测量时通过相对移动光学测头，使得刀尖圆弧与光学屏幕十字线相切，读取测量系统显示的坐标信息即可。图 2-14 为光学式机外对刀仪，使用机外对刀仪对刀的最大优点是对刀过程不占用机床的时间，从而可提高数控机床的利用率。这种对刀方法的缺点是刀具必须连同刀夹配套使用。

二、数控车削换刀

数控车床刀具直接或通过各种刀座安装在刀架上，一般刀架上各刀位编有刀位码，刀具在刀架上安装时对号入座，数控车床通过识别选择刀座编码来选择相应的刀具。

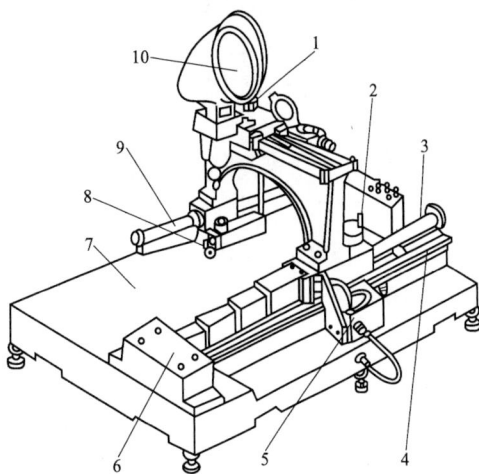

图 2-14　机外对刀仪
1—X 向进给手柄；2—Y 向进给手柄；3、9—轨道；
4—刻度尺；5—微型读数器；6—刀具台安装座；
7—底座；8—光源；10—投影放大镜

换刀是通过程序选择刀具后控制刀架回转，将所选刀具转到工作工位的过程。换刀时应注意，刀架连同刀具回转时不应与机床上的任何物体互相干涉。因此，换刀点应设在远离工件的地方。通常有两种换刀点设置方法。

1. 固定位置换刀

固定位置换刀方式的换刀点是机床上的一个固定点，它不随工件坐标系位置的改变而发生位置变化。该固定点位置必须保证换刀时刀架或刀盘上的任何刀具不与工件发生碰撞。换句话说换刀点轴向位置（Z 轴）由轴向最长的刀具（如内孔镗刀、钻头等）确定；换刀点径向位置（X 轴）由径向最长刀具（如外圆刀、切刀等）决定。

固定位置换刀方式的优点是编程简单方便，缺点是增加了刀具到零件加工表面的辅助运动距离，降低了加工效率，在单件小批量生产中尚可以采用，大批量生产时往往不采用这种设置换刀点的方式。

2. 随机位置换刀

随机位置换刀通常也称为跟随式换刀。在批量生产时，为缩短辅助空行程路线，提高加工效率，可以不设置固定的换刀点，每把刀有其各自不同的换刀位置。遵循的原则如下。

（1）确保换刀时刀具不与工件发生碰撞。

（2）力求最短的换刀路线，即在不与工件发生干涉、碰撞的前提下，尽可能靠近工件换刀，以节省辅助时间。

随机位置换刀适合零件的批量生产中。

三、数控车削走刀路线安排

进给路线的确定，主要在于确定粗加工及空行程的进给路线，精加工切削过程的进给路线基本上都是沿其零件轮廓顺序进行的。进给路线是指刀具从对刀点（或机床固定原点）开始运动起，直至返回该点并结束加工程序所经过的路径，包括切削加工的路径及刀具切入、切出等非切削空行程。

在保证加工质量的前提下，使加工程序具有最短的进给路线，不仅可以节省整个加工过程的执行时间，还能减少一些不必要的刀具消耗及机床进给机构滑动部件的磨损等。实现最短的进给路线，除依靠丰富的实践经验外，还应善于分析零件图样，必要时可辅以一些简单计算。

（一）空行程进给路线的安排

1. 巧用起刀点

如图 2-15（a）所示，为采用矩形循环方式进行粗车的一般情况。其对刀点 A 的设定，是考虑到精车等加工过程中需方便换刀，故设置在离坯件较远的位置处，同时将起刀点与其对刀点重合在一起。按三刀进行粗车进给路线安排如下：

（1）第一刀：$A—B—C—D—A$。

（2）第二刀：$A—E—F—G—A$。

（3）第三刀：$A—H—I—J—A$。

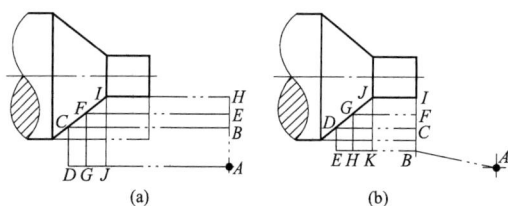

图 2-15　起刀点设定

（a）矩形循环方式；（b）起刀点与对刀点分离方式

如图 2-15（b）所示，则是巧将起刀点与对刀点分离，并设于图示 B 点位置，仍按相同的切削用量进行三刀粗车，其进给路线安排如下：

（1）起刀点与对刀点分离的空行程：$A—B$。

（2）第一刀：$B—C—D—E—B$。

（3）第二刀：$B—F—G—H—B$。

（4）第三刀：$B—I—J—K—B$。

显然，图 2-15（b）所示的进给路线短。一般情况下，进刀点设置在毛坯外 2～4mm 处。

2. 巧设换刀点

考虑换刀的方便和安全，有时将换刀点设置在离坯件较远的位置处（如图 2-15 中的 A 点）。那么，当换第二把刀后，进行精车时的空行程路线必然也较长；如果将第二把刀的换刀点也设置在如图 2-15（b）所示的 B 点位置上，则可缩短空行程距离。

3. 加工路径封闭

在手工编制较为复杂零件轮廓的加工程序时，为使其计算过程尽量简化，既不出错，又便于校核，编程人员有时每一刀加工完后，通过执行"回参考点"（即返回对刀点）指令，使其全都返回到对刀点的位置，然后再执行后续程序。这样会增加进给路线的距离，从而大大降低生产效率。因此，在合理安排"回参考点"路线时，应使其前一刀终点与后一刀起点间的距离尽量缩短，或者为零，即可满足进给路线尽量短的要求。另外，在选择返回对刀点指令时，在不发生加工干涉现象的前提下，宜尽量采用 X、Z 坐标轴联动"回参考点"指令，该指令功能的"回参考点"路线将是最短的。

（二）粗加工进给路线安排

切削进给路线尽量短，可有效地提高生产效率，降低刀具的损耗等。在安排粗加工或半精加工的切削进给路线时，应同时兼顾到被加工零件的刚性及加工的工艺性等要求。

1. 锥面粗车

锥面粗车进给路线如图 2-16 所示，锥面的粗加工有两种方式，图 2-16（a）需要计算排刀数据，但切削厚度恒定，切削平稳；图 2-16（b）不需要复杂计算，切削背吃刀量变化，切削路线长，效率低。

2. 圆弧粗车

应用圆弧插补指令车圆弧轮廓，一般根据毛坯情况必须经多次切削加工。先经粗车将大部分余量切除，最后精车出所需圆弧。

粗车圆弧进给路线如图 2-17 所示，为车圆弧同心圆法切削路线，即用不同半径的同心圆来车削，最后将所需圆弧加工出来。此方法在确定了每次的背吃

图 2-16　锥面粗车进给路线
(a) 方式一；(b) 方式二

刀量后，特殊角度圆弧（如 90°）的起点、终点坐标较易确定。这种方法对图 2-17（a）所示的凹圆弧可以得到比较短的进给路线，但对图 2-17（b）所示的凸圆弧，显然其加工的空行程较长，从而影响加工效率。

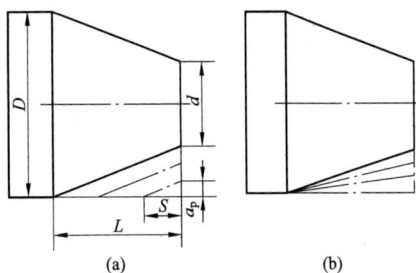

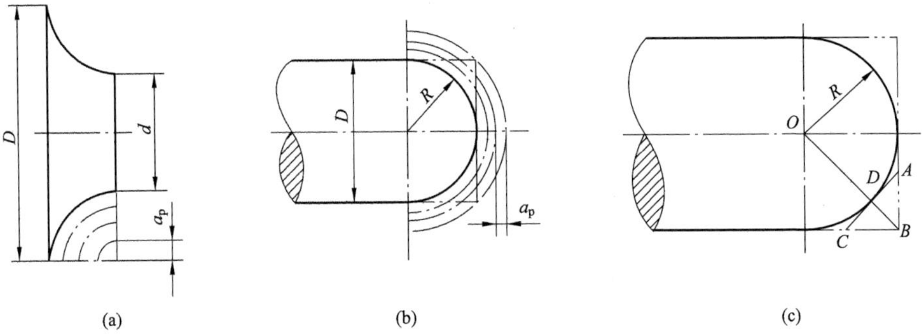

图 2-17　粗车圆弧进给路线
(a) 凹圆弧；(b) 凸圆弧；(c) 车锥法

图 2-17（c）为加工圆弧的车锥法切削路线，即先车一个圆锥，再车圆弧。但要注意车锥时的起点和终点的确定。若确定不好，则可能会损坏圆弧表面，或导致后续加工余量过大。确定方法是连接 OB 交圆弧于 D 点，过 D 点作圆弧的切线 AC，通过几何关系求出 AC 点坐标。这种方法数值计算较繁，但其刀具切削路线较短。

3. 轮廓粗车

如图 2-18 所示，为粗车零件时的几种不同切削进给路线的安排示意图。其中，图 2-18（a）为利用其矩形循环功能而安排的矩形进给路线；图 2-18（b）为利用其程序循环功能安排的三角形进给路线；图 2-18（c）为利用数控系统具有的封闭式复合循环功能

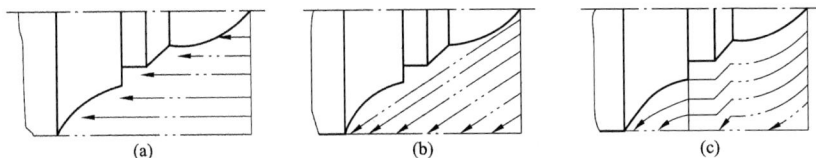

图 2-18　粗车进给路线
(a) 矩形；(b) 三角形；(c) 沿着零件轮廓

控制车刀，沿着零件轮廓进给的路线。

对这三种切削进给路线，经分析和判断后可知矩形循环进给路线的进给长度总和最短。因此，在同等条件下，其切削所需时间（不含空行程）最短，刀具的损耗最少。

第五节　数控车削程序编制

一、基本设置

1. 尺寸单位设定

用 G21/G20 指令在程序的开始坐标系设定之前，在一个单独的程序段中指定输入单位的制式——公制（mm）/英制（inch）。系统缺省状态为 G21。

2. 绝对/增量尺寸输入

当程序段坐标尺寸字地址符采用 X、Z 时为绝对尺寸输入，即输入的坐标数据是编程坐标系中目标点的坐标尺寸。而当坐标尺寸字地址符采用 U、W 时则为增量尺寸输入，此时 U、W 分别表示在 X、Z 方向待运行的位移量。可以在同一程序段采用两种输入，从而实现同一程序段中绝对/增量制式的混合编程。X、Z、U 和 W 为模态指令，U0、W0 可省略。

例：

N10　X30　Z10;　　　绝对尺寸输入
N20　U20　W-5;　　　增量尺寸输入
N30　X50　W-20;　　　X 为绝对尺寸输入,Z 轴增量尺寸输入
N40　U15　Z-30;　　　Z 为绝对尺寸输入,X 轴增量尺寸输入

选择合适的编程数据输入制式可以简化编程。当图样尺寸由一个固定基准标注时，则用绝对尺寸输入较为方便；当图样尺寸采用链式标注时，则采用增量尺寸输入较为方便。

3. 直径/半径输入形式

数控车削加工是用来加工旋转体零件的，由于回转体零件的径向尺寸，无论是设计尺寸还是测量尺寸都是以直径值来表示的，因此，数控车床既可以采用直径编程方式，也可以采用半径编程方式，区别在于 X 轴的坐标值 X、U 不同而已。采用直径编程方式，用绝对坐标编程时，X 坐标值为直径值；采用相对坐标编程时，以刀具径向实际位移值的 2 倍值为编程值。相对而言，直径编程较半径编程更方便，尤其在进行手工编程时，可以避免将直径值换算成半径值而可能发生的简单算术错误。如加工一个直径为 65.47mm 的外圆，只需将直径 65.47mm 定义为 X 坐标值，而不需换算成半径值 32.735mm，表 2-1 显示了两种编程方法的差异。所有的数控系统都设有系统变量以确定采用哪种方式编程，如需改变，可以参照设备说明书或咨询设备商进行，最好在设备出厂前由设备商确定。

表 2-1　　　　　　　　直径编程和半径编程比较

编 程 方 法	直径编程	半径编程
程序内容	G01 X65.0 Z-50.0	G01 X32.7355 Z-50.0

二、工件坐标系

1. 机床坐标系选择 G53

选择机床坐标系作为工件坐标系。

2. 工件坐标系选择 G54～G59

G54～G59 工件坐标系设定如图 2-19 所示，加工前，当工件装夹到机床上后，可先通过对刀操作求出工件零点在机床坐标系中的位置（工件零点以机床零点为基准偏移）偏移量，对刀结束后通过操作面板预置输入到规定的偏置寄存器 G54～G59 中。加工时程序可以通过选择相应的 G54～G59 偏置寄存器激活预置值，从而确定工件零点的位置，在机床上建立工件坐标系，将数控程序中的移动指令的数值转化成机床坐标系的值，控制刀具加工形成零件。工件坐标系设置指令如下：

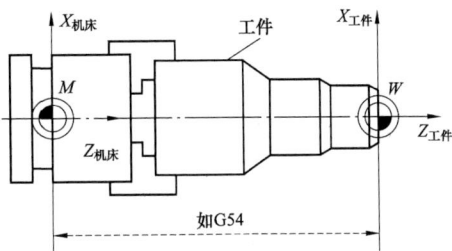

图 2-19 G54～G59 工件坐标系设定

G54——选择工件坐标系 1；

G55——选择工件坐标系 2；

G56——选择工件坐标系 3；

G57——选择工件坐标系 4；

G58——选择工件坐标系 5；

G59——选择工件坐标系 6。

编程例如：

```
%555;
N1 G54;                    选择工件坐标系 1
N2 G00 X0 Y0 Z100;
…
N70G55;                    选择工件坐标系 2
…
```

3. 工件坐标系设定 G50

编程格式：G50 X_ Z_ ;

其中 X、Z 数值分别表示刀具当前刀位点在设定工件坐标系中的坐标值。

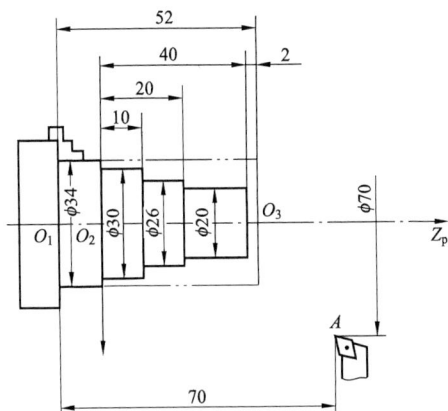

图 2-20 G50 工件坐标系设定

G50 工件坐标系设定如图 2-20 所示，设 O_1 点为工件原点时，设定工件坐标系程序段为：

G50 X70 Z70;

设 O_2 点为工件原点时，设定工件坐标系程序段为：

G50 X70 Z60;

如果设 O_3 点为工件原点，设定工件坐标系程序段为：

G50 X70 Z20;

三、坐标运动与进给

（一）快速点定位 G00

格式：

```
G00 IP__;
```

例：快速进刀（G00）

程序：G00 X50.0 Z6.0;

或 G00 U-70.0 W-84.0;

注意：（1）符号 IP 表示 X、Z 坐标数据组合；

（2）本章所有示例均采用公制输入；

（3）在某一轴上相对位置不变时，可以省略该轴的移动指令；

（4）移动速度为系统缺省最大，6000mm/min（FANUC 0T/15T 系统）；

（5）刀具移动的轨迹不是标准的直线插补，G00 移动轨迹如图 2-21 所示，有时是一条直线，有时是两条折线。

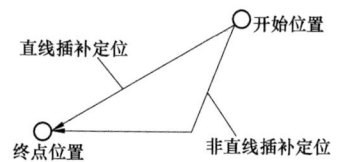

图 2-21　G00 移动轨迹

（二）直线插补 G01

格式：

```
G01 IP__ F__;
```

例：外圆柱切削，如图 2-22 所示。

程序：G01 X60.0 Z-80.0 F0.3;

或　　G01 U0 W-80.0 F0.3;

含义：以 0.3mm/r 的速度直线移动到点（60，-80）。

注意：（1）X、U 指令可以省略；

（2）X、Z 指令与 U、W 指令可在一个程序段内混用。

例：外圆锥切削，如图 2-23 所示。

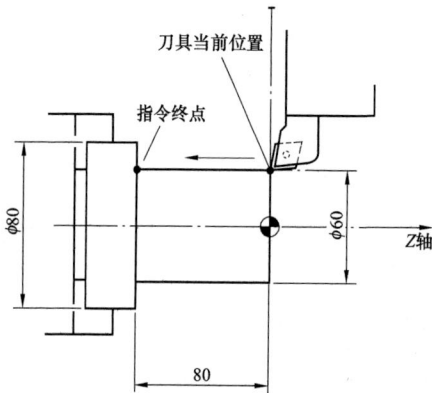

图 2-22　G01 指令切外圆柱

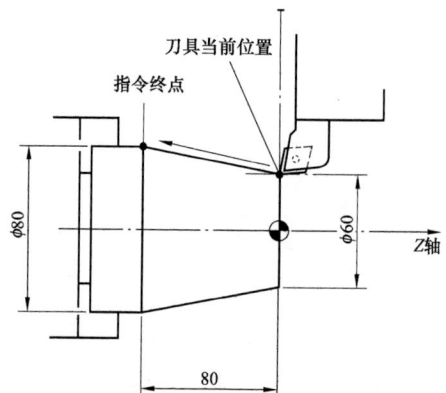

图 2-23　G01 指令切外圆锥

程序：G01　X80.0 Z-80.0 F0.3;

或　　　G01　U20.0 W-80.0 F0.3;

（三）倒角及倒圆角 G01

1. 倒角

格式：

G01C ___;

2. 倒圆角

格式：

G01R ___;

例：倒角，如图 2-24 所示。

绝对编程：

N001　G01　Z-20.　C4.F0.4;

N002　　　　X50.　C2.;

N003　　　　Z-40.;

相对编程：

N001　G01　W-22.C4.F0.4;

N002　　　　U20.C2.;

N003　　　　W-20.;

例：倒圆角，如图 2-25 所示。

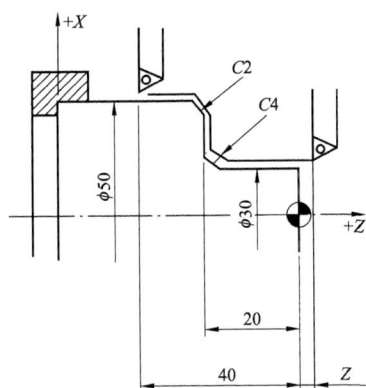

图 2-24　G01 指令倒角　　　图 2-25　G01 指令倒圆角

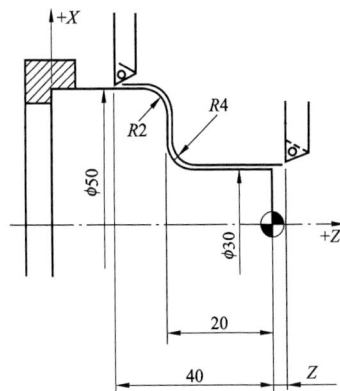

绝对编程：

N001　G01 Z-20.R4.F0.4;

N002　　　　X50.R2.;

N003　　　　Z-40.;

相对编程：

```
N001   G01 W-22.R4.F0.4;
N002       U20.R2.;
N003       W-20.;
```

（四）圆弧插补 G02/ G03

格式：

```
G02  X_Z_I_K_F_;  或  G02  X_Z_R_F_;
G03  X_Z_I_K_F_;  或  G03  X_Z_R_F_;
```

G02/G03 程序段的含义见表 2-2 所示。

表 2-2　　　　　　　　　　　　**G02/G03 程序段的含义**

指　　令	含　　义
G02	刀具轨迹顺时针回转
G03	刀具轨迹逆时针回转
X、Z (U、W)	圆弧终点的坐标 X、Z (U、W) 值
I、K	从圆弧起点到圆心的位移
R	插补圆弧的半径，取小于 180° 的圆弧部分

圆弧方向的判别应该从 Y 轴的正向向负向看，顺时针运动为 G02，逆时针运动为 G03，如图 2-26 所示。

例：顺时针圆弧插补，如图 2-27 所示。

（I，K）指令：

```
G02  X50.Z-10.I20.K17 F0.2;
G02  U30.W-10.I20.K17.F0.2;
```

（R）指令：

```
G02  X50.Z-10.R27.F0.2;
G02  U30.W-10.R27.F0.2;
```

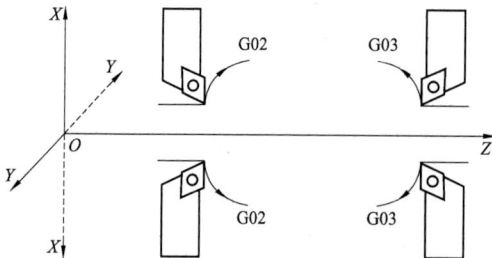

图 2-26　G02/G03 的判断

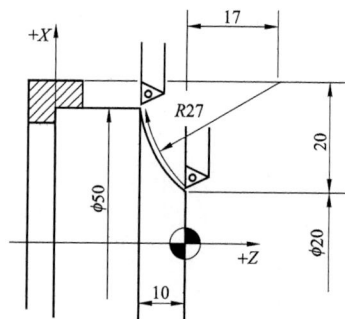

图 2-27　G02 顺时针圆弧插补

例：逆时针圆弧插补，如图 2-28 所示。

（I，K）指令：

```
G03  X50.Z-24.I-20.K-29.F0.2;
G03  U30.W-24.I-20.K-29.F0.2;
```

（R）指令：

```
G03  X50.Z-24.R35.F0.2;
G03  U30.W-24.R35.F0.2;
```

（五）暂停指令 G04

1. 作用

（1）钻（镗）孔到孔底时延时，保证孔底质量。

（2）钻孔中途退刀后延时，利于铁屑充分排出。

（3）车削加工较高的零件轮廓终点设置延时，保证表面质量，如车槽、铣。

（4）其他情况，如自动棒料送料器送料时延时，以保证送料到值。

2. 格式

```
G04  P__;
G04  X__;
G04  U__;
```

地址 P、X、U 后表示时间，P 后不用小数点，单位为毫秒；X、U 后表示秒。

例：加工图，如图 2-29 所示。

图 2-28 G03 逆时针圆弧插补

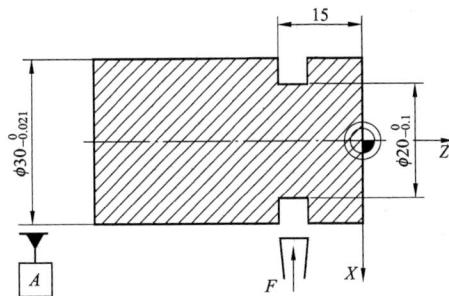

图 2-29 G04 切槽

N10 G54 F0.2 S300 M03 T0101;	工艺数据设定
N20 G0 X32 Z-15;	快速引刀接近槽口
N30 G1 X19.95;	割槽至深度
N40 G4 P1000;	槽底进给暂停
N50 G1 X32;	
N60 M02;	退出

（六）螺纹切削指令（G32）

1. 作用

切削圆柱螺纹、圆锥螺纹、端面螺纹。

2. 格式

```
G32  IP__ F__;
```

F 为螺纹的导程，F＝线数×螺距。

3. 左旋螺纹和右旋螺纹

螺纹的旋向与刀具的安装和进给方向有关，对于前置刀架数控车床，刀具前刀面向上安装，对于后置刀架数控车床，刀具前刀面向下安装，工件转向前刀面，如图 2-30、图 2-31所示。

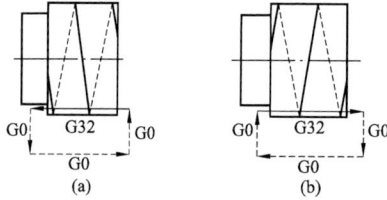

图 2-30　前置刀架数控车螺纹
（a）右螺纹；（b）左螺纹

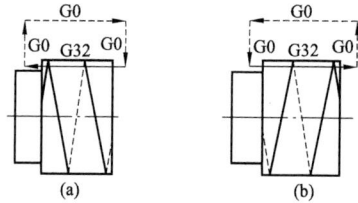

图 2-31　后置刀架数控车螺纹
（a）右螺纹；（b）左螺纹

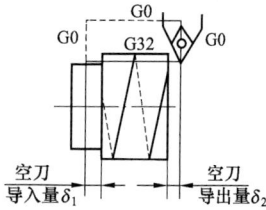

图 2-32　螺纹的导入和导出量

4. 螺纹的导入和导出

螺纹在切削时，要求主轴转 1r，车刀移动 1 个导程，转速必须保持恒定，否则无法保证螺距的正确性。由于伺服系统滞后等因素会在螺纹切削起点和终点产生螺距误差，为避免此问题，需要在螺纹两端各延伸一段长度，即增加导入量 δ_1 和导出量 δ_2，如图 2-32 所示。一般取 $\delta_1＝2\sim4mm$；$\delta_2＝\delta_1/(2\sim4)$（$P$ 越大，δ_1 和 δ_2 就越大）。

5. 螺纹的切削次数

螺纹小径 d 的确定方法如下：

（1）对外螺纹，$d＝D$（螺纹公称直径）$-1.3\times P$（螺距）；对内螺纹，d 为公称直径。

（2）查《机械设计手册》或《机械制造手册》，螺纹切削的背吃刀量见表 2-3。

表 2-3　　　　　　　　　　　螺纹切削的背吃刀量

米制螺纹							
螺距	1.0	1.5	2	2.5	3	3.5	4
牙深（半径量）	0.649	0.974	1.299	1.624	1.949	2.273	2.598
切削次数及吃刀量（直径量） 1 次	0.7	0.8	0.9	1.0	1.2	1.5	1.5
2 次	0.4	0.6	0.6	0.7	0.7	0.7	0.8
3 次	0.2	0.4	0.6	0.6	0.6	0.6	0.6
4 次		0.16	0.4	0.4	0.4	0.6	0.6
5 次		0.1	0.4	0.4	0.4	0.4	0.4
6 次			0.15	0.4	0.4	0.4	0.4
7 次				0.2	0.2	0.2	0.4
8 次					0.15	0.3
9 次							0.2

续表

英制螺纹							
牙/in	24	18	16	14	12	10	8
牙深（半径量）	0.678	0.904	1.016	1.162	1.355	1.626	2.033
切削次数及吃刀量（直径量） 1次	0.8	0.8	0.8	0.8	0.9	1.0	1.2
2次	0.4	0.6	0.6	0.6	0.6	0.7	0.7
3次	0.16	0.3	0.5	0.5	0.6	0.6	0.6
4次		0.11	0.14	0.3	0.4	0.4	0.5
5次				0.13	0.21	0.4	0.5
6次						0.16	0.4
7次							0.17

6. 多头螺纹的切削

多头螺纹的加工方法有周向起始点偏移法和轴向起始点偏移法两种。多头螺纹车削如图 2-33 所示，周向起始点偏移法车多头螺纹时，不同螺旋线在同一轴向起点切入，利用 Q 周向错位 $360°/n$（n 为螺纹头数）的方法分别进行车削。轴向起始点偏移法车多头螺纹时，不同螺旋线在轴向错开一个螺距位置切入，采用相同的 Q 值。

例：圆柱螺纹切削，如图 2-34 所示。

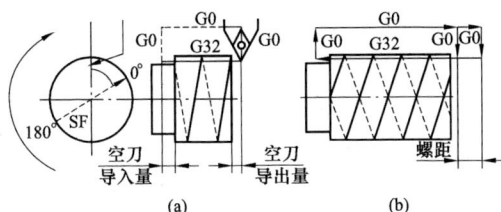

图 2-33　多头螺纹车削
（a）周向起始点偏移法；（b）轴向起始点偏移法

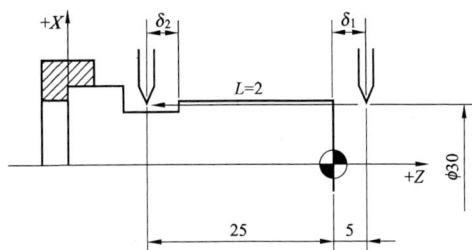

图 2-34　G32 圆柱螺纹车削

绝对坐标指令：

G32　Z-25.F2;

相对坐标指令：

G32　W-25.F2;

例：锥螺纹切削，如图 2-35 所示，LZ 表示导程。

绝对坐标指令：

G32　X50.Z-35.F2;

相对坐标指令：

G32　U30.Z-40.F2;

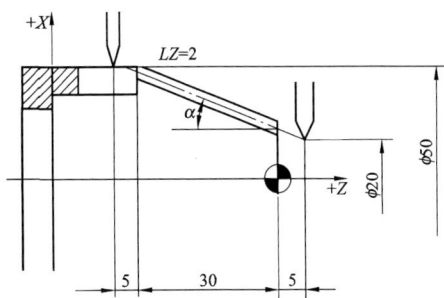

图 2-35　G32 锥螺纹切削

锥螺纹螺距的确定方法如图2-35所示。

（七）进给量设定 G98/G99

（1）每转进给量 G99，如图2-36所示。

格式：G99　（F＿）；

含义：主轴每转进给量 mm/r。

（2）每分钟进给量 G98，如图2-37所示。

格式：G98　（F＿）；

含义：1min 进给量为 mm/min。

缺省状态为 G99。

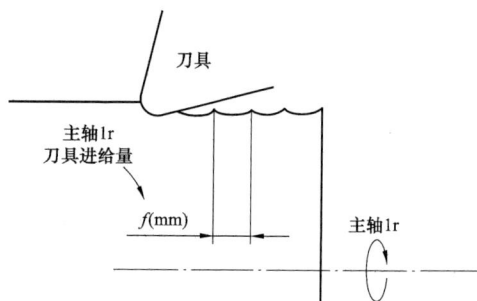

图2-36　每转进给量

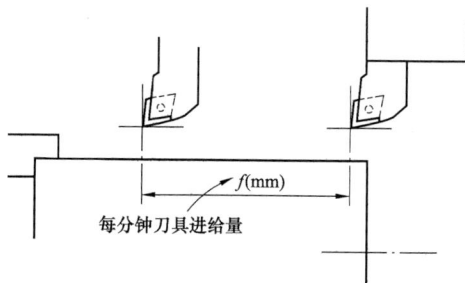

图2-37　每分钟进给量

（八）返回参考点指令 G27/G28/G30

参考点是数控机床上的固定点，利用参考点返回指令可以将刀架自动返回到参考点。系统最多可以设置四个参考点，各参考点的位置可以利用参数事先设置。接通电源后必须先进行第一参考点返回，以建立起机床坐标系，然后才能进行其他操作。

返回参考点有两种方法，手动参考点返回和自动参考点返回。自动参考点返回一般用于接通电源已进行手动参考点返回后，在程序中需要执行换刀等操作时使用。

自动返回参考点有以下三种指令：

1. 返回参考点检查 G27

G27 用于检查刀架是否按程序正确地返回到第一参考点。其编程格式为：

G27　X＿　Z＿；

或 G27　U＿　W＿；

X、Z、U、W 为参考点在工件坐标系中的值。执行 G27 时，各轴以快速移动速度向参考点定位，且系统内部检查参考点行程开关信号。如果定位结束后检测到开关信号发令正确，参考点指示灯亮，说明刀架正确回到了参考点位置。如果检测到的信号不正确，则显示报警信息。

如果在刀具偏移方式下执行 G27，刀架到达的位置加上了刀具偏移值，将导致刀架不能正确回到参考点位置，机床将报警。因此在执行 G27 指令前，应当取消刀具偏移。

2. 返回参考点 G28

G28 使刀架以快速移动速度通过中间点返回到第一参考点。

格式：

G28　Z＿＿X＿；

或 G28　U＿＿W＿；

G28 后的坐标为中间点坐标，该指令用快速进给方式。为了安全，执行 G28 指令前最好取消刀具半径补偿和刀具偏移。

例：如图 2-38，经过（30.0，15.0）返回参考点。

N8　G28　X30.0　Z15.0；

例：如图 2-39 所示，直接返回参考点。

图 2-38　经过中间点返回机械原点

图 2-39　从当前位置返回机械原点

两种格式如下：

（1）G28　U0　W0；

（2）G28　U0；

　　　G28　W0。

3. 返回第二、第三、第四参考点 G30

当有不同的换刀位置时，使用 G30 指令返回第二、第三、第四参考点。其格式如下：

G30　Pn　X(U)　Z(W)；

Pn 用于指定参考点，n 可以为 2、3、4。P2、P3、P4 分别表示第二、第三、第四参考点，P2 可以省略。坐标为中间点坐标。如果不需要通过中间点，而是直接返回参考点，可以编程 G30　Pn　U0　W0。

返回参考点如图 2-40 所示，为返回第二参考点过程，刀具从当前位置经中间点（120，20）返回参考点，其指令为：

G30　X120　Z20；

如果按图 2-40 中虚线所示，不经过中间点直接返回参考点，刀具将与工件碰撞，引起事故。

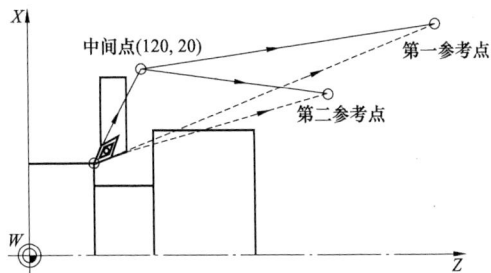

图 2-40　返回参考点

四、主轴运动

1. 主轴转速 S 及转向

S 表示转速，单位为转/分钟（r/min）。旋转方向通过 M 指令规定，M03 为主轴正

转，M04 为主轴反转，M05 为主轴停。正转定义为从主轴的尾部向夹盘方向看，顺时针
方向为正转，逆时针方向为反转。通常情况，车削加工使用正转，使用后置刀架车刀加
工时，应该将车刀的前刀面向下安装，此时切屑方便向车床下部掉落，避免热量传给
刀具。

例：

N10　S1000　M03;　　　主轴以 1000r/min 正转启动
…
N200　S450;　　　　　主轴转速变为 450r/min
…
N500　M05;　　　　　　主轴停止

2. 恒线速度加工

传统的恒转速加工，根据刀具和工件材料性能等确定切削线速度，然后按最大加工直径
计算主轴转速。这样带来的问题是，当刀具加工到小直径处时性能得不到充分发挥，从而影
响实际加工生产率。同时，在不同直径处表面粗糙度会有较大的差异。

当车削表面直径变化较大时，为了保证车削后表面粗糙度一致和高生产率，可以采用恒
线速度进行切削加工，车削过程中数控系统根据车削点位置处的直径自动计算并调整主轴转
速，从而始终保证刀具切削点处执行的切削线速度 S 为编程设定的常数，即

主轴转速×直径＝常数

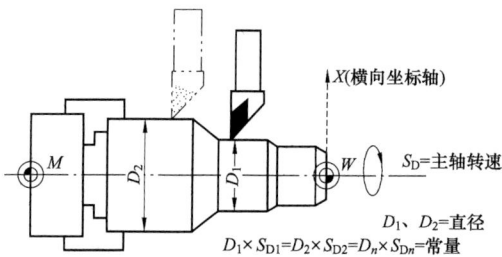

图 2-41　恒线速度切削

恒线速度切削如图 2-41 所示。

编程格式：

G96　S100;

含义：恒定切削线速度为 100m/min。

设置恒线速度后，如果不再需要，可以
通过 G97 取消。

编程格式：

G97　S2000;

含义：切削速度为 2000r/min。

设置恒线速度加工后，由于主轴转速在不同直径处是变化的，直径越小，转速越高，为
了防止主轴因转速过高而发生危险，可以通过 G50 将主轴最高转速限制在某一最高值。

编程格式：

G50　S2500;

含义：主轴最高转速限定为 2500r/min。

五、辅助功能 M

除少数功能具有通用意义外，大部分 M 代码预留给机床厂，用于自定义设定。

M00——程序停止、暂停程序的执行，按"启动键"程序继续执行。通常用于加工中间
有计划的人工干预，如测量、检查、更换压板等，因此也称为计划暂停。

M01——程序有条件停止，机床面板上标注为"选择停"，与 M00 一样，但仅在"条件
停（M01）有效"功能被软键或接口信号触发后才生效。加工中可以随机设置，常用于关键
尺寸的抽样检查或需要临时停车的场合。

M02——程序结束，主程序与子程序结束都可使用。

M03——主轴正转。

M04——主轴反转。

M05——主轴停。

M07——1号冷却开。

M08——2号冷却开。

M09——冷却关。

M30——主程序结束并返回程序起点。

M98——子程序调用。

M99——子程序结束。

六、子程序

1. 子程序结构

原则上讲主程序和子程序结构并无区别，通常用子程序编写零件上需要重复进行的加工。子程序位于主程序中适当的地方，在需要时进行调用、运行。子程序的结构和调用如图 2-42 所示。

图 2-42　子程序结构和调用

子程序以 M98 开头，格式为 M98P××× ×× ××，后四位为子程序名称，前面为调用次数，未指明次数为 1 次，M99 结束。

2. 子程序实例

子程序实例如图 2-43 所示。

主程序：

图 2-43　子程序实例

```
O8888;

N01  G54;

N02  M03  F1  S300  T0101;

N05  G00  X32  Z0;

N10  M98  P10 1001;

N20  G00  X100  Z150;

N30  M30;

O1001;

N05  G00  W-5;
```

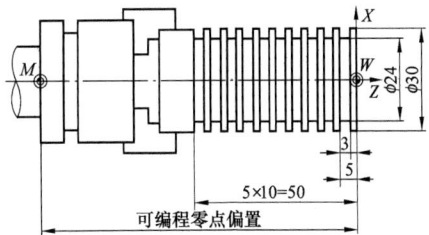

```
N10  G01  U-8;
N20  G04  P1000;
N30  G01  U8;
N40  M99;
```

七、刀具补偿编程

1. 原理

如图 2-44 所示，一个零件需要使用多把刀具加工，由于刀具结构和安装的不同，导致刀具在刀架上的 X 向和 Z 向位置不同，如果加工需要多个加工坐标系，这给机床的操作带来极大的不便。

如图 2-45 所示，理论上车刀的刀尖是一个切削点，但实际车刀刀尖部分为一圆弧，实际编程使用时会造成加工误差。如果按照圆弧计算程序，对于不同的圆弧和刀具磨损，需要重新计算程序和进行实切削加工。

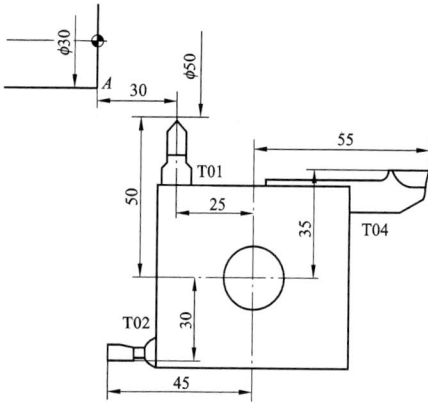

图 2-44　刀具位置不同

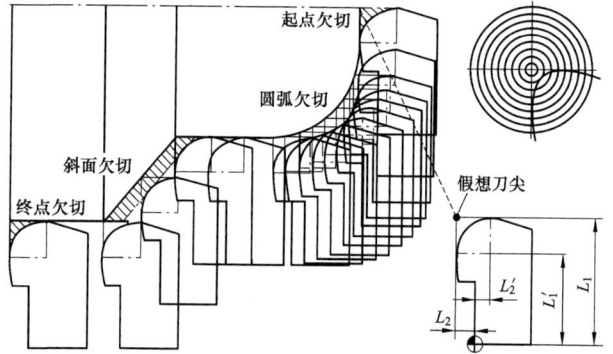

图 2-45　刀尖圆弧的影响

2. 刀补的分类

刀具补偿分为刀具长度补偿和半径补偿两类，刀具长度补偿补偿刀具安装位置 X、Z 向长度的不同；刀具半径补偿补偿刀尖圆弧半径的不同。

刀具补偿还包括刀具的动态补偿等，补偿刀具几何参数随时间发生磨损引起的变化量。

3. 刀具指令

刀具指令 T，例如 T0101 前两位表示刀具号为 01 号，后两位表示补偿地址为 01 号。指令 T0100 表示取消 1 号刀具补偿。

刀具安装的位置不同会影响数控系统补偿的运算，因此需要指出刀尖的位置编码信息，如图 2-46 所示。

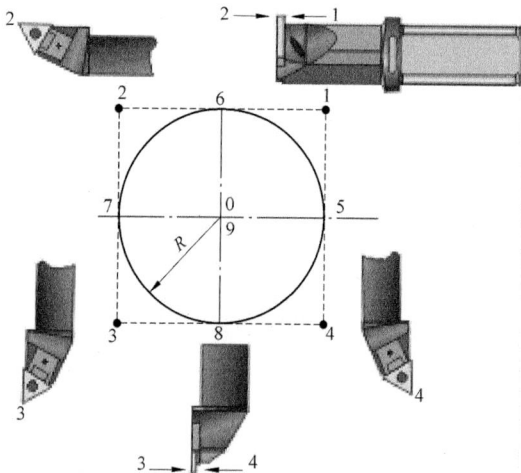

图 2-46　刀尖位置编码

4. 刀具半径补偿指令

G40——取消刀具半径补偿，按程序中的坐标表示路径进给。

G41——刀具半径左补偿，从 Y 轴的正向沿程序路径前进方向看，刀具在零件左侧进给。

G42——刀具半径右补偿，从 Y 轴的正向沿程序路径前进方向看，刀具在零件右侧进给如图 2-47 所示。

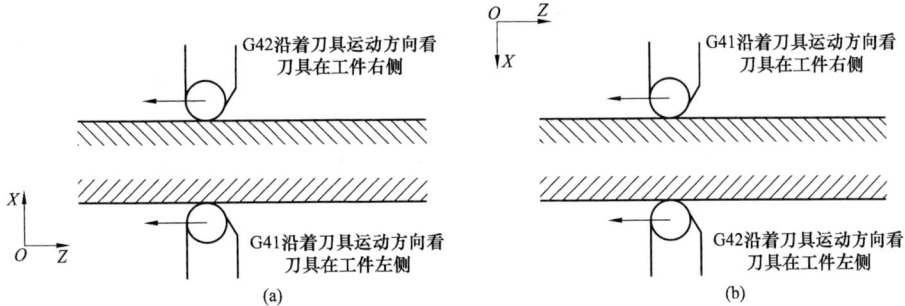

图 2-47　G41/G42 指令的判别

（a）后置刀架数控车床；（b）前置刀架数控车床

5. 刀具补偿的实施

刀具半径补偿的实施分刀补建立、刀补执行和刀补取消 3 个过程。

通过 G41/G42 功能建立刀尖半径补偿时，刀具以直线接近轮廓，在轮廓起始点处与轨迹切向垂直偏置一个刀尖半径，如图 2-48 所示。需要正确选择起始点，保证刀具运动时不切伤工件。刀尖半径补偿一旦建立便一直有效，即刀尖中心与编程轨迹始终偏置一个刀尖半径量，直到被 G40 取消为止，如图 2-49 所示。G40 取消刀尖半径补偿时，刀具在其前一个程序段终点处法向偏置一个刀尖半径的位置结束，在 G40 程序段刀具假想刀尖回到编程目标位置。

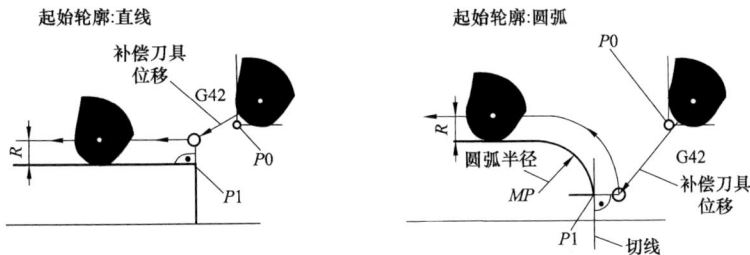

图 2-48　刀具半径补偿建立

R—刀尖半径；P0—起始点；P1—轮廓起始点

进行刀具半径补偿加工时，应该通过试切检查刀补路线的正确性，以免切伤工件。对于不同的机床和数控系统，刀补数值验证应该分别进行。

6. 编程实例

刀补编程实例如图 2-50 所示。

O8888;

图 2-49　刀具半径补偿取消

R—刀尖半径；P1—最后程序段（如 G42）终点；P2—程序段 G40 终点

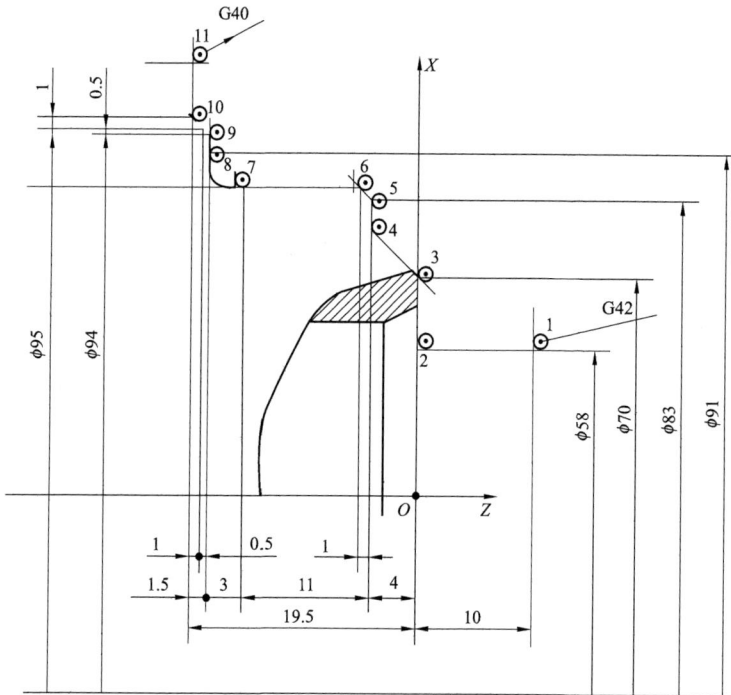

图 2-50　刀补编程实例

N10 G50 X200 Z175 T0101;

N20 M03 S1500;

N30 G00 G42 X58 Z10 M08;

N40 G96 S200;

N50 G01 Z0 F1.5;

N60 X70 F0.2;

N70 X78 Z-4;

N80 X83;

N90 X85 Z-5;

N100 G02 X91 Z-18 R3 F0.15;

N110 G01 X94；

N120 X97 Z-19.5；

N130 X100；

N140 G00 G40 G97 X200 Z175 S1000；

N150 M30；

八、固定循环

固定循环是预先给定一系列操作，用来控制机床各坐标轴位移和主轴运转以完成一定的加工。采用固定循环可以有效缩短程序长度，减少程序所占内存，并简化编程。

固定循环分单一固定循环和复合固定循环两大类，指令见表 2-4。

表 2-4 固 定 循 环 指 令

种　类	指　令	作　用
单一固定循环	G90	纵向切削循环
		外径、内径轴段及锥面粗加工固定循环
	G92	螺纹切削循环
		执行固定循环切削螺纹
	G94	横向切削循环
		执行固定循环切削工件端面及锥面
复合固定循环	G70	精加工固定循环
		完成 G71、G72、G73 切削循环之后的精加工，达到工件尺寸
	G71	纵向粗加工固定循环
		执行粗加工固定循环，将工件切至精加工之前的尺寸
	G72	横向粗加工固定循环
		同 G71 具有相同的功能，只是 G71 沿 Z 轴方向进行循环切削而 G72 沿 X 轴方向进行循环切削
	G73	仿形切削固定循环
		沿工件精加工相同的刀具路径进行粗加工固定循环
	G74	端面切削固定循环
	G75	外径、内径切削固定循环
	G76	复合螺纹切削固定循环

（一）单一固定循环

单一固定循环可以将一系列连续加工动作，如"切入—切削—退刀—返回"，用一个循环指令完成，简化程序。

1. 纵向切削循环

格式：G90 X（U）__ Z（W）__ F__；

式中：X、Z——圆柱面切削的终点坐标值；

　　　　U、W——圆柱面切削的终点相对于循环起点坐标分量，如图 2-51 所示。

例：应用纵向切削循环功能，加工如图 2-52 所示零件。

图 2-51　圆柱面切削循环

R—快速进给；F—切削进给

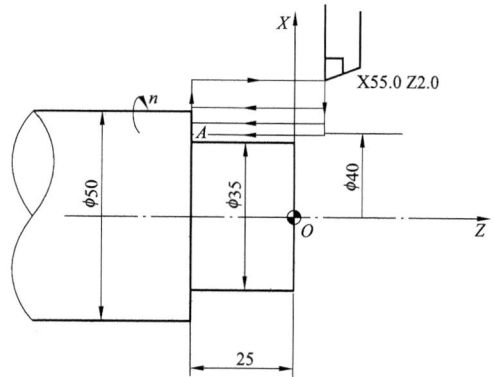

图 2-52　G90 的用法（圆柱面）

```
N10 G50 X200 Z200 T0101；
N20 M03 S1000；
N30 G00 X55 Z4 M08；
N40 G01 G96 Z2 F2.5 S150；
N50 G90 X45 Z-25 F0.2；
N60 X40；
N70 X35；
N80 G00 X200 Z200；
N90 M30；
```

2. 圆锥面切削循环

格式：G90 X（U）＿ Z（W）＿ I＿ F＿；

式中：X、Z——圆锥面切削的终点坐标值；

　　　U、W——圆柱面切削的终点相对于循环起点的坐标；

　　　　I——圆锥面切削的起点相对于终点的半径差。如果切削起点的 X 向坐标值
　　　　　　　小于终点的 X 向坐标值时，I 值为负，反之为正。如图 2-53 所示。

例：应用圆锥面切削循环功能，加工如图 2-53 所示零件。

```
…
G01 X65 Z2；
G90 X60 Z-35 I-5 F0.2；
X50；
G00 X100 Z200；
…
```

3. 平面横向切削循环

格式：G94 X（U）＿ Z（W）＿ F＿；

式中：X、Z——切削的终点坐标值；

　　　U、W——切削的终点相对于循环起点的坐标。

例：应用横向切削循环功能，加工如图 2-54 所示零件。

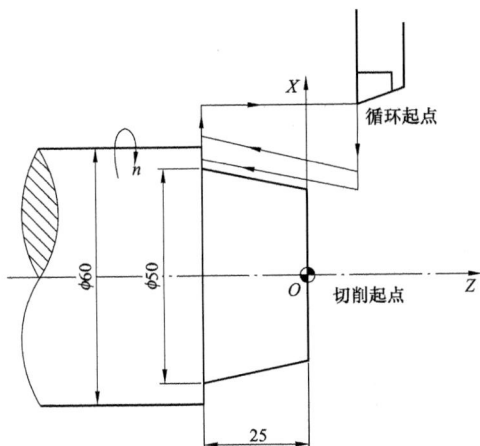

图 2-53　圆锥面切削循环

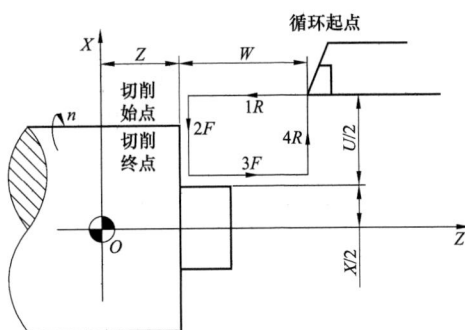

图 2-54　横向切削循环
R—快速进给；F—切削进给

...

```
G00 X85 Z5;
G94 X30 Z-5 F0.2;
Z-10;
Z-15;
```

...

4. 锥面横向切削循环

格式：G94 X（U）＿ Z（W）＿ K ＿ F ＿；

式中：X、Z——切削的终点坐标值；

U、W——切削的终点相对于循环起点的坐标；

K——切削的起点相对于终点在 Z 轴方向的坐标分量。当起点 Z 向坐标值小于终点 Z 向坐标值时，K 值为负，反之为正。如图 2-55 所示。

例：应用横向切削循环功能，加工如图 2-56 所示零件。

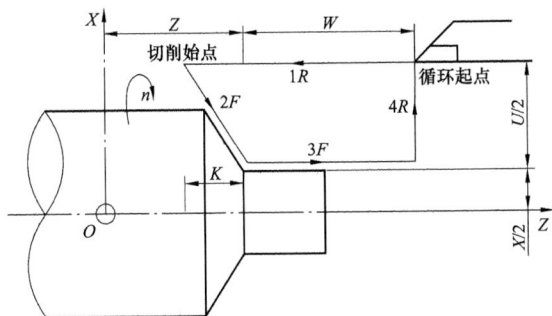

图 2-55　锥面横向切削循环
R—快速进给；F—切削进给

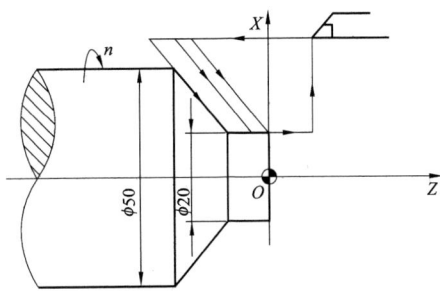

图 2-56　G94 的用法（锥面）

...

```
G94 X20 Z0 K-5 F0.2;
```

```
Z-5;
Z-10;
…
```

（二）复合固定切削循环

复合固定循环用于复杂外型轮廓等结构的粗精加工，对零件的轮廓定义之后，即可完成从粗加工到精加工的全过程，使程序得到进一步简化。

1. 纵向粗切循环 G71

适用于外圆柱面需多次走刀才能完成的粗加工，如图 2-57 所示。

格式：

G71 U（Δd）R（e）；

G71 P（ns）Q（nf）U（Δu）W（Δw）F（f）S（s）T（t）；

式中：Δd——背吃刀量；

　　　e——退刀量；

　　　ns——精加工轮廓程序段中开始程序段的段号；

　　　nf——精加工轮廓程序段中结束程序段的段号；

　　　Δu——X 轴向精加工余量；

　　　Δw——Z 轴向精加工余量；

　　f、s、t——F、S、T 代码。

注意：

（1）ns→nf 程序段中的 F、S、T 功能，即使被指定也对粗车循环无效。

（2）零件轮廓必须符合 X 轴、Z 轴方向同时单调增大或单调减少；X 轴、Z 轴方向非单调时，ns→nf 程序段中第一条指令必须在 X 轴方、Z 轴方向同时运动。

例：按图 2-58 所示尺寸编写外圆粗切循环加工程序。

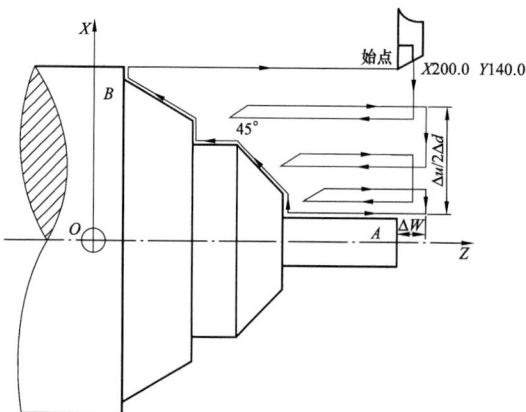

图 2-57　外圆粗切循环

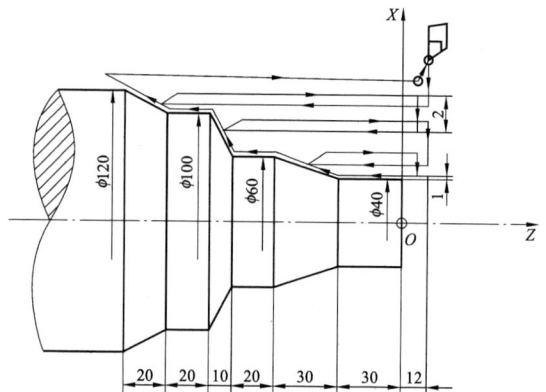

图 2-58　G71 程序例图

```
N10 G50 X200 Z140 T0101;
N20 G00 G42 X120 Z10 M08;
N30 G96 S120;
N40 G71 U2 R0.5;
```

```
N50 G71 P60 Q120 U0.4 W0.2 F0.25;
N60 G00 X40;                                    //ns
N70 G01 Z-30 F0.15;
N80 X60 Z-60;
N90 Z-80;
N100 X100 Z-90;
N110 Z-110;
N120 X120 Z-130;                                //nf
N130 G00 X125;
N140 X200 Z140;
N150 M02;
```

2. 横向粗切循环

横向粗切循环适于 Z 向余量小、X 向余量大的棒料粗加工，加工路线如图 2-59 所示。

格式：

G72 U（Δd）R（e）;

G72 P（ns）Q（nf）U（Δu）W（Δw）F（f）S（s）T（t）;

式中：Δd——背吃刀量；

　　　　e——退刀量；

　　　　ns——精加工轮廓程序段中开始程序段的段号；

　　　　nf——精加工轮廓程序段中结束程序段的段号；

　　　　Δu——X 轴向精加工余量；

　　　　Δw——Z 轴向精加工余量；

　f、s、t——F、S、T 代码。

注意：

（1）ns→nf 程序段中的 F、S、T 功能，即使被指定对粗车循环无效。

（2）零件轮廓必须符合 X 轴、Z 轴方向同时单调增大或单调减少。

例：按图 2-60 所示尺寸编写横向粗切循环加工程序。

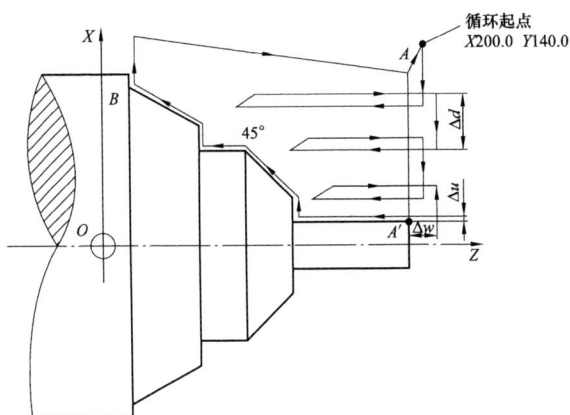

图 2-59　端面粗加工切削循环

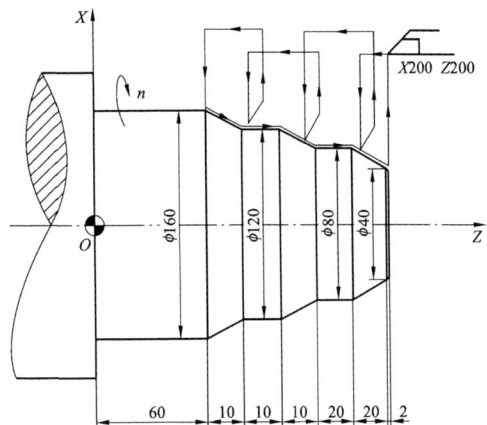

图 2-60　G72 程序例图

```
N10 G50 X200 Z200 T0101;
N20 M03 S800;
N30 G90 G00 G41 X176 Z2 M08;
N40 G96 S120;
N50 G72 U3 R0.5;
N60 G72 P70 Q120 U1 W0.5 F0.2;
N70 G00 X160 Z60;                    //ns
N80 G01 X120 Z70 F0.15;
N90 Z80;
N100 X80 Z90;
N110 Z110;
N120 X36 Z132;                       //nf
N130 G00 G40 X200 Z200;
N140 M30;
```

3. 仿形粗加工切削循环

加工路线如图 2-61 所示,仿形切削循环适于铸、锻毛坯切削,对轮廓的单调性无要求。

格式:

G73 U (i) W (k) R (d);

G73 P (ns) Q (nf) U (Δu) W (Δw) F (f) S (s) T (t);

式中: i——X 轴向总退刀量;

k——Z 轴向总退刀量(半径值);

d——重复加工次数;

ns——精加工轮廓程序段中开始程序段的段号;

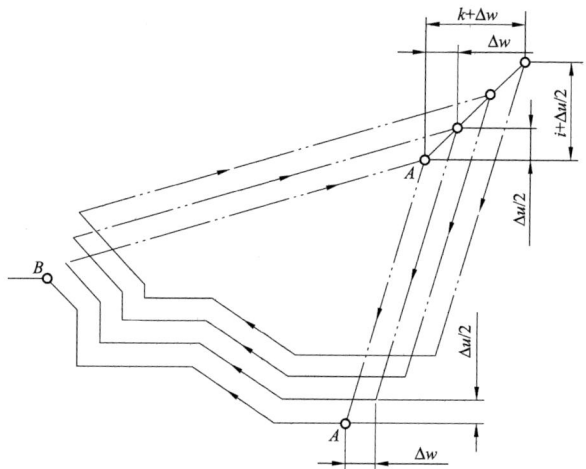

图 2-61 仿形切削循环

nf——精加工轮廓程序段中结束程序段的段号;

Δu——X 轴向精加工余量;

Δw——Z 轴向精加工余量;

f、s、t——F、S、T 代码。

例:按图 2-62 所示尺寸编写仿形切削循环加工程序。

```
N01 G50 X200 Z200 T0101;
N20 M03 S2000;
N30 G00 G42 X140 Z40 M08;
N40 G96 S150;
N50 G73 U9.5 W9.5 R3;
N60 G73 P70 Q130 U1 W0.5 F0.3;
N70 G00 X20 Z0;                      //ns
N80 G01 Z-20 F0.15;
```

```
N90 X40 Z-30;
N100 Z-50;
N110 G02 X80 Z-70 R20;
N120 G01 X100 Z-80;
N130 X105;          //nf
N140 G00 X200 Z200 G40;
N150 M30;
```

4. 精加工循环

由 G71、G72、G73 完成粗加工后，可以用 G70 进行精加工。精加工时，G71、G72、G73 程序段中的 F、S、T 指令无效，只有在 ns→nf 程序段中的 F、S、T 才有效。

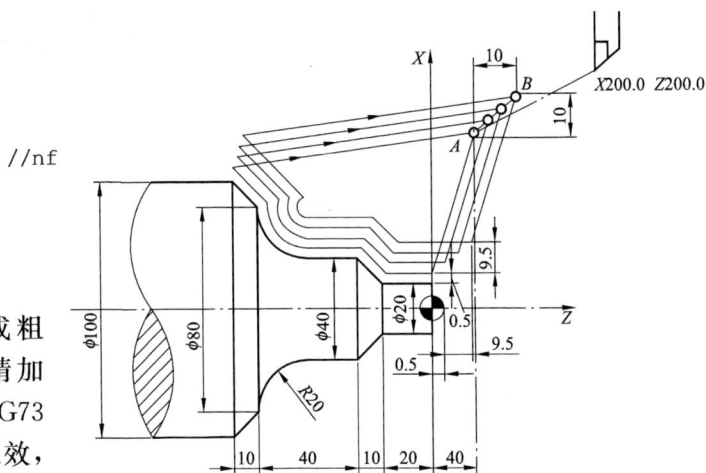

图 2-62 G73 程序例图

格式：G70 P（ns）Q（nf）；

式中：ns——精加工轮廓程序段中开始程序段的段号；

nf——精加工轮廓程序段中结束程序段的段号。

例：在 G71、G72、G73 程序应用例中的 nf 程序段后再加上"G70 Pns Qnf"程序段，并在 ns→nf 程序段中加上精加工适用的 F、S、T，就可以完成从粗加工到精加工的全过程。

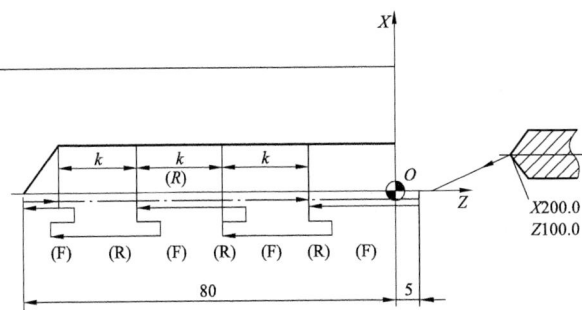

图 2-63 深孔钻削循环

5. 深孔钻循环

深孔钻循环功能适用于深孔钻削加工，如图 2-63 所示。

格式：G74 R（e）；
　　　G74 Z（W）Q（Δk）F＿；

式中：e——退刀量；

Z（W）——钻削深度；

Δk——每次钻削长度（不加符号）。

例：采用深孔钻削循环功能加工如图 2-63 所示深孔，试编写加工程序。其中：e＝1，Δk＝20，F＝0.1。

```
N10 G50 X200 Z100 T0202;
N20 M03 S600;
N30 G00 X0 Z1;
N40 G74 R1;
N50 G74 Z-80 Q20 F0.1;
N60 G00 X200 Z100;
N70 M30;
```

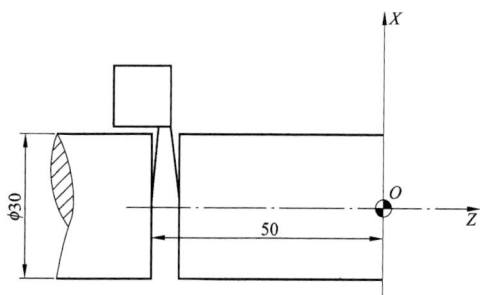

图 2-64　切槽加工

6. 外径切槽循环

外径切削循环功能适合于在外圆面上切削沟槽或切断加工。

格式：G75 R（e）；

G75 X（U）P（Δi）F＿；

式中：e——退刀量；

　　X（U）——槽深；

　　　　Δi——每次循环切削量。

例：编写图 2-64 所示零件切断加工的程序。

```
G50 X200 Z100 T0202;
M03 S600;
G00 X35 Z-50;
G75 R1;
G75 X-1 P5 F0.1;
G00 X200 Z100;
M30;
```

（三）螺纹切削循环指令

1. 螺纹单一切削循环指令

将"切入—螺纹切削—退刀—返回"四个动作作为一个循环（如图 2-65 所示），用一个程序段来指令。

格式：G92 X（U）＿Z（W）＿I＿F＿；

式中：X（U）、Z（W）——螺纹切削的终点坐标值；

　　　I——螺纹部分半径之差，即螺纹切削起始点与切削终点的半径差。加工圆柱螺纹时，I＝0；加工圆锥螺纹时，当 X 轴方向切削起始点坐标值小于切削终点坐标值时，I 为负，反之为正。

例：编写如图 2-66 所示圆柱螺纹的加工程序。

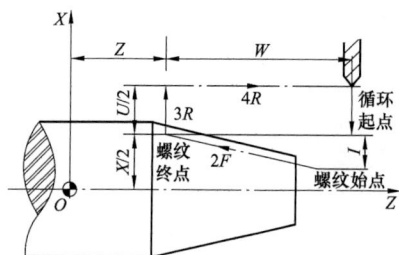

图 2-65　螺纹切削循环

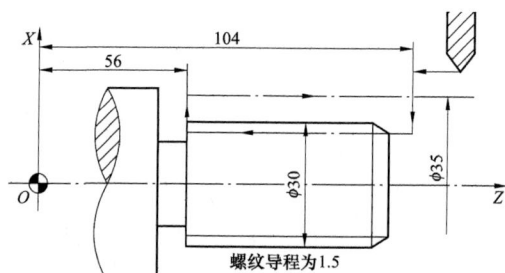

图 2-66　圆柱螺纹切削循环

...

```
G00 X35 Z104;
G92 X29.2 Z53 F1.5;
```

```
X28.6;
X28.2;
X28.04;
G00 X200 Z200;
…
```

例：试编写如图 2-67 所示圆锥螺纹的加工程序。

```
…
G00 X80 Z62;
G92 X49.6 Z12 I-5 F2;
X48.7;
X48.1;
X47.5;
X47;
G00 X200 Z200;
…
```

2. 复合螺纹切削循环指令

复合螺纹切削循环指令可以完成一个螺纹段的全部加工任务。它的进刀方法有利于改善刀具的切削条件，在编程中应优先考虑应用该指令，如图 2-68 所示。

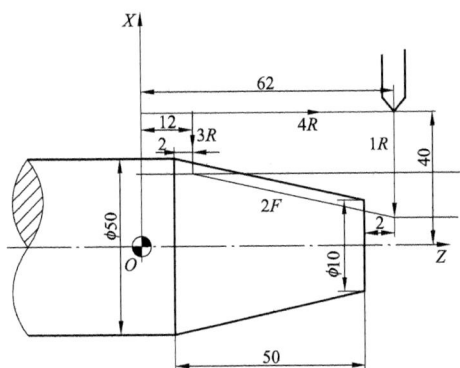

图 2-67　圆锥螺纹切削循环　　　　　　图 2-68　复合螺纹切削循环与进刀法

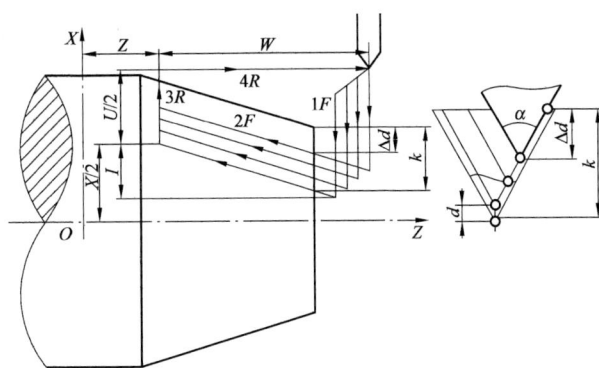

格式：

G76 P (m) (r) (α) Q (Δdmin) R (d);

G76 X (U) Z (W) R (I) F (f) P (k) Q (Δd);

式中：m——精加工重复次数。

r——倒角量，$0.1L$（L 为螺距）。

α——刀尖角，两位数字表示，可从 80°、60°、55°、30°、29°、0° 六个角度中选择。

Δdmin——最小切入量，半径表示。

d——精加工余量，半径表示。

X(U)、Z(W)——终点坐标。

I——螺纹部分半径之差，即螺纹切削起始点与切削终点的半径差。加工圆柱螺纹时，I=0。加工圆锥螺纹时，当 X 轴方向切削起始点坐标值小于切削终点坐标值时，I 为负，反之为正。

　f——螺纹导程。

　k——螺牙的高度，半径表示。

　Δd——第一次切深，半径表示。

例：试编写如图 2-69 所示圆柱螺纹的加工程序，螺距为 6mm。

G76 P02 00 60 Q0.1 R0.1;

G76 X60.64 Z23 R0 F6 P3.68 Q1.8;

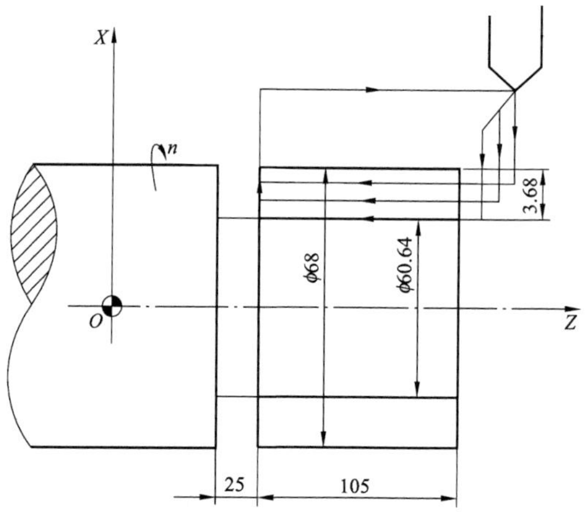

图 2-69　复合螺纹切削循环应用

第六节　数控车加工程序示例

一、轴类零件加工

编制如图 2-70 所示的轴类零件，材料为 45 钢。

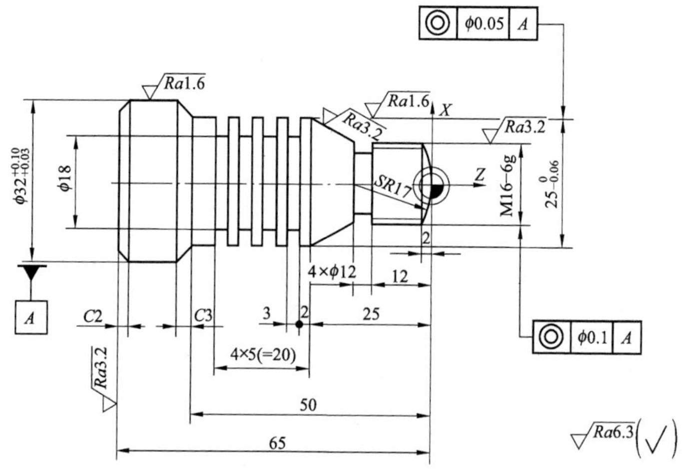

图 2-70　轴零件

1. 工艺分析

零件成品最大直径为 32mm，采用直径 35mm 的圆柱棒料加工，采用三爪夹盘装夹，加工完成后切断，可以节省装夹料头，并保证各加工表面间具有较高的相互位置精度。

根据零件加工要求，端面采用可转位硬质合金 90°偏头端面车刀，轮廓粗、精车均采用可转位硬质合金 93°偏头外圆车刀，切槽及螺纹退刀槽采用宽 3mm 机夹硬质合金切槽刀，螺纹采用可转位硬质合金外螺纹刀，最终切断采用宽 4mm 高速钢切断刀。

工艺规程见表 2-5。

表 2-5　　　　　　　　　　　　　　　　**工　艺　规　程**

工步	内容	刀具	主轴转速或切削速度 S	进给 F（mm/r）	备注
1	粗车端面，留余量 0.2mm	90°偏头端面车刀 T01	50m/min	0.3	
2	精车端面	90°偏头端面车刀 T01	80m/min	0.2	
3	粗车外轮廓，单面余量 0.2mm	93°偏头外圆车刀 T02	50m/min	0.3	G71
4	精车外轮廓	93°偏头外圆车刀 T02	80m/min	0.2	G70
5	切 4 个 3mm 槽	宽 3mm 切槽刀 T03	60m/min	0.1	
6	切螺纹退刀槽	宽 3mm 切槽刀 T03	60m/min	0.1	
7	车螺纹	外螺纹刀 T04	500r/min		G76
8	切断	宽 4mm 切断刀 T05	20m/min	0.1	右刀尖为刀位点

2. 程序编制

坐标系原点设置在右端面与回转中心的交点，将非对称公差尺寸化简后如图 2-71 所示。零件的外轮廓由直线和圆弧组成，利用 G01 和 G02 指令即可实现插补运动，只有基点坐标的计算，无节点坐标的计算，基点坐标的计算简单，写程序时直接给出，不特别列出计算过程和结果。

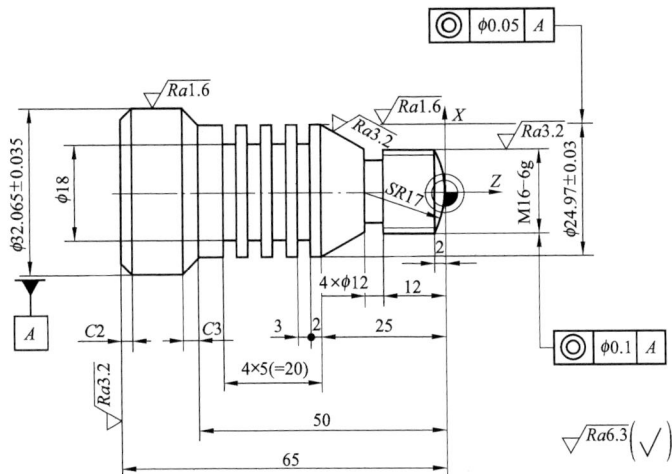

图 2-71　轴零件转化后图纸

3. 数控程序

O555;

N10　G54　F0.3 S800 M03 M07 T0101;

N20　G50　S2500;

N30　G96　S50;

N40　G00　X40　Z0.2;　　　　　　　　　　　　　　　　粗切端面

N50　G01　X-2;

N60　G00　X40　Z2;

N70　G96　S80;

N80　Z0;

N90　G01　X-2　F0.15;　　　　　　　　　　　　　　　精切端面

N100　G30　U0　W0;

N110　T0202;

N120　G00　X36　Z2;

N130　G96　S50;

N140　G71　U2　R1;

N150　G71　P160　Q250　U0.4　W0.2　F0.3;

N160　G0　X0;

N170　G1　Z0　F0.05;

N180　G3　X15.8　Z-2　R17;

N190　G1　Z-16;

N200　X24.97　Z-25;

N210　Z-50;

N220　X26;

N230　X32.065　Z-53;

N240　Z-70;

N250　X35;

N260　G96　S80;

N270　G70　P160　Q250;

N280　G30　U0;

N290　T0303;

N300　G96　S60;

N310　G00　X26　Z-25;

N320　M98　P41001;

N330　G00　Z-16;

N340　G00　X18;

N350　G01　X12;

N360　G00　X18;

N370　W1;

N380　G01　X12;

N390　G00　X18;

N400　G30　U0 W0;

N410　T0404;

```
N420   G00   X20   Z0   S500;
N430   G76   P020060   Q100   R0.05;
N440   G76   X13.2   Z-14   R0   P1300   Q300   F2;
N450   G30   U0   W0;
N460   T0505;
N470   G96   S20;
N480   G00   X33   Z-65;
N490   G01   X28   F0.1;
N500   G00   X33;
N510   Z-62.5;
N520   G01   X28   Z-65;
N530   X-1;
N540   G30   U0   W0;
N550   M05   M09;
N555   M30;
O1001;
N1010   G00   W-5;
N1020   G01   U-8   F0.1;
N1030   G4   P500;
N1040   G0   U8;
N1050   M99;
```

车左侧倒角并切断

切槽子程序

二、内孔零件加工

加工如图 2-72 所示零件，毛坯为 $\phi70$ 的棒料。粗加工每次进给深度 2mm，进给量为 0.2mm/r，精加工余量 X 轴方向 0.4mm（直径值），Z 轴方向 0.1mm.，工件程序原点均在工序右端面中心处。

1. 工艺分析

零件包括外形面、内圆锥面、内圆柱面、倒角等，选择刀具与切削用量，刀具卡片见表 2-6，工序卡片见表 2-7。

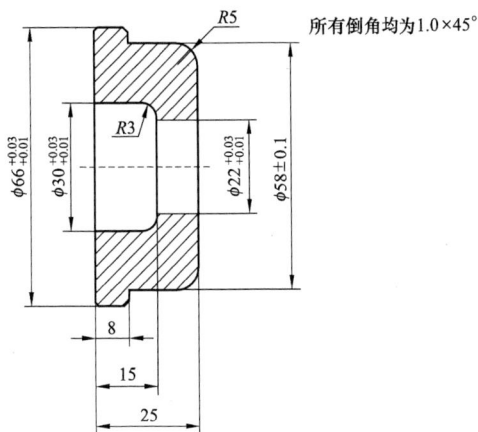

图 2-72 内孔类零件

表 2-6   **刀 具 卡 片**

序号	刀具号	刀具规格名称	数量	加工表面	刀尖半径（mm）	备注
1	T1	45°硬质合金端面刀	1	车端面		
2	T2	$\phi3$ 中心钻	1	钻中心孔		
3	T3	$\phi20$ 钻头	1	钻孔		
4	T4	93°右手外圆偏刀	1	粗车外形	0.8	
5	T5	93°右手外圆偏刀	1	精车外形	0.4	
6	T6	镗孔刀	1	粗镗内孔	0.4	
7	T7	镗孔刀	1	精镗内孔	0.4	
8	T8	切断刀	1	切断	$B=3$	

表 2 - 7 　　　　　　　　　　工 序 卡 片

工序	工步	内容	刀具号	刀具规格（mm）	主轴转速（r/min）	进给速度（mm/r）	切削深度（mm）	备注
5	1	车端面	T1	25×25	400		0.5	手动切削
	2	钻中心孔	T2	φ3	800		4	手动切削
	3	钻孔	T3	φ20	400		28	手动切削
	4	粗车外圆	T4	25×25	500	0.2	2.0	
	5	精车外圆	T5	25×25	800	0.1	0.2	
	6	切断	T8	25×25	350	0.1	B=3	
10	1	倒头定总长	T1	25×25	400		0.5	手动切削
	2	粗镗内孔	T6	φ16	500	0.15	1.5	
	3	精镗内孔	T7	φ16	650	0.1	0.2	

2. 加工程序

O00005;

N1;

G00 G40 G97 G99 S500 T0404 M03 F0. 2;

M08;

X72. 0 Z2. 0;

G71 U2. 0 R0. 5;

G71 P10 Q11 U0. 4 W0. 2;

N10 G00 G42 X19. 0;

G01 Z0;

X58. 0 R5. 0;

Z-17. 0;

X66. 02 C1. 0;

N11 Z-29. 0;

G00 X200. 0 Z200. 0;

M09;

M05;

N2;

G00 G40 G97 G99 S800 T0505 M03 F0. 1;

M08;

X72. 0 Z2. 0;

G70 P10 Q11;

G00 X200. 0 Z200. 0;

M09;

M05;

N3;

G00 G40 G97 G99 S350 T0808 M03 F0. 1;

M08;

X72. 0 Z-28. 5;

G75 R0. 5;

G75 X19. 0 Z-28. 5 P2000;

G00 X200. 0 Z200. 0;

M09;

M05;

M30;

O0006;

N1;

G00 G40 G97 G99 S500 T0606 M03 F0. 15;

M08;

X19. 0 Z2. 0;

G71 U1. 5 R0. 5;

G71 P10 Q11 U-0. 4 W0. 2;

N10 G00 G41 X35. 0;

G01 Z0;

X30. 02 C1. 0;

Z-15. 0 R3. 0;

X22. 0 C1. 0;

N11 Z-26. 0;

G00 X200. 0 Z200. 0;

M09;

M05;

N2;

G00 G40 G97 G99 S650 T0707 M03 F0. 1;

M08;

X19. 0 Z2. 0

G70 P10 Q11;

G00 X200. 0 Z200. 0;

M09;

M05;

M30;

思 考 与 练 习

1. 数控车床的对刀方法有哪些？

2. 数控车削通常适合加工何种类型的零件？

3. 数控车床通常采用哪几种换刀点设置方式？各有何特点？

4. 数控车床通常采用哪几种对刀方式？各有何特点？

5. 数控车圆弧时如何判断 G02 或 G03 指令的使用？

6. 数控车床如何车削左旋螺纹和多头螺纹？

7. 何为恒线速度加工？采用恒线速度加工有何意义？

8. 何为刀具长度补偿与刀具半径补偿？采用刀具半径补偿有何优越性？

9. 固定循环指令有何作用？

10. 试拟订图 2-73 所示零件的加工工艺方案，选择刀具并编制加工程序。

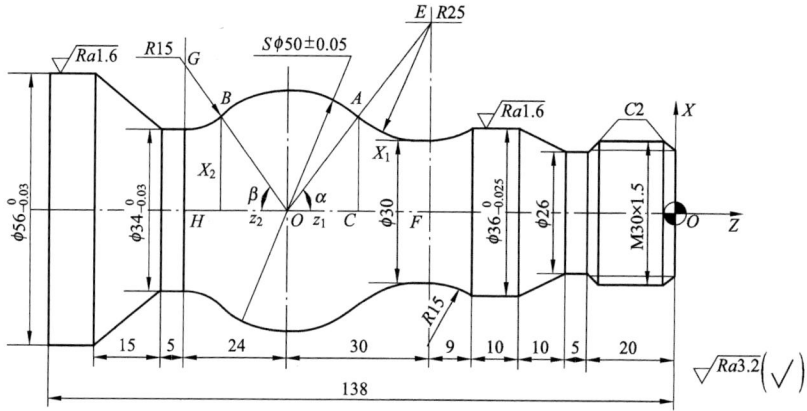

图 2-73 轴类零件

ort="5">55">5

第三章　数控铣床和加工中心程序编制

数控铣床是机床设备中应用非常广泛的加工机床，可以进行平面铣削、平面型腔铣削、外形轮廓铣削、三维及三维以上复杂型面铣削，还可进行钻削、镗削和螺纹切削等孔加工。加工中心是带有自动换刀装置的数控铣床，随着数控技术的发展，两者的范围越来越模糊，本章不特别指出加工中心，所提到的数控铣床均包括加工中心。

第一节　数控铣加工设备与工装

一、数控铣床与加工中心

（一）按主轴位置分类

1. 立式数控铣床

立式数控铣床是数控铣床应用范围最广的一类，一般来说，中小型立式数控铣床采用纵向和横向工作台运动而主轴沿立柱上下移动的方式，如图 3-1 所示；大型立式数控铣床则往往采用龙门架移动式，龙门架沿床身作纵向运动，如图 3-2 所示。

图 3-1　立式数控加工中心　　　　　图 3-2　立式数控龙门铣床

目前，三坐标立式数控铣床占有相当的数量，一般可进行三坐标联动加工，也有部分机床只能进行三个坐标中的任意两个坐标联动加工（常称为二点五坐标加工）。此外，还有部分机床的主轴可以绕 X、Y、Z 坐标轴中的一个或两个轴做数控摆角运动，完成四坐标和五坐标立式数控铣床加工。一般来说，机床控制的坐标轴越多，特别是能够联动的坐标轴越多，机床的功能、加工范围及可选择的加工对象也越多，但机床的结构也更复杂，对数控系统的要求更高。

为了扩大立式数控铣床的功能、加工范围，可以附加数控转台。当转台面水平放置时，可增加一个 C 轴；转台面垂直放置时，可增加一个 A 轴或 B 轴。为了提高立式数控铣床的生产效率，还可采用自动交换工作台，减少零件装卸的生产准备时间。

2. 卧式数控铣床

如图 3-3、图 3-4 所示，卧式数控铣床的主轴轴线平行于水平面，为了扩大加工范围和扩充功能，卧式数控铣床通常采用增加数控转台或万能数控转台来实现四、五坐标加工。这样，不但工件侧面上的连续回转轮廓可以加工出来，而且可以实现在一次安装中，通过转台改变工位，进行"四面加工"。利用万能数控转台，可以将工件上不同角度的加工面摆成水平，从而省去很多专用夹具或专用角度成形铣刀。带有数控转台的卧式数控铣床利于对工件进行"四面加工"，加工性能甚至胜过带数控转台的立式数控铣床。

图 3-3　卧式数控铣床

图 3-4　卧式加工中心

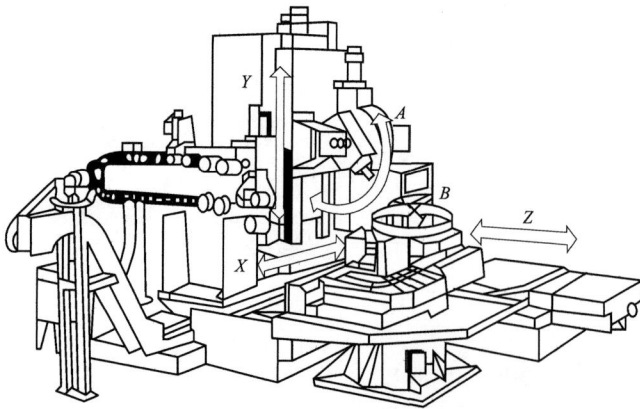

图 3-5　立卧两用数控铣床

3. 立卧两用数控铣床

立卧两用数控铣床如图 3-5 所示。立卧两用数控铣床的主轴方向可以变换，既可以进行立式加工，也可以进行卧式加工，主轴方向更换方法有手动和自动两种。采用数控万能主轴头的立卧两用数控铣床，可以任意转换主轴头的方向，从而加工出与水平面成不同角度的表面。

（二）按功能水平分类

按功能水平分为经济型和全功能型。

（三）按坐标轴分类

按坐标分为三坐标、四坐标和五坐标铣床等，近年随着数控技术的普及，五坐标机床使用日益广泛。五坐标机床坐标轴的转动形式决定机床的使用，常见的正交型五坐标机床主轴角度形式如图 3-6～图 3-8 所示。

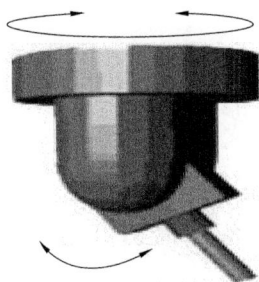

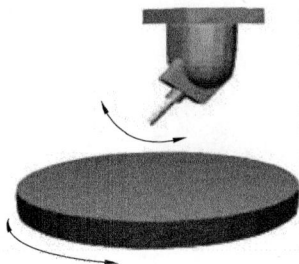

图 3-6　双转头形式　　　　　图 3-7　1 转头-转台形式　　　　　图 3-8　双转台形式

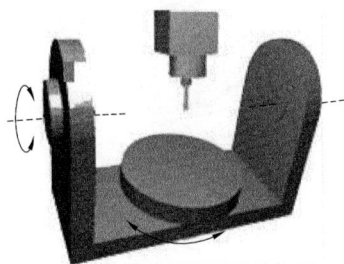

非正交型五坐标机床的转动平面与笛卡尔坐标轴不垂直，如图 3-9 所示，可以实现复杂加工功能。

二、数控铣夹具

（一）数控铣夹具类型

1. 通用夹具

数控加工中的夹具结构力求简单，夹具的标准化、通用化和自动化对加工效率的提高及加工费用的降低有很大影响。形状简单的单件小批量生产的零件，可选用通用夹具，主要有虎钳、螺栓和压板、分度头和三爪夹盘等。

图 3-9　非正交型五坐标机床

2. 专用夹具

专用夹具是根据某一零件的结构特点专门设计的夹具，具有结构合理、刚性强、装夹稳定可靠、操作方便、提高安装精度及装夹迅速等优点。选用这种夹具，一批工件加工后尺寸比较稳定，互换性也较好，可大大提高生产率。但是，专用夹具所固有的，只能为一种零件加工所专用的狭隘性，与产品品种不断变形更新的形势不相适应，特别是专用夹具的设计和制造周期长，花费的劳动量较大，加工简单零件显然不太经济。因此，作为特别为某一项或类似的几项工件设计制造的夹具，专用夹具一般在批量生产或研制时非要不可时采用。对于工厂的主导产品，批量较大、精度要求较高的关键性零件，选用专用夹具是非常必要的。

3. 组合夹具

组合夹具是由一套结构已经标准化、尺寸已经规格化的通用组合元件构成，可以按工件的加工需要组成各种功能的夹具。组合夹具有槽系组合夹具和孔系组合夹具，如图 3-10、图 3-11 所示为组合夹具。

组合夹具的基本特点是满足标准化、系列化、通用化三化，具有组合性、可调性、模拟性、柔性、应急性和经济性，使用寿命长，能适应产品加工中的周期短、成本低等要求。

组合夹具各元件间相互配合的环节较多，夹具精度、刚性比不上专用夹具，尤其是元件连接的接合面刚度，对加工精度影响较大。通常，采用组合夹具时其尺寸加工精度只能达到 IT8～IT9 级，这就使得组合夹具在应用范围上受到一定限制。使用组合夹具首次投资大，总体笨重，还有排屑不便等不足。

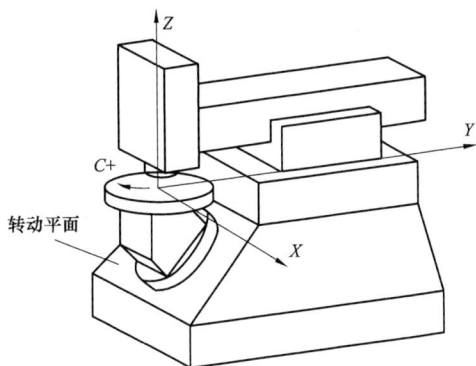

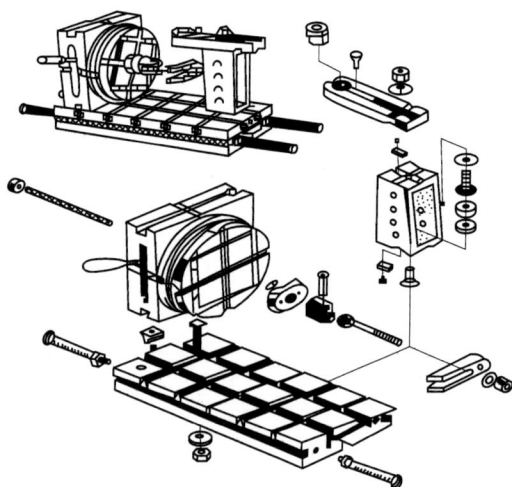

图 3-10　槽系组合夹具　　　　　　图 3-11　孔系组合夹具

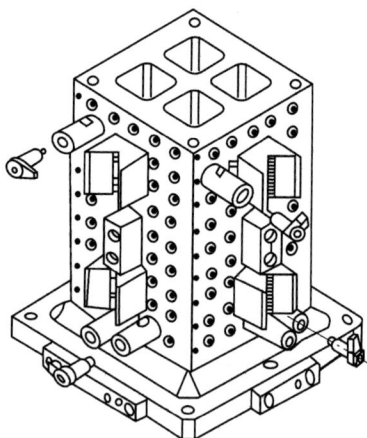

4. 成组夹具

成组夹具是随成组加工工艺的发展而出现的。使用成组夹具的基础是对零件的分类（即编码系统中的零件族）。通过工艺分析，把形状相似、尺寸相近的各种零件进行分组，编制成组工艺，然后把定位、夹紧和加工方法相同的或相似的零件集中起来，统筹考虑夹具的设计方案。对结构外形相似的零件，采用成组夹具，具有经济、夹紧精度高等特点。

5. 气动或液压夹具

该类适用于生产批量较大，采用其他夹具又特别费工、费力的工件，能减轻工人劳动强度和提高生产率。但此类夹具结构较复杂，造价高，制造周期长。

6. 真空夹具

真空夹具适用于有较大定位平面或具有较大可密封面积的工件。有的数控铣床（如壁板铣床）自身带有通用真空平台，在安装工件时，对形状规则的矩形毛坯，可直接用特制的橡皮胶条密封；对形状不规则零件可以利用过渡真空平台连接。

真空夹具既有平面定位吸附型真空夹具，也有曲面定位吸附型真空夹具，如图 3-12 为曲面定位吸附型真空夹具。

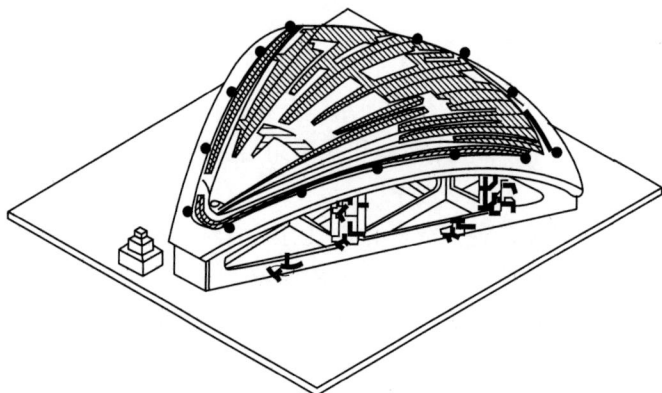

（二）数控加工夹具的选择原则

在数控铣床上选用夹具时，通常需要考虑产品的生产批量、生产效率、质量保证及经济性等因素。在生产量小或研制时，应广泛采用万能组合夹具，在组合夹具无法解决工件装夹时，考虑采用可调整夹具；小批量或成批生产时可考虑采用专用夹具，但应尽量简单；在生产批量较大时

图 3-12　真空夹具

可考虑采用多工位夹具和气动、液压夹具。当然，还可使用三爪夹盘、虎钳等大家熟悉的通用夹具。

三、数控铣刀具

（一）常用铣刀的结构和特点

1. 面铣刀

面铣刀结构如图 3-13 所示，主要用于面积较大的平面铣削和较平坦的立体轮廓的多坐标加工。

2. 立铣刀

立铣刀也称圆柱铣刀，是数控铣加工中最常用的一种铣刀，广泛用于加工平面类零件。立铣刀按端部切削刃的不同可分为过中心刃和不过中心刃两种。过中心刃立铣刀可直接轴向进刀；按齿数可分为粗齿、中齿、细齿三种。立铣刀的圆柱表面和端面上都有切削刃，可同时进行切削，也可单独切削。

波形立铣刀其结构如图 3-14 所示，其特点如下。

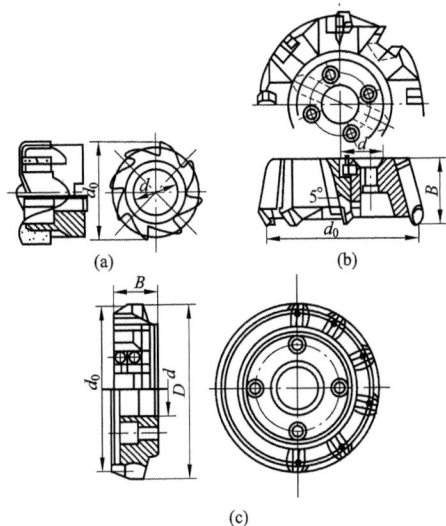

图 3-13　面铣刀结构
（a）整体焊接式；（b）机夹焊接式；（c）可转位式

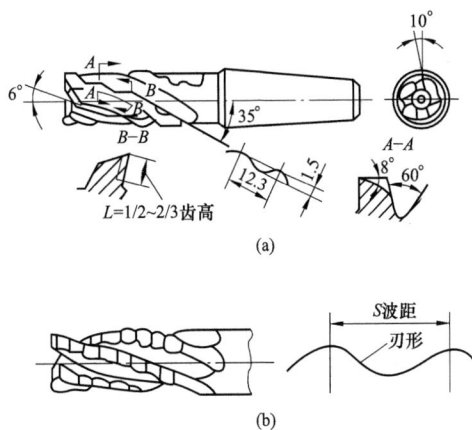

图 3-14　玉米铣刀
（a）结构图；（b）波形示意图

（1）能将狭长的薄切屑变成厚而短的碎切屑，使排屑流畅；

（2）在相同进给量的条件下，它的切削厚度比普通立铣刀要大些，并且减小了切削刃在工件表面的滑动现象，比普通立铣刀容易切进工件，从而提高了刀具的寿命；

（3）与工件接触的切削刃长度较短，刀具不易产生振动；

（4）波形切削刃增大了刀刃的长度，利于散热。

3. 模具铣刀

模具铣刀由立铣刀发展而成，它是加工金属模具型面的铣刀的通称，可分为圆锥形立铣刀、圆柱形球头立铣刀和球头立铣刀三种，其柄部有直柄、削平型直柄和莫氏锥柄三种形式。

它的结构特点是球头或端面上布满切削刃，圆周刃与球头刃圆弧连接，可以作径向和轴向进给。加工曲面时球头刀的应用最普遍,不但适用于加工空间曲面零件,有时也用于平面类零件较大的转接凹圆弧的插补加工。但是越接近球头刀的底部,切削条件就越差。

4. 键槽铣刀

键槽铣刀一般有两个刀齿,圆柱面和端面都有切削刃,端面刃延至中心,是立铣刀的一种,用于直接垂直下刀铣削键槽。

5. 成形铣刀

图 3-15 所示是常见的几种成形铣刀,一般都是为特定的工件或加工内容专门设计制造的,适用于加工平面类零件的特定形状(如角度面、凹槽面等),也适用于特形孔或台。此类刀具的缺点是刃磨困难,切削条件差。

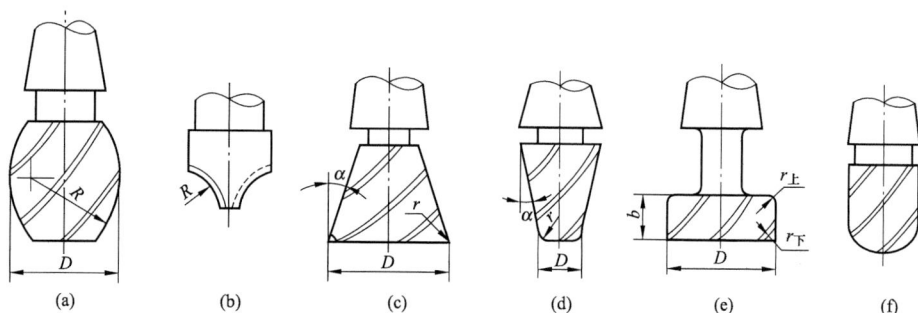

图 3-15　成形铣刀
(a) 鼓形铣刀;(b) 反圆弧铣刀;(c) 反锥度铣刀;(d) 正锥度铣刀;
(e) T 形铣刀;(f) 球头铣刀

6. 锯片铣刀

锯片铣刀可分为中小规格的锯片铣刀和大规格锯片铣刀(GB/T 6130—2001《镶片圆锯》),数控铣及加工中心主要用中小规格的锯片铣刀。

锯片铣刀主要用于大多数材料的切槽、切断、内外槽铣削、组合铣削、缺口等的槽加工、齿轮毛坯粗齿加工等。

(二) 刀柄

工具系统作为刀具与机床的接口,除包含刀具本身外,还包括实现刀具快换所必需的定位、夹紧、抓取及刀具保护等机构。工具系统从结构上可分为整体式与模块式两种。整体式工具系统基本由整体柄部与整体刃部组成,如常用的钻头、铣刀、铰刀等就属于整体式刀具。整体式刀具由于不同品种和规格的刃部都必须和对应的柄部相连接,给生产、使用和管理带来诸多不便。模块式工具系统克服了这些弱点,将刀具系统按功能进行分割,做成系列化的标准模块(如刀柄、刀杆、接长杆、接长套、刀夹、刀体、刀头、刀刃等),根据需要快速地组装成不同用途的刀具,便于减少刀具储备,节省开支。但模块式刀具系统钢性不如整体式好,而且一次性投资偏高。

刀柄的形式必须与机床和刀具配套,已经标准化,常见的标准有 ISO、DIN、BT、GB和 HSK 等。

第二节　数控铣削工艺

一、数控铣削对刀

数控铣削对刀应该从 X、Y 和 Z 向分别对刀，对刀方法有找正法对刀、试切法对刀和对刀仪对刀，对刀仪对刀包括机内对刀仪对刀和机外对刀仪对刀。

（一）找正法对刀

1. 划线找正

对粗加工，利用划针画出中心线或直线，直接找正，精度低。

2. 标准心轴和块规对刀

如图 3-16 所示，用于互相垂直的直角边对刀。

3. 寻边器对刀

如图 3-17 所示，采用光电式寻边器自动对刀。步骤如下：

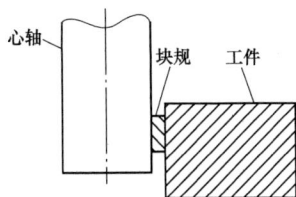

图 3-16　标准心轴和块规对刀　　　　　图 3-17　寻边器对刀

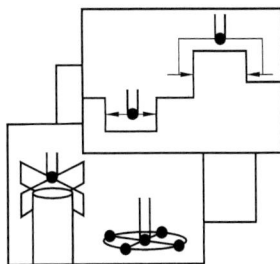

（1）把寻边器装在主轴上；

（2）依 X、Y、Z 的顺序手动操作寻边器测头靠近被测孔，使其大致位于被测孔的中心上方；

（3）将测头下降至球心超过被测孔上表面的位置；

（4）沿 X（或 Y）方向缓慢移动测头直到测头接触到孔壁，指示灯亮，然后反向移动，使指示灯灭；

（5）降低移动量，移动测头直至指示灯亮；

（6）逐级降低移动量（0.1mm→0.01mm→0.001mm），重复上面（4）、（5）的两项操作，最后使指示灯亮；

（7）把机床相对坐标 X（或 Y）置零，用最大移动量将测头向另一边孔壁移动，指示灯亮，然后反向移动，使指示灯灭；

（8）重复操作（4）～（6）的操作；

（9）记下此时机床相对坐标的 X（或 Y）值；

（10）将测头向孔中心方向移动到前一步骤记下的 X（或 Y）坐标的一半处，即得被测孔中心的 X（或 Y）坐标。

沿 Y（或 X）方向，重复以上操作，可得被测孔中心的 Y（或 X）坐标。

这种方法操作简便、直观，对刀精度高，应用广泛，但被测孔应有较高的精度。

4. 杠杆百分表（千分表）对刀

如图 3-18 所示，可用于两孔中心和两垂直直角边的对刀。

（二）试切法对刀

如图 3-19 所示，零件加工精度不高，可对两个互相垂直的直角边进行对刀。

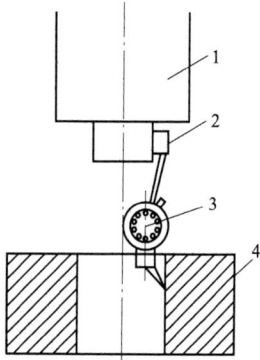

图 3-18 标准心轴和块规对刀
1—主轴；2—磁性表座；3—百分表；4—工件

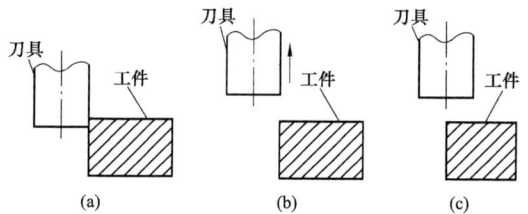

图 3-19 寻边器对刀
（a）碰到对刀边；（b）Z 向移开；（c）找到坐标

（三）对刀仪对刀

如图 3-20 所示，为机内对刀仪对刀，能够自动将对刀结果输入数控系统。

如图 3-21 所示，为机外对刀仪对刀，由专人进行，将刀具数据反馈给操作者，不占用机床时间，提高了管理水平和生产效率。

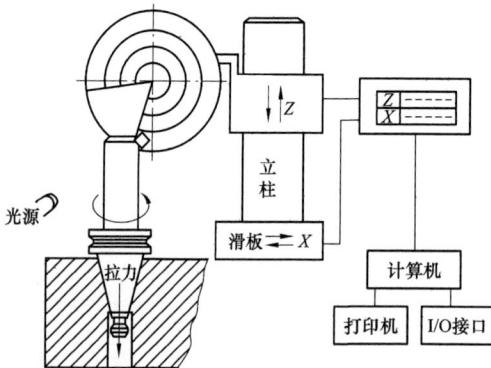

图 3-20 机内对刀仪对刀

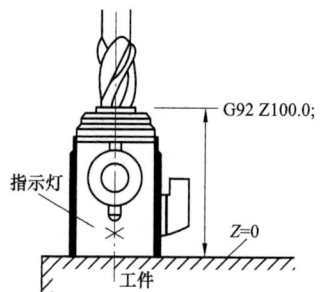

图 3-21 机外对刀仪对刀

二、典型特征的数控铣加工工艺

1. 平面类零件

平面类零件是指加工面平行或垂直于水平面，以及加工面与水平面的夹角为一定值的零件，加工面可展开为平面。

如图 3-22 所示的三个零件均为平面类零件。其中，曲线轮廓面 M 垂直于水平面，可采用圆柱立铣刀加工。凸台侧面 N 与水平面呈一定角度，这类加工面可以采用专用的角度

图 3-22 平面类零件
(a) 轮廓面垂直于水平面；(b) 斜面；
(c) 凸台侧面与水平面呈一定角度

成形铣刀来加工。对于斜面 r，当工件尺寸不大时，可用斜板垫平后加工；当工件尺寸很大，斜面坡度又较小时，也常用行切加工法加工，这时会在加工面上留下进刀时的刀锋残留痕迹，要用钳修方法加以清除。

2. 变斜角（直纹曲面）类零件

直纹曲面类零件是指由直线依某种规律移动所产生的曲面类零件。如图 3-23 所示零件的加工面就是一种直纹曲面，当直纹曲面从截面（1）至截面（2）变化时，其与水平面间的夹角从 $3°10'$ 均匀变化为 $2°32'$，从截面（2）到截面（3）时，又均匀变化为 $1°20'$，最后到截面（4），斜角均匀变化为 $0°$。

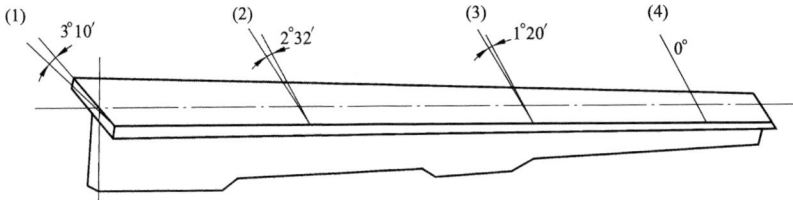

图 3-23 变斜角类零件

如图 3-24 所示，当采用四坐标或五坐标数控铣床加工直纹曲面类零件时，加工面与铣刀圆周接触处为一条直线；也可在三坐标数控铣床上采用鼓形刀行切加工，实现近似加工。

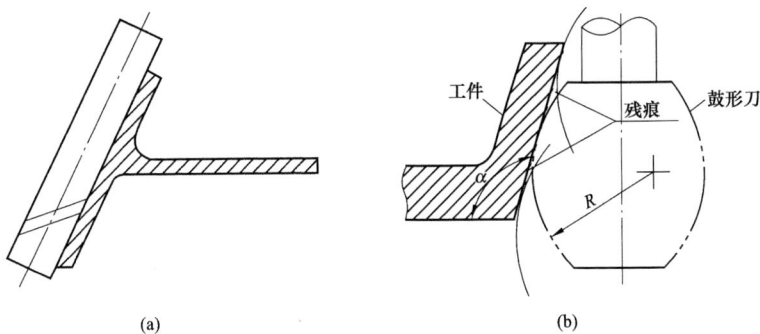

图 3-24 变斜角类零件加工
(a) 五轴侧面铣加工；(b) 鼓形刀行切加工

3. 立体曲面类零件

加工面为空间曲面的零件称为立体曲面类零件。这类零件的加工面不能展成平面，一般使用球头铣刀切削，加工面与铣刀始终为点接触，若采用其他刀具加工，易于产生干涉而铣伤邻近表面。加工立体曲面类零件一般使用三坐标数控铣床，如图 3-25 所示，采用三坐标数控铣床进行二轴半坐标控制加工，即行切加工法。球头铣刀沿 XZ 平面的曲线进行直线插补加工，当一段曲线加工完后，沿 Y 方向进给 ΔY 再加工相邻的另一曲线，如此依次用平面曲线来逼近整个曲面。相邻两曲线间的距离 ΔY 应根据表面粗糙度的要求及球头铣刀的半径选取。球头铣刀的球半径应尽可能选得大一些，以增加刀具刚度，提高散热性，降低表面粗糙度值。加工凹圆弧时的铣刀球头半径必须小于被加工曲面的最小曲率半径。如图 3-26 所示，采用三坐标数控铣床三轴联动加工，即进行空间直线插补。

图 3-25 二轴半坐标行切曲面   图 3-26 3坐标行切曲面

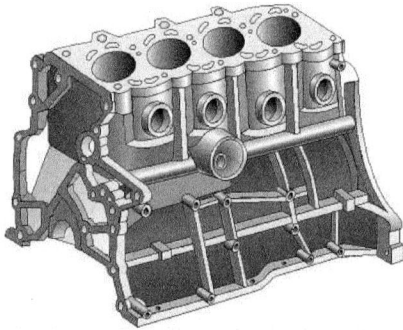

4. 箱体类零件

图 3-27 箱体类零件

箱体类零件一般是指具有一个以上孔系，内部有型腔，在长、宽、高方向有一定比例的零件，这类零件在机床、汽车、飞机制造等行业用得较多，如图 3-27 为发动机的汽缸。箱体类零件一般都需要进行多工位孔系及平面加工，公差要求较高，特别是几何公差要求较为严格，通常要经过铣、钻、扩、镗、铰、锪和攻螺纹等工序，需要刀具较多，在普通机床上加工难度大，工装套数多，费用高，加工周期长，需多次装夹、找正，手工测量次数多，加工时必须频繁地更换刀具，工艺难以制订，更重要的是精度难以保证。加工箱体类零件时，当加工工位较多、需工作台多次旋转角度才能完成的零件，一般选用卧式镗铣类加工中心。当加工的工位较少，且跨距不大时，可选立式加工中心，从一端进行加工。

5. 异形件

异形件是外形不规则的零件，大都需要点、线、面多工位混合加工，如一些支架、泵体和靠模等。异形件的刚性一般较差，夹压变形难以控制，加工精度也难以保证。用加工中心加工时应采用合理的工艺措施，一次或二次装夹，利用加工中心多工位点、线、面混合加工的特点，完成多道工序或全部的工序内容。根据经验，异形件形状越复杂、精度要求越高，使用加工中心越能显示其优越性。

6. 特殊加工

数控铣床配合一定的工装和专用工具，可完成一些特殊的工艺工作，如在金属表面上刻字、刻线和刻图案；在加工中心的主轴上装上高频电火花电源，可对金属表面进行线扫描表面淬火；在加工中心装上高速磨头，可实现小模数渐开线圆锥齿轮磨削及各种曲线和曲面的磨削等。

三、数控铣削加工工艺性分析

数控铣削加工工艺性分析是编程前的重要工艺准备工作之一。

（一）选择并确定数控铣削加工部位及工序内容

（1）工件上的曲线轮廓，特别是由数学表达式给出的非圆曲线与列表曲线等曲线轮廓。

（2）已给出数学模型的空间曲面。

（3）形状复杂、尺寸繁多、划线与检测困难的部位。

（4）用通用铣床加工时难以观察、测量和控制进给的内外凹槽。

（5）以尺寸协调的高精度孔和面。

（6）能在一次安装中顺带铣出来的简单表面或形状。

（7）用数控铣削方式加工后，能成倍提高生产率，大大减轻劳动强度的一般加工内容。

（二）零件图样的工艺性分析

对零件图样进行工艺性分析时，应主要分析与考虑以下一些问题。

1. 零件图样尺寸的正确标注

由于加工程序是以准确的坐标点来编制的，因此，各图形几何元素间的相互关系（如相切、相交、垂直和平行等）应明确，各种几何元素的条件要充分，应无引起矛盾的多余尺寸或影响工序安排的封闭尺寸等。例如，在用同一把铣刀、同一个刀具半径补偿值编程加工零件时，由于零件轮廓各处尺寸公差带不同，如在图 3-28 中，就很难同时保证各处尺寸在尺寸公差范围内。这时一般采取的方法是：兼顾各处尺寸公差，在编程计算时，改变轮廓尺寸并移动公差带，改为对称公差，采用同一把铣刀和同一个刀具半径补偿值进行加工，图中括号内的尺寸，其公差带均作了相应改变，计算与编程时用括号内尺寸来进行。

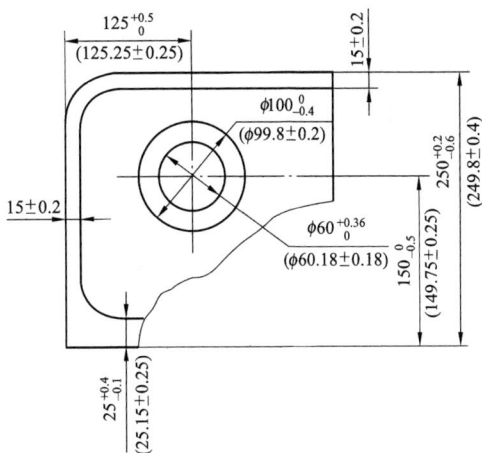

图 3-28 零件尺寸公差带的调整

2. 统一内壁圆弧的尺寸

加工轮廓上内壁圆弧的尺寸往往限制刀具的尺寸。

（1）内壁转接圆弧半径 R。如图 3-29 所示，当工件的被加工轮廓高度 H 较小、内壁转接圆弧半径 R 较大时，可采用刀具切削刃长度 L 较小、直径 D 较大的铣刀加工。这样，底面 A 的走刀次数较少，表面质量较好，因此，工艺性较好。反之如图 3-30，铣削工艺性则较差。

通常，当 $R<0.2H$ 时，则属工艺性较差。

（2）内壁与底面转接圆弧半径 r。如图 3-31，铣刀直径 D 一定时，工件的内壁与底面转接圆弧半径 r 越小，铣刀与铣削平面接触的最大直径 $d=D-2r$ 也越大，铣刀端刃铣削平面的面积越大，则加工平面的能力越强，因而，铣削工艺性越好。反之，工艺性越差，如

图 3-32 所示。

　　当底面铣削面积大，转接圆弧半径 r 也较大时，只能先用一把 r 较小的铣刀加工，再用符合要求的刀具加工，分两次完成切削。

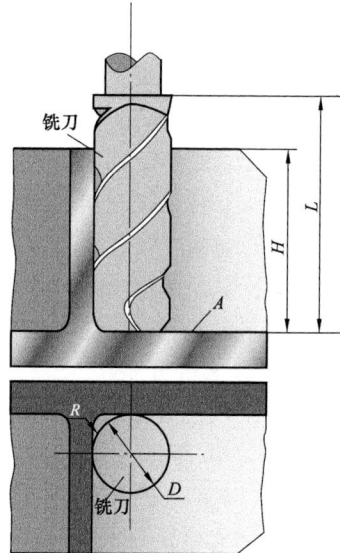

图 3-29　R 较大时　　　　　　　　图 3-30　R 较小时

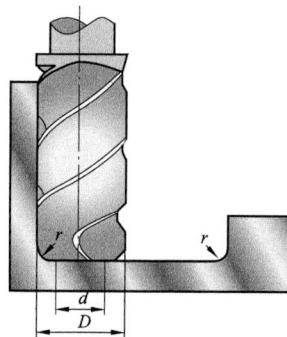

图 3-31　r 较小　　　　　　　　图 3-32　r 较大

　　总之，一个零件上内壁转接圆弧半径尺寸的大小和一致性，影响加工能力、加工质量和换刀次数等。因此，转接圆弧半径尺寸大小要力求合理，半径尺寸尽可能一致，至少要力求半径尺寸分组靠拢，以改善铣削工艺性。

　　3. 保证基准统一的原则

　　有些工件需要在铣削完一面后，再重新安装铣削另一面，最好采用统一基准定位。

　　4. 分析零件的变形情况

　　铣削工件在加工时的变形，将影响加工质量。这时，可采用常规方法，如粗、精加工分开及对称去余量法等；也可采用热处理的方法，如对钢件进行调质处理，对铸铝件进行退火处理等。加工薄板时，切削力及薄板的弹性退让极易产生切削面的振动，使薄板厚度尺寸公差和表面粗糙度难以保证，这时，应考虑合适的工件装夹方式。加工工艺取决于产品零件的结构形状、尺寸和技术要求等。

5. 分析零件的形状及原材料的热处理状态

分析零件的形状及原材料的热处理状态，考虑零件的变形，即哪些部位最容易变形。考虑采取一些必要的工艺措施进行预防，如对钢件进行调质处理，对铸铝件进行退火处理，对不能用热处理方法解决的，也可考虑粗、精加工及对称去余量等常规方法。此外，还要分析加工后的变形问题，以决定采取什么工艺措施来解决。

（三）零件毛坯的工艺性分析

（1）毛坯的加工余量是否充分，批量生产时的毛坯余量是否稳定。除板料外，不管是锻件、铸件还是型材，数控铣削加工前应保证各加工面有较充分的余量。

（2）分析毛坯在安装定位方面的适应性。主要分析加工毛坯时在安装定位方面的可靠性与方便性，以便进行数控铣削时在一次安装中加工出尽可能多的待加工面。为此考虑要不要另外增加装夹余量或工艺凸台以方便定位与夹紧，什么地方可以制出工艺孔或要不要另外准备工艺凸耳来特制工艺孔等。如图 3-33 所示的工件，加工上下腹板与内外轮廓时因缺少定位安装面造成装夹困难，这时只要在上下两筋上分别增加两个工艺凸台就可以较好地解决装夹问题了。如图 3-34 所示，该工件缺少定位用的基准孔，用其他方法很难保证工件的定位精度，如果在图示位置增加两个工艺凸耳，在凸耳上制出定位基准孔就可以解决这一问题了。对于增加的工艺凸台或凸耳，可以在它们完成定位安装使命后通过补加工去掉。

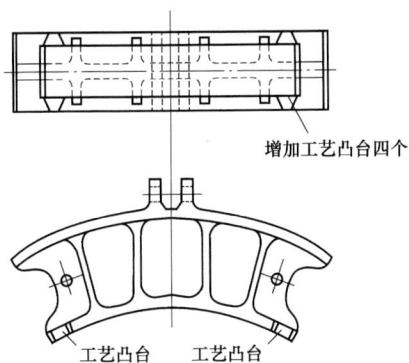

图 3-33　毛坯加凸台

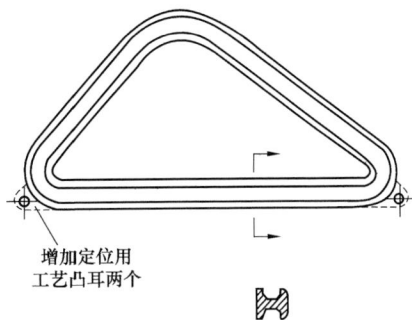

图 3-34　毛坯加耳片

四、刀具选择

1. 刀具选择原则

刀具选择与机床、夹具、生产率和工件材料有关。

2. 刀具选择的方法

（1）选择铣刀时，要使刀具的尺寸与被加工工件的表面尺寸和形状相适应，如图 3-35 所示为常见的表面的加工。

1）粗铣平面时，切削力大，宜选较大直径的铣刀，以增大刚度，提高切削效

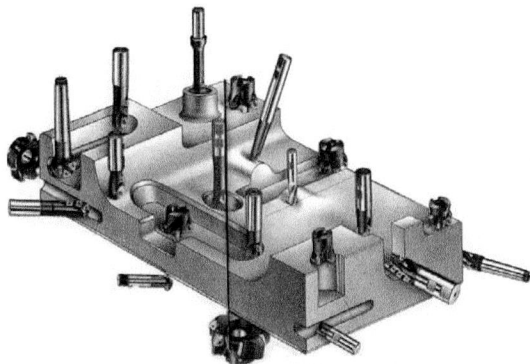

图 3-35　零件表面加工

率；精铣时，可选小直径铣刀，尽量能包容工件加工面的宽度，以提高效率和加工表面质量。

2）对一些立体型面和变斜角轮廓外形的加工，常采用球头铣刀、环形铣刀、鼓形刀、锥形刀和盘形刀。

3）曲面加工常采用球头铣刀，但加工曲面较平坦的部位时，刀具以球头顶端刃切削，切削条件较差，这时应选用环形刀。

4）加工较大的平面应选择面铣刀；加工空间曲面、模具型腔或凸模成形表面等多选用模具铣刀；加工封闭的键槽选择键槽铣刀；加工变斜角零件的变斜角面应选用鼓形铣刀；加工各种直的或圆弧形的凹槽、斜面、特殊孔等应选用成形铣刀。

5）加工平面零件周边轮廓时（内凹或外凸轮廓），加工凹槽、较小的台阶面采用立铣刀；加工凸台或凹槽时，可选用高速钢立铣刀；加工毛坯表面时可选用镶硬质合金的玉米铣刀。

（2）刀具参数的选择。当选择立铣刀加工时，刀具的有关参数（如图3-36所示）建议按推荐的经验数据选取。

1）对不通凹槽或孔的加工，选取刀具的 $l=H+(5\sim10)$ mm，其中 l 为切削部分长度，H 为零件的加工厚度。

2）对通槽或外形的加工，选取 $l=H+r_{\varepsilon}+(5\sim10)$ mm，其中 r_{ε} 为刀尖圆角半径。

3）铣内凹轮廓时，铣刀半径 R 应小于内凹轮廓面的最小曲率半径 $\rho_{\min}$，一般取 $R=(0.8\sim0.9)\rho_{\min}$。铣外凸轮廓时，铣刀半径尽量选得大些，以提高刀具的刚度和耐用度。同时为保证刀具足够的刚度，零件的加工厚度 $B\leqslant(1/4\sim1/8)R$。

4）粗加工内凹轮廓面时，铣刀最大直径 D 可按式（3-1）进行估算，如图3-37所示。即

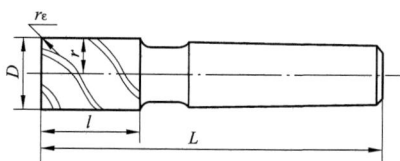

图3-36　立铣刀几何尺寸　　　　　图3-37　加工内凹轮廓刀具

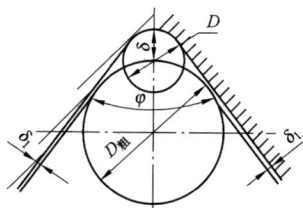

$$D_{粗}=\frac{2(\delta\sin\varphi/2-\delta_1)}{1-\sin\varphi/2}+D \qquad (3-1)$$

式中　D——轮廓的最小圆角直径；

　　　δ——圆角邻边夹角等分线上最大的精加工余量；

　　　δ_1——单边精加工余量；

　　　φ——零件内壁的最小夹角。

五、数控铣走刀路线

（一）进给路线的确定

1. 轴向下刀路线的安排

如图3-38所示，过中心刃铣刀可进行轴向进刀或插铣加工；不过中心刃铣刀必须斜线

图 3 - 38　立铣刀几何尺寸

（a）直线铣削；（b）斜线铣削；（c）圆弧铣削；（d）螺旋铣削；（e）钻（插）式铣削

铣削。尺寸小的内形且用无中心切削横刃铣刀的进刀，也可采用同规格的钻头预钻进刀孔，而后进行铣切的方式。

2. 切入切出路线的安排

铣削圆弧进退刀路线如图 3 - 39、图 3 - 40 所示，对于圆弧外表面可以直线或圆弧切向进、退刀；对于圆弧内表面，只能圆弧切向进、退刀。

图 3 - 39　铣外圆时的加工路线

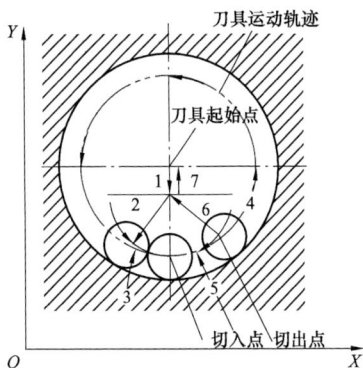

图 3 - 40　铣内圆时的加工路线

3. 加工路线安排

加工路线总体安排如下：

（1）先粗后精；

（2）先面后孔；

（3）基准先行；

（4）先外形，后内形；

（5）同一把刀在一起；

（6）轮廓加工先上后下，先大轮廓后小轮廓。

图 3-41 所示为加工槽腔的三种进给路线。所谓槽腔是指以封闭曲线为边界的平底凹坑。这种槽腔在结构零件中常见，一律用平底立铣刀加工，刀具圆角半径应符合内槽的图样要求。

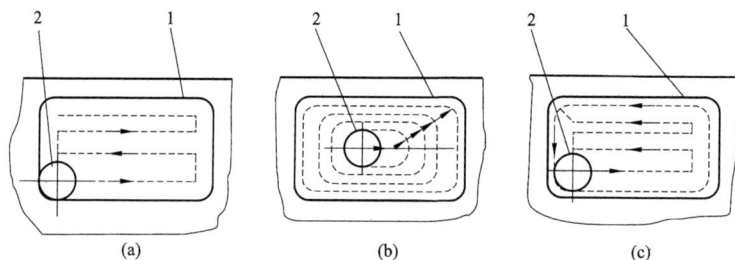

图 3-41　槽腔的加工
(a) 行切；(b) 环切；(c) 行切＋环切
1—槽腔；2—铣刀

图 3-41 (a) 和图 3-41 (b) 分别表示用行切法（即刀具与工件轮廓的切点轨迹在垂直于刀具轴线平面内的投影为相互平行的迹线）和环切法（即刀具与工件轮廓的切点轨迹在垂直于刀具轴线平面内的投影为一条或多条环形迹线）加工凹槽的进给路线。两种进给路线的共同点是都能切净内腔中的全部面积，不留死角，不伤轮廓，同时尽量减少了重复进给的搭接量。但是行切法将在每两次进给的起点与终点间留下残留高度而达不到要求的表面粗糙度。而环切法从数值计算的角度看，其刀位点计算稍为复杂，需要逐次向外扩展轮廓线，而且从进给路线的长短进行比较，环切法也略逊于行切法。图 3-41 (c) 则表示先用行切法最后环切一刀精加工轮廓表面，这样光整了轮廓表面而获得较好的效果。因此三种方案中，图 3-41 (c) 最佳。

铣削曲面时，常用球头刀进行加工。图 3-42 表示加工边界敞开的直纹曲面可能采取的三种进给路线，即沿曲面的 Y 向行切、沿 X 向行切和环切。对于直母线的叶面加工，采用图 3-42 (b) 所示的方案，每次直线进给，刀位点计算简单，程序段短，而且加工过程符合直纹面的形成规律，可以准确保证母线的直线度。当采用图 3-42 (a) 的方案时，符合这类工件表面给出的数据，便于加工后检验，保证叶形的准确度高。由于曲面工件的边界是敞开的，没有其他表面限制，所以曲面边界可以外延，为保证加工的表面质量，球头刀应从边界外进刀和退刀。图 3-42 (c) 所示的环切方案一般应用在凹槽加工中，在型面加工中由于编程繁琐，一般都不用。

周铣加工时有顺铣和逆铣两种方法，具体采用顺铣还是逆铣，应视零件图的加工要求、工件材料的性质与特点及具体铣床、刀具等条件综合考虑，其确定原则与普通机械加工相同。一般来说，由于数控铣床传动采用滚珠丝杠，其运动间隙很小，并且顺铣优点多于逆铣，所以应尽可能采用顺铣。如图 3-43 所示，在精铣内外轮廓时，为了改善表面粗糙度，应采用顺铣的进给路线。

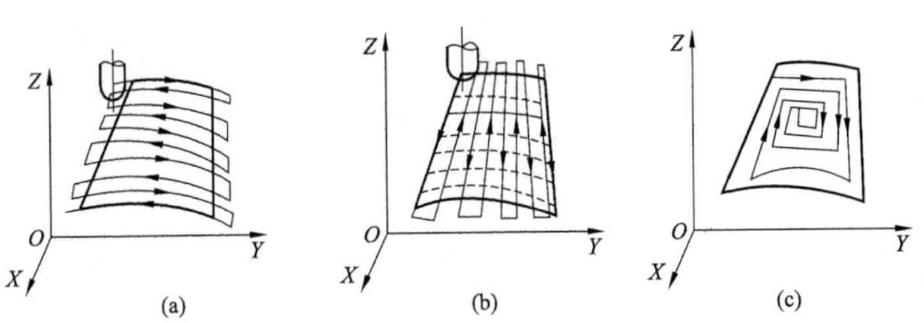

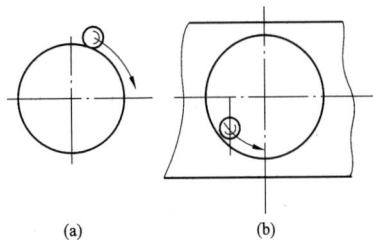

图 3-42 曲面的加工方式
(a) Y 向行切；(b) X 向行切；(c) 环切

图 3-43 顺铣加工
(a) 外轮廓顺铣；(b) 内轮廓顺铣

在数控铣中，对于通常的右旋铣刀，从 Z 轴的正向看向负向，沿着前进方向，如果刀具在工件轮廓的左侧则为顺铣；如果刀具在工件轮廓的右侧则为逆铣。

筋是结构件中的典型结构，筋形状各异，数量多，常位于槽腔、轮廓之间或槽腔内部，筋的类型多，如图 3-44 所示，有开口筋、独立筋、耳片筋等。筋通常起加强结构件强度的作用，也有部分筋有一些特殊的功用。筋的形状是由结构件本身的设计，以及工艺等诸多因素决定的。由于结构件本身要求零件在保证强度的情况下尽可能轻，因而通常情况下筋的筋宽只有 3～4mm，属于薄壁结构，这导致筋的加工必须采用合理的工艺，防止加工时产生变形。

筋通常在粗加工后、半精加工前加工，典型加工方式如图 3-45 所示，利用曲面行切方式，切削 1～3 行即可。

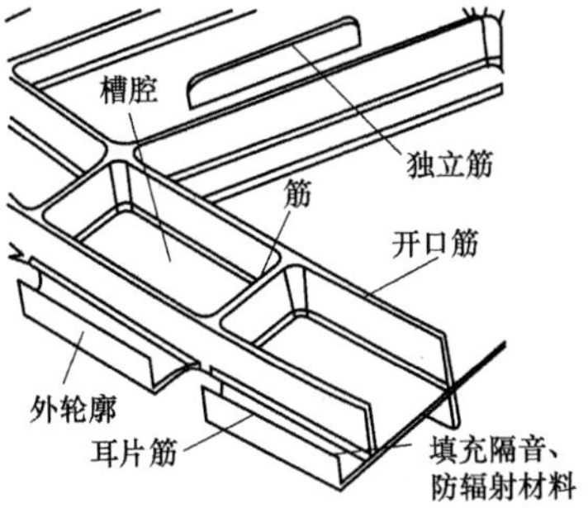

图 3-44 筋的结构

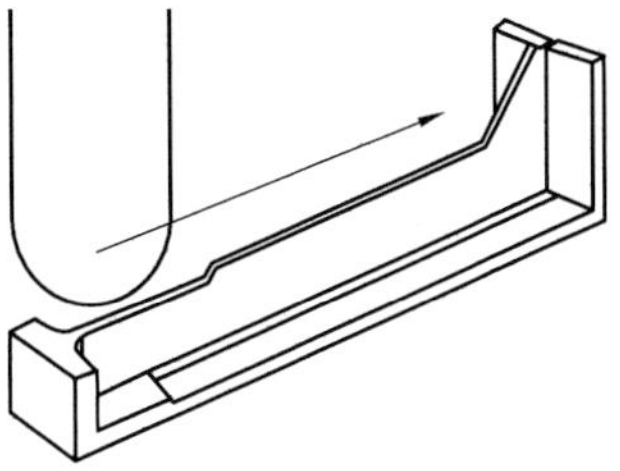

图 3-45 筋的行切

4. 切削用量的确定

切削用量指主轴转速 n、进给率 f 和背吃刀量 a_p，确定方法有计算法、查表法和经验法。

材料的切削速度 v 可查表 3-1 得出，则主轴转速为

$$n = 1000v/\pi D \tag{3-2}$$

式中　n——主轴转速，r/min；

　　　D——刀具直径，mm。

表 3-1　　　　　　　　　　　铣刀进给速度　　　　　　　　　　　　　m/min

工件材料	铣刀材料					
	碳素钢	高速钢	超高速钢	合金钢	磷化钛	碳化钨
铝合金	75～150	180～300		240～460		300～600
镁合金		180～270				150～600

工件材料	铣刀材料					
	碳素钢	高速钢	超高速钢	合金钢	磷化钛	碳化钨
钼合金		45～100				120～190
黄铜（软）	12～25	20～—25		45～75		100～180
青铜	10～20	20～40		30～50		60～130
青铜（硬）		10～15	15～20			40～60
铸铁（软）	10～12	15～20	18～25	28～40		75～100
铸铁（硬）		10～15	10～20	10～28		45～60
（冷）铸铁铸			10～15	12～18		30～60
可锻铸铁	10～15	20～30	25～40	35～45		75～110
钢（低碳）	10～14	18～28	20～30		45～70	
钢（中碳）	10～15	15～25	18～28		40～60	
钢（高碳）		10～15	12～20		30～45	
合金钢					35～80	
合金钢（硬）					30～—60	
高速钢			12～25		45～70	

由表 3 - 2 查得每齿进给量 f_Z，则

$$F = n \times f_Z \times Z \qquad (3-3)$$

式中 F——进给速度，mm/min；

n——主轴转速，r/min；

Z——铣刀齿数。

表 3 - 2 　　　　　　　　　铣 刀 进 给 量 　　　　　　　　mm/齿

铣刀　　　　　　　　工件材料	平铣刀	面铣刀	圆柱铣刀	端铣刀	成形铣刀	高速钢镶刃刀	硬质合金镶刃
铸铁	0.2	0.2	0.07	0.05	0.04	0.3	0.1
可锻铸铁	0.2	0.15	0.07	0.05	0.04	0.3	0.09
低碳钢	0.2	0.2	0.07	0.05	0.04	0.3	0.09
中高碳钢	0.15	0.15	0.06	0.04	0.03	0.2	0.08
铸钢	0.15	0.1	0.07	0.05	0.04	0.2	0.08
镍铬钢	0.1	0.1	0.05	0.02	0.04	0.15	0.06
高镍铬钢	0.1	0.1	0.04	0.02	0.02	0.1	0.05
黄铜	0.2	0.2	0.07	0.05	0.04	0.03	0.21
青铜	0.15	0.15	0.07	0.05	0.04	0.03	0.1
铝	0.1	0.1	0.07	0.05	0.04	0.02	0.1
Al - Si 合金	0.1	0.1	0.07	0.05	0.04	0.18	0.08
Mg - Al - Zn	0.1	0.1	0.07	0.04	0.03	0.15	0.08
Al - Cu - Mg / Al - Cu - Si	0.15	0.1	0.07	0.05	0.04	0.02	0.1

第三节　数控铣削程序编制

重点以 FANUC-0i 为例，说明指令应用，表 3-3 为其指令简表。

表 3-3　　　　　　　　　　　　　**FANUC-0i 系统 G 指令**

代码	功能	组别	代码	功能	组别
★G00	快速定位		G52	局部坐标系设定	00
G01	直线插补	01	★G54	选择第 1 工件坐标系	
G02	顺时针圆弧插补		G55	选择第 2 工件坐标系	
G03	逆时针圆弧插补		G56	选择第 3 工件坐标系	
G04	暂停		G57	选择第 4 工件坐标系	12
G09	准确停止	00	G58	选择第 5 工件坐标系	
G10	刀具补正设定		G59	选择第 6 工件坐标系	
★G17	XY 平面选择		G73	高速深孔钻循环	
G18	XZ 平面选择	02	G74	攻左螺纹循环	09
G19	YZ 平面选择		G76	精镗孔循环	
G20	英制单位输入选择	06	★G80	固定循环取消	
G21	公制单位输入选择		G81	钻孔循环	
★G27	参考点返回检查		G82	沉头钻孔循环	
G28	参考点返回		G83	深孔钻循环	09
G29	由参考点返回	00	G84	攻右螺纹循环	
G30	第 2、3、4 参考点返回		G85	铰孔循环	
G33	螺纹切削	01	G86	背镗循环	
★G40	取消刀具半径补偿		★G90	绝对坐标编程	03
G41	左刀补	07	G91	增量坐标编程	
G42	右刀补		G92	定义编程原点	00
G43	刀具长度正补偿		★G94	每分钟进给量	05
G44	刀具长度负补偿	08	★G98	固定循环中使 Z 轴返回到起始点	10
★G49	取消刀具长度补偿		G99	固定循环中使 Z 轴返回到 R 点	

一、基本指令

（一）工件坐标系建立

1. G92

设置加工坐标系，功能同数控车的 G50。

格式：G92 X__ Y__ Z__ ;

例：G92 X20 Y10 Z10;

其确立的加工原点在距离刀具起始点 X=-20，Y=-10，Z=-10 的位置上，如图 3-46 所示。

2. G53

选择机床坐标系,功能同数控车的 G53。

格式:G53 G90 X __ Y __ Z __;

G53 指令使刀具快速定位到机床坐标系中的指定位置上,式中 X、Y、Z 后的值为机床坐标系中的坐标值,其尺寸均为负值。

例:G53 G90 X-100 Y-100 Z-20;

则执行后刀具在机床坐标系中的位置如图 3-47 所示。

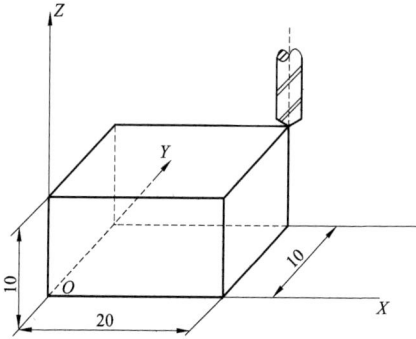

图 3-46 G92 设置加工坐标系   图 3-47 G53 选择机床坐标系

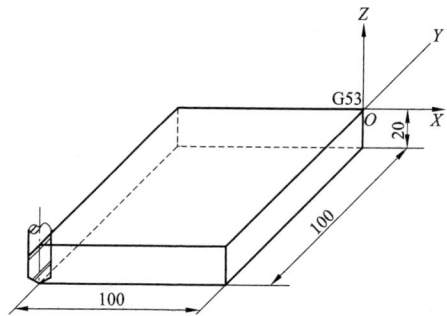

3. G54、G55、G56、G57、G58、G59

选择 1~6 号加工坐标系,功能和用法同数控车。

(二)绝对尺寸编程和增量尺寸编程

绝对尺寸编程 G90,增量尺寸编程 G91,两者不可用于同一程序段,G90 为缺省状态。

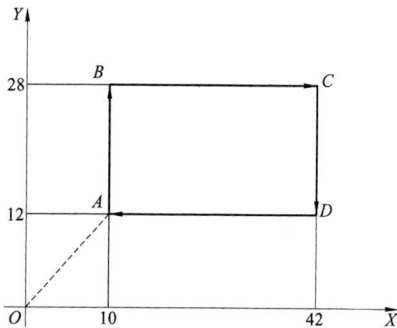

(三)坐标运动指令

1. 快速点定位 G00

功能和用法同数控车指令。

2. 直线插补 G01

功能和用法同数控车指令。

图 3-48 G01 编程图例

【例 3-1】 如图 3-48 所示路径,要求用 G01,坐标系原点 O 是程序起始点,要求刀具由 O 点快速移动到 A 点,然后沿 AB、BC、CD、DA 实现直线切削,再由 A 点快速返回程序起始点 O。

按绝对值编程方式:

% 0001;	程序名
N01 G92 X0 Y0;	坐标系设定
N10 G90 G00 X10 Y12 S600 T01 M03;	快速移至 A 点,主轴正转,1 号刀,转速 600r/min
N20 G01 Y28 F100;	直线进给 A→B,进给速度 100mm/min
N30 X42;	直线进给 B→C,进给速度不变
N40 Y12;	直线进给 C→D,进给速度不变
N50 X10;	直线进给 D→A,进给速度不变

```
N60  G00  X0  Y0;              返回原点 O
N70  M05;                      主轴停止
N80  M02;                      程序结束
```

3. 坐标平面选择 G17/G18/G19

功能：选择圆弧插补平面，如图 3-49 所示。

G17——选择 XY 平面；

G18——选择 ZX 平面；

G19——选择 YZ 平面。

4. 圆弧插补 G02/G03

功能：使机床在给定的坐标平面内进行圆弧插补运动。圆弧插补指令首先要指定圆弧插补的平面，插补平面由 G17、G18、G19 选定。G02 是顺时针圆弧插补，G03 是逆时针插补。如图 3-50 所示，判断方法是由与插补平面垂直的第 3 轴正向往负向看，按照与时针的走向判断。

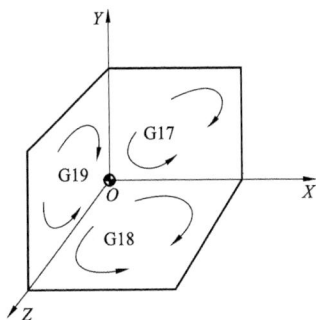

图 3-49　圆弧插补平面选择

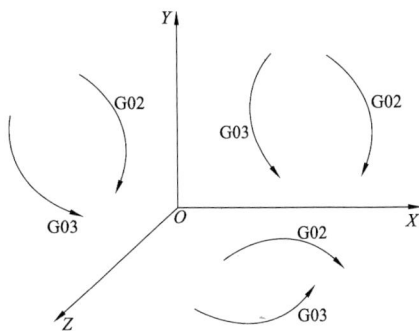

图 3-50　圆弧插补方向判别

格式：

```
G17 G02(G03)  X__  Y__  I__  J__  F__;或 G17G02(G03)  X__  Y__  R__  F__;
G18 G02(G03)  X__  Z__  I__  K__  F__;或 G18G02(G03)  X__  Z__  R__  F__;
G19 G02(G03)  X__  Z__  J__  K__  F__;或 G19G02(G03)  Y__  Z__  R__  F__;
```

X、Y 为圆弧终点坐标值。在绝对值编程 G90 方式下，圆弧终点坐标是绝对坐标尺寸；在增量值编程 G91 方式下，圆弧终点坐标是相对于圆弧起点的增量值。I、J 表示圆弧圆心相对于圆弧起点在 X、Y 方向上的增量坐标。即 I 表示圆弧起点到圆心的距离在 X 轴上的投影；J 表示圆弧起点到圆心的距离在 Y 轴上的投影。在 G18 和 G19 模式下 K 表示圆弧起点到圆心的距离在 Z 轴上的投影。I、J、K 的方向与 X、Y、Z 轴的正、负方向相对应。如图 3-51 所示，图上 I、J 均为负值。要注意的是 I、J、K 的值属于 X、Y、Z 方向上的坐标增量，与 G90 和 G91 方式无关。I、J、K 为零时可以省略，但不能同时为零，否则刀具原地不动或系统发出错误信息。

R 指令为圆弧半径，当为优弧时（圆弧的圆心角 $\alpha > 180°$）R 为负值；当为劣弧时（圆弧的圆心角 $\alpha < 180°$）时 R 为正值；正好 180°时，正、负均可。

在使用半径编程时，图 3-52 所示两段圆弧编程如下：

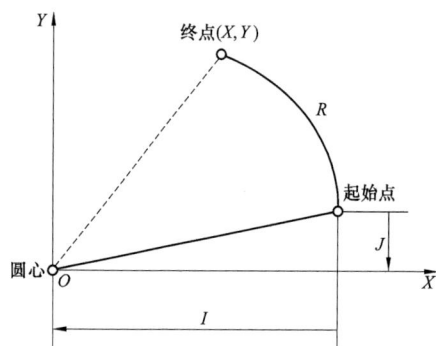

图 3-51　圆弧编程方式

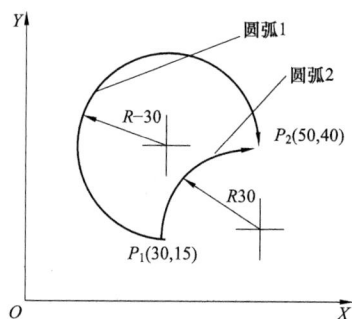

图 3-52　R 编程

圆弧 1　G90　G17　G02　X50　Y40　R-30　F120;
圆弧 2　G90　G17　G02　X50　Y40　R30　F120;

整圆的起点和终点重合,用 R 编程无法定义,所以只能用圆心坐标编程。

如图 3-53 所示,从起点开始顺时针切削,整圆程序段如下:

G90　G17　G02　X80　Y50　I-35　J0　F120;

如图 3-54 所示,设刀具由坐标原点 O 相对工件快速进给到 A 点,从 A 点开始沿着 A、B、C、D、E、F、A 的线路切削,最终回到原点 O。

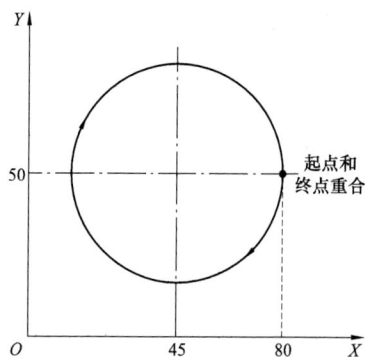

图 3-53　整圆编程

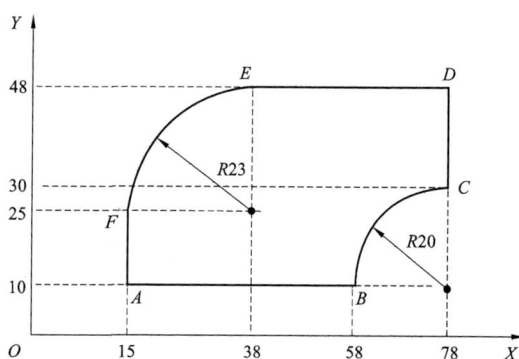

图 3-54　G02、G03 编程图例

为了讨论的方便,不考虑刀具半径对编程轨迹的影响,假定刀具中心与工件轮廓轨迹重合。实际加工时,刀具中心与工件轮廓轨迹间总是相差一个刀具半径,这就要用到刀具半径补偿功能。

用绝对值编程方式编程如下:(略)

用增量值编程方式编程如下:

```
%0001;                    程序号
N10  G92  X0  Y0;          建立坐标系
N20  G90  G17  M03;        绝对值方式,XOY平面,主轴正转
N30  G00  X15  Y10;        快速移动到 A
```

```
N40   G01  X43  F180  S400;
N50   G02  X20  Y20  I20  F80;
N60   G01  X0  Y18  F180;
N70   X-40;
N80   G03  X-23  Y-23  J-23  F80;
N90   G01  Y-15  F180;
N100  G00  X-15  Y-10;
N110  M002;
```

直线插补到 B,进给速度 180mm/min,主轴 400r/min
顺时针插补 B→C,进给速度 80mm/min
直线插补 C→D,进给速度 180mm/min
直线插补 D→E,进给速度不变
逆时针插补 E→F,进给速度 80mm/min
直线插补 F→A,进给速度 180mm/min
快速返回原点 O
程序结束

也可使用 R 格式编程,此时,上面程序(绝对值编程)中 N50、N80 程序段分别修改为:

```
N50   G02  X78  Y30  R20  F80;
N80   G03  X15  Y25  R23  F80;
```

5. 螺旋线进给指令

以 XY 面为例,路线如图 3-55 所示。

格式:

```
G17 G02/G03 X __ Y __ I __ J __ Z __ F;
G17 G02/G03 X __ Y __ R __ Z __ F __;
```

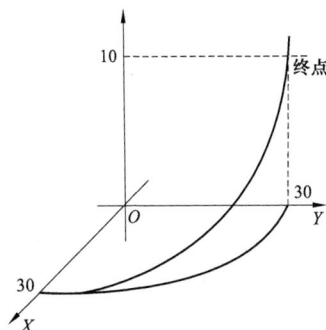

二、刀具编程

(一)刀具指令

1. 格式

```
T01 M06;
```

2. 含义

选择第 01 号刀具更换到主轴上。

(二)刀具半径补偿

格式:

```
G40(/G41/G42)G00(/G01)X __ Y __ D __ F __;
```

G40 是取消刀具半径补偿功能。

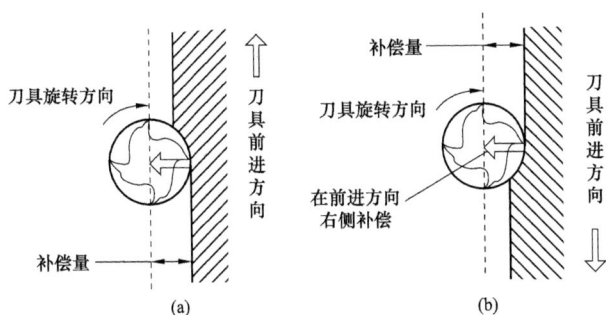

图 3-55　螺旋线插补

图 3-56　刀具半径补偿
(a) G40;(b) G41

G41 左刀补,从 Z 轴负向看向正向,沿前进方向观察,刀具在工件轮廓左侧进行加工,如图 3-56(b)所示。

G42 右刀补,从 Z 轴负向看向正向,沿前进方向观察,刀具在工件轮廓右侧进行加工,如图 3-56(b)所示。

D——补偿地址,D00 取消刀具半径补偿。

（三）刀具长度补偿 G43/G44/G49

在加工中心加工工件时，由于工件工序多，需要的刀具不止一把，每一把刀具的长度又不相同，在同一程序中不同刀具的刀位点在 Z 方向的位置也不相同，所以在实际加工中要用刀具长度补偿指令使不同刀具的刀位点在 Z 方向的位置相同，以便对工件进行加工。当刀具磨损后可通过刀具长度补偿指令来补偿刀具磨损的变化量。

1. 格式

G43/G44 H __ F __;

2. 含义

G49——取消刀具长度补偿。

H——补偿地址，H00 取消长度补偿。

G43——刀具长度正补偿，实际运动的 Z 值为程序中 Z 值加上补偿地址 H 中存放的数据。

G44——刀具长度负补偿，实际运动的 Z 值为程序中 Z 值减去补偿地址 H 中存放的数据。

三、简化编程

在编程中，会有一些图形是经过镜像、缩放、旋转等转变成的，如果根据转变后的加工轨迹编程，就需要大量的计算。因此为了降低编程难度就需要按转变前的元素编程，简化编程的难度。在 FANUC-0i 系统中有缩放功能指令、坐标系旋转指令和镜像编程指令等用来简化程序编写。

（一）缩放功能指令 G50/G51

格式：

G51 X __　Y __　Z __　P __;

G51 I __　J __　K __　P __;

G51 X __　Y __　Z __　I __　J __　K __;

G50——取消比例缩放，用 G51 表示比例缩放开、G50 表示比例缩放关。G51 中的 X、Y、Z 给出缩放中心的坐标值，P 后跟缩放倍数。I、J、K 表示选择要进行比例缩放的坐标轴。G51 既可指定平面缩放，也可指定空间缩放。在 G51 后，运动指令的坐标值以（X，Y，Z）为缩放中心，按所规定的缩放比例进行计算。使用 G51 指令可用一个程序加工出形状相同、尺寸不同的工件。G51/G50 为模态指令，G50 为缺省值。有刀补时，先缩放，然后进行刀具长度补偿、半径补偿。

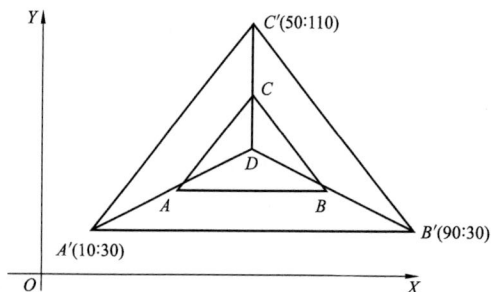

图 3-57　图形放大

例如在图 3-57 中的三角形 ABC 中，顶点为 A（30，40），B（70，40），C（50，80），若缩放中心为 D（50，50），则缩放程序为：

G51　X50　Y50　P2;

在执行该程序后，系统将自动计算 A、B、C 三点坐标数据为 A（10，30）、B（90，30）、C（50，110），获得放大一倍的三角形。

（二）坐标系旋转指令 G68/G69

1. 作用

使编程的图形按指定的旋转中心和旋转方向旋转指定的角度。

2. 格式

G68　X __　Y __　Z __ P __；

G69 取消坐标系旋转；

G68 为坐标旋转功能。

其中 X、Y、Z 是由 G17、G18 或 G19 定义的旋转中心的坐标值，P 为旋转角度，单位是"°"，$0° \leqslant P \leqslant 360°$。

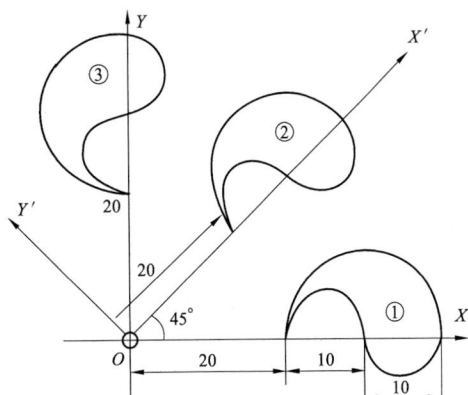

图 3-58　坐标系旋转

在有刀具补偿的情况下，先进行坐标旋转，然后才进行刀具半径补偿、刀具长度补偿。在有缩放功能的情况下，先缩放后旋转，如图 3-58 所示的零件可以用坐标系旋转功能编程。

程序如下：

O0001；	主程序号
N10 G90 G17 M03 S1000；	程序初始化,主轴正传
N20 M98 P0002；	调用 0002 号子程序加工①
N30 G68 XO YO P45；	坐标旋转 450
N40 M98 P0002；	调用 0002 号子程序加工②
N60 G68 XO YO P90；	坐标旋转 90 度
N70 M98 P0002；	调用 0002 号子程序加工③
N80 G69 M05 M30；	取消旋转,主轴停转,程序结束
O0002；	子程序名
N1O G90 GO1 X20 YO F100；	刀具定位
N20 G02 X30 YO I5；	铣 R10 圆弧
N30 G03 X40 YO I5；	铣 R10 圆弧
N40 X20 YO I10；	铣 R20 圆弧
N50 G00 XO YO；	快速回到零点
N60 M99；	子程序结束

（三）镜像功能 G50.1/G51.1

1. 功能

将数控加工的刀具轨迹沿坐标做镜像转换，形成加工坐标轴对称工件的走刀轨迹。

2. 格式

G51.1 X __　Y __；
G50.1 X __　Y __；

G51.1 指令是建立镜像，由指令坐标轴后的坐标值指定镜像位置（对称轴、线、点），G50.1 指令用于取消镜像。G51.1/G50.1 均为模态指令，有刀补时，先镜像，然后进行刀具长度补偿、半径补偿。如图 3 - 59 所示的零件加工。

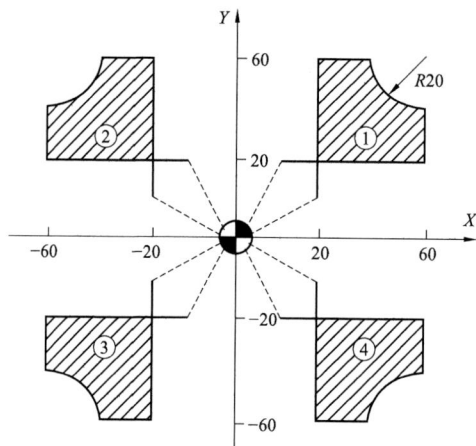

图 3 - 59　镜像编程

程序如下：

主程序　　　　　　　　　　　　**注释**

O0003；　　　　　　　　　　　　主程序号

N10 G90 G54 G17 G00 XO YO Z10；　　快速定位

N20 M03 5800；　　　　　　　　　主轴正转

N30 M98 P0004；　　　　　　　　调用 0004 号子程序加工①

N40 G51.1 XO；　　　　　　　　　X 轴镜像开

N50 M98 P0004；　　　　　　　　调用 0004 号子程序加工②

N60 G50.1 XO；　　　　　　　　　X 轴镜像取消

N70 G51.1 XO YO；　　　　　　　X、Y 轴镜像开,位置为（0，0）

N80 M98 P0004；　　　　　　　　调用 0004 号子程序加工③

N90 G50.1 XO YO；　　　　　　　X、Y 轴镜像取消

N100 651.1 YO；　　　　　　　　Y 轴镜像开

N110 M98 P0004；　　　　　　　调用 0004 号子程序加工④

N120 G50.1 YO；　　　　　　　　Y 轴镜像取消

N130 MOS；　　　　　　　　　　主轴停转

N140 M30；　　　　　　　　　　程序停止并返回开始

子程序　　　　　　　　　　　　**注释**

O0004；　　　　　　　　　　　　子程序号

N10 GO1 Z-5 F50；　　　　　　　刀具下降到 z 向加工点

N20 G00 G41 X20 Y10 DO1；　　　建立刀具半径补偿

N30 GO1 Y60；　　　　　　　　加工到 Y60

N40 X40；　　　　　　　　　　加工到 X40

NSO G03 X60 Y40 R20；　　　　铣 R20 圆弧

N60 Y20；　　　　　　　　　　加工到 Y20

N70 X10；　　　　　　　　　　加工到 X10

N80 G00 XO YO;　　　　　　　　快速移动到坐标零点

N90 Z10;　　　　　　　　　　　刀具抬升至 Z10 位置

N10 M99;　　　　　　　　　　　子程序结束

注意：如果利用镜像功能加工左右对称零件，精加工工件①时为顺铣加工，使用右旋铣刀加工，主轴正转；镜像加工②时，主轴依然正传，如果使用右旋铣刀加工，则零件变为逆铣加工，此时将会影响尺寸精度。为了简化编程镜像加工时不影响表面质量，可以更换成左旋铣刀，使用 MO4 指令主轴逆转，此时零件外形依然是顺铣加工。

（四）极坐标指令 G15/G16

终点的坐标值可以用极坐标（半径和角度）输入。角度的正向是所选平面的第一轴正向的逆时针转向，而负向是沿顺时针转动的转向。半径和角度两者可以用绝对值指令或增量值指令（G90，G91）。

格式：

G16——极坐标生效。

G15——极坐标取消。

设定工件坐标系零点作为极坐标系的原点，既可以用绝对值编程指令指定半径，也可用增量值编程指令指定半径。在极坐标方式中，对于圆弧插补或螺旋线切削（G02，G03）用 R 指定半径，不能指定任意角度倒角和拐角圆弧过渡。

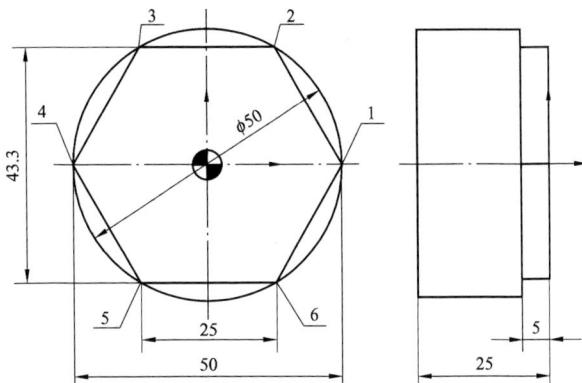

图 3-60　极坐标编程

【例3-2】 极坐标编程如图 3-60 所示。

程序

O8888;　　　　　　　　　　　程序号

N10 G54 G90 G40;

N15 G17 G15 GO Z100;　　　　程序初始化

N20 GO X35 YO 2100;　　　　　快速定位

N30 Z10;　　　　　　　　　　刀具下降到 Z10 位置

N40 M03 S500;　　　　　　　　主轴正转

N50 GO1 Z-5 F30;　　　　　　　刀具下降到切削位置

N60 G42 GO1 X25 YO Dl F60;　刀具建立半径补偿

N70 G16;　　　　　　　　　　极坐标生效

N80 Y60;　　　　　　　　　　加工1到2

N90 Y120;　　　　　　　　　　加工2到3

N100 Y180;　　　　　　　　　加工3到4

N110 Y240;　　　　　　　　　加工4到5

N120 Y300;　　　　　　　　　加工5到6

N130 G15;　　　　　　　　　极坐标取消

N140 G40 GO1 X35 YO;　　　　取消刀具半径补偿

N150 G00 Z100;　　　　　　　　快速升至 Z100 位置
N160 MOS;　　　　　　　　　　主轴停转
N170 M30;　　　　　　　　　　程序停止并返回开始

四、固定循环

固定循环与数控车的功能相同，简化编程，用于孔的加工。固定循环的 G 代码是由数据形式、返回点平面和运动方式三种 G 代码组合而成，其动作包括六种。

(1) 数据形式：绝对指令 G90 或增量指令 G91，任选一种；

(2) 返回平面点：G98 返回初始点或 G99 返回到 R 点，任选一种；

(3) 运动方式：根据工件情况选择其中一种指令。

表 3-4 列出了固定循环指令的含义。

表 3-4　　　　　　　　　　固定循环功能指令一览表

指　令	Z 方向进刀方式	孔底动作	Z 方向退刀方式	用　　途
G73	间歇进给		快速移动	高速深孔钻循环
G74	切削进给	主轴停止—主轴正转	切削进给	攻左螺纹循环
G76	切削进给	主轴定向停止	快速移动	精镗孔循环
G80				固定循环取消
G81	切削进给		快速移动	钻孔循环
G82	切削进给	暂停	快速移动	沉孔钻孔循环
G83	间歇进给		快速移动	深孔钻循环
G84	切削进给	主轴停止—主轴反转	切削进给	攻右螺纹循环
G85	切削进给		切削进给	铰孔循环
G86	切削进给	主轴停止	快速移动	镗孔循环
G87	切削进给	主轴停止	快速移动	背镗孔循环
G88	切削进给	暂停—主轴停止	手动操作	镗孔循环
G89	切削进给	暂停	切屑进给	镗孔循环

(一) 固定循环的基本动作

如图 3-61 所示，孔加工固定循环一般由六个动作组成（图中用虚线表示的是快速进给运动，用实线表示的是切削进给运动），与平面选择指令（G17、G18 或 G19）无关，即不管选择了哪个平面，孔加工都是在 XY 平面上定位并在 Z 轴方向上加工孔。

动作 1——X 轴和 Y 轴定位：使刀具快速定位到孔加工的上垂直位置。

动作 2——快进到 R 点：刀具自初始点快速进给到 R 点。

动作 3——孔加工：以切削进给的方式执行孔加工的动作。

动作 4——孔底动作：包括暂停、主轴准停、刀具反转等动作。

动作 5——返回到 R 点：继续加工其他孔且可以在安全移动刀具时选择返回 R 点。

动作 6——返回到起始点：孔加工完成后一般应选择返回起始点。

(二) 指令格式

G90/G91　G98/G99　G__ X__ Y__ Z__ R__ P__ Q__ F__ K__;

说明：

（1）固定循环指令中地址 R 与地址 Z 的数据指定与 G90 或 G91 的方式选择有关。选择 G90 方式时 R 与 Z 一律取其终点坐标值；选择 G91 方式时，R 是指自起始点到 R 点间的距离，Z 是指自 R 点到孔底平面上 Z 点的距离，如图 3 - 62 所示。

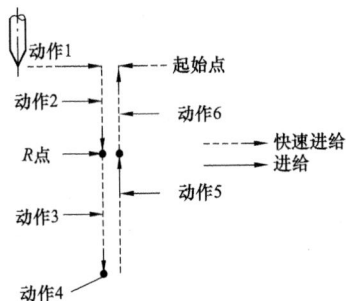

图 3 - 61　固定循环基本动作　　　　图 3 - 62　R 点和 Z 点数据指定

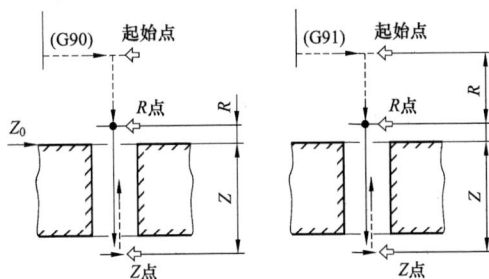

（2）起始点是为安全下刀而规定的点。当使用同一把刀具加工若干孔时，只有孔间存在障碍需要跳跃或全部孔加工完毕时，才使用 G98 功能，使刀具返回到起始点。R 点又叫参考点，是刀具下刀时自快速进给转为切削进给的转换起点。R 点距工件表面的距离主要考虑工件表面尺寸的变化，一般可取 2～5mm。使用 G99 时，刀具将返回到该点。

（3）加工盲孔时孔底平面就是孔底的 Z 轴高度；加工通孔时一般刀具还要伸出工件底平面一段距离，这主要是保证全部孔深都加工到规定尺寸。钻削加工时还应考虑钻头钻尖对孔深的影响。

（4）G73～G89 表示孔加工方式，模态指令，G80 取消固定循环。

（5）X、Y 表示孔的位置坐标。

（6）Z 孔底深度。

（7）Q 每次切削深度。

（8）P 孔底的暂停时间。

（9）F 切削进给速度。

（10）K 表示固定循环的重复次数，仅在指定的程序段内有效。

（三）钻孔循环 G81

格式：

```
G81X __ Y __ Z __ R __ F __ ;
```

（1）X、Y 表示孔的位置坐标；

（2）Z 表示孔底深度；

（3）R 表示安全平面高度；

（4）F 表示进给速度。

G81 是最简单的固定循环，它的执行过程为：X、Y 定位，Z 轴快进到 R 点，以 F 速度进给到 Z 点，快速返回初始点（G98）或 R 点（G99），孔底无动作，如图 3 - 63 所示。

（四）粗镗孔循环 G82

格式：

G82 X＿ Y＿ Z＿ R＿ P＿ F＿；

（1）X、Y 表示孔的位置坐标；

（2）Z 表示孔底深度；

（3）R 表示安全平面高度；

（4）P 表示在孔低停留时间，单位是 ms；

（5）F 表示进给速度。

G82 固定循环在孔底有一个暂停的动作，除此之外和 G81 完全相同。孔的暂停可以提高孔深的精度，如图 3 - 64 所示。

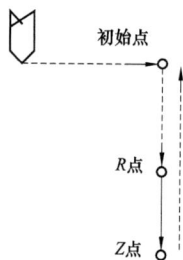

图 3 - 63　G81 加工示意图　　　　　　　图 3 - 64　G82 加工示意图

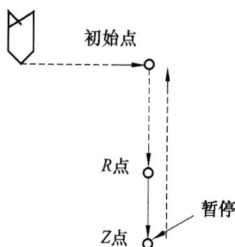

（五）高速深孔钻削循环 G73

格式：

G73 X＿ Y＿ Z＿ R＿ Q＿ F＿ K＿；

（1）X、Y 表示孔的位置坐标；

（2）Z 表示孔底深度；

（3）R 表示安全平面高度；

（4）Q 表示每次进给深度；必须用增量值指定，必须是正值；

（5）F 表示进给速度；

（6）K 表示固定循环的重复次数。

此指令动作示意如图 3 - 65 所示。在高速深孔钻削循环中，从 R 点到 Z 点的进给是分段完成的，每段切削进给完成后 Z 轴向上抬起一段距离，然后再进行下一段的切削进给，Z 轴每次向上抬起的距离为 d，由参数给定，每次进给的深度由孔加工参数 Q 给定。主要用于又深又小的孔加工，每段切削进给完成后 Z 轴抬起的动作起到了断屑、排屑、冷却等作用。

（六）深孔钻削循环 G83

格式：

G83 X＿ Y＿ Z＿ R＿ Q＿ F＿；

G83 和 G73 指令相似，从 R 点到 Z 点的进给也是分段完成的，和 G73 指令不同的是，每段进给完成后，Z 轴返回的是 R 点，然后再以快速进给速率运动到距离下一段进给起点上方 d 的位置开始下一段进给运动。每段进给的距离由孔加工参数 Q 给定，Q 始终为正值，d 的值由机床参数给定，如图 3 - 66 所示。

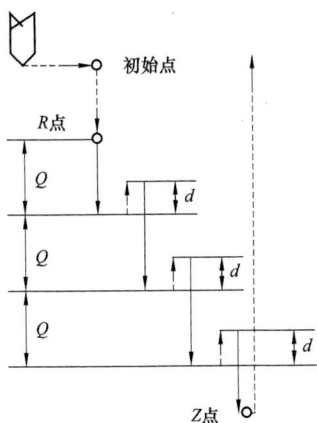

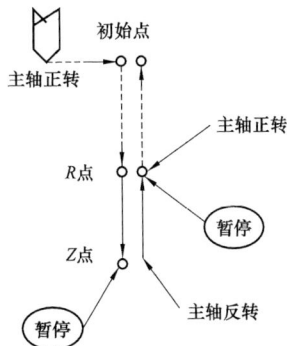

图 3-65　G73 加工示意图　　　　图 3-66　G83 加工示意图

（七）左螺纹攻丝循环 G74

格式：

G74 X＿ Y＿ Z＿ R＿ P＿ F＿;

（1）X、Y 表示孔的位置坐标；

（2）Z 表示孔底深度；

（3）R 表示安全平面高度；

（4）P 表示在孔底停留时间，单位是 ms；

（5）F 表示进给速度。

G74 指令为左螺纹固定循环，在使用左螺纹攻丝循环时，应注意循环开始以前必须给 M04 指令使主轴反转。其加工过程是快速移动到 R 点，进行攻丝并直到孔底，然后主轴正传退到 R 点，如图 3-67 所示。

（八）右螺纹攻丝循环 G84

格式：

G84 X＿ Y＿ Z＿ R＿ P＿ F＿;

除主轴旋转方向相反外，其他同 G74，如图 3-68 所示。

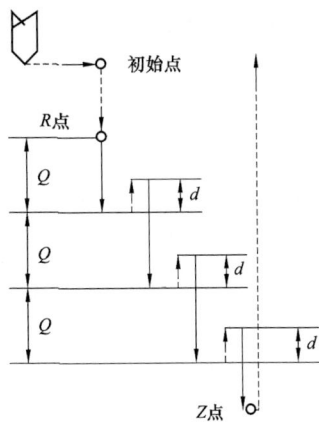

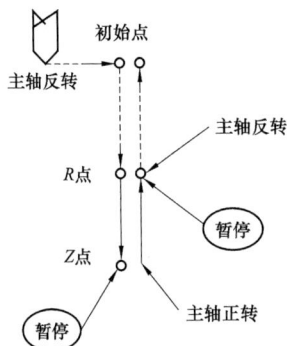

图 3-67　G74 加工示意图　　　　图 3-68　G84 加工示意图

（九）粗镗孔循环 G85/G86

格式：

```
G85 X＿ Y＿ Z＿ R＿ F＿;
G86 X＿ Y＿ Z＿ R＿ P＿ F＿;
```

G85 固定循环很简单，其加工动作过程与 G81 相同。执行过程如下：X、Y 定位，Z 轴快速到 R 点，以 F 给定的速度进给到 Z 点，以 F 给定速度返回 R 点。如果是在 G98 模式下，返回 R 点后再决速返回初始点。如图 3 - 69 所示。

G86 的执行过程和 G81 类似，不同的地方是在 G86 中刀具进给到孔底时使主轴停止，快速返回到 R 点或初始点时再使主轴以原方向、原转速旋转。由于此指令在退刀前没有让刀，回刀会把工件的表面划伤，所以 G86 一般用于粗镗或表面粗糙度要求不高的镗孔加工，如图 3 - 70 所示。

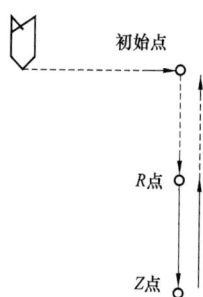

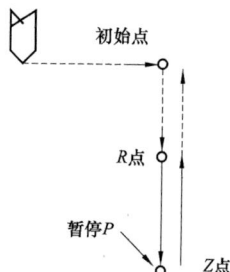

图 3 - 69　G85 加工示意图　　　　图 3 - 70　G86 加工示意图

（十）粗锉孔循环 G88/G89

格式：

```
G88/G89 X＿ Y＿ Z＿ R＿ P＿ F＿;
```

执行 G88 时，刀具先以进给的速度加工到孔底，在孔底暂停后，主轴停止转动，然后转变为手动状态，这样就可以用手动的方式安全退出刀具，如图 3 - 71 所示。

G89 与 G85 指令的动作类似，在 G85 指令加工动作上增加了孔底暂停，如图 3 - 72 所示。

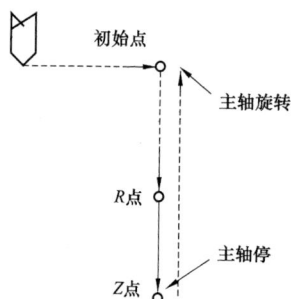

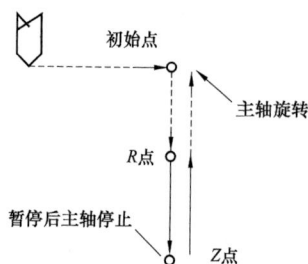

图 3 - 71　G88 加工示意图　　　　图 3 - 72　G89 加工示意图

（十一）精镗孔循环 G76

格式：

G76X＿Y＿Z＿R＿Q＿P＿F＿;

(1) X、Y 表示孔的位置坐标;

(2) Z 表示孔底深度;

(3) R 表示安全平面高度;

(4) Q 表示孔底的偏移量;

(5) P 表示在孔底停留时间,单位是 ms;

(6) F 表示进给速度。

执行该指令时,刀具先以进给的速度加工到孔底,在孔底暂停后,主轴停止转动,然后刀具沿径向偏移 Q 给定的尺寸(见图 3－73),使刀尖离开工件表面,最后把刀具升至安全点。所以 G76 指令主要用于精镗孔加工,如图 3－74 所示。

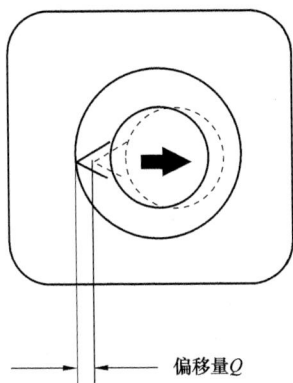

图 3－73 G76 刀具偏移量示意图

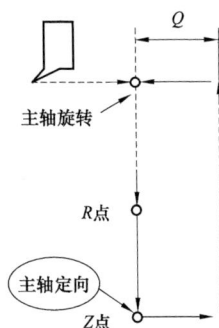

图 3－74 G76 加工示意图

(十二)反镗孔循环 G87

格式:

G87 X＿Y＿Z＿R＿Q＿F＿;

(1) X、Y 表示孔的位置坐标;

(2) Z 表示孔底深度;

(3) R 表示安全平面高度;

(4) Q 表示孔底的偏移量;

(5) F 表示进给速度。

G87 循环中,X、Y 轴定位和主轴定向后,X、Y 轴向指定方向移动由加工参数 Q 给定的距离,以快进速度运动到孔底,X、Y 轴恢复原来的位置,主轴以给定的速度和方向旋转,Z 轴以 F 给定的速度移动到 Z 点,然后主轴再次定向,X、Y 轴向指定方向移动 Q 给定的距离后,以快速进给速度返回到初始点,X、Y 轴恢复定位位置,主轴开始旋转。该指令用于图 3－75 所示的孔的加工,路线如图 3－76 所示。该指令不能使用 G99 方式编程。

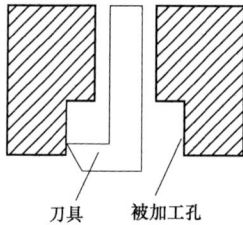

图 3-75　G87 加工零件　　　图 3-76　G87 加工示意图

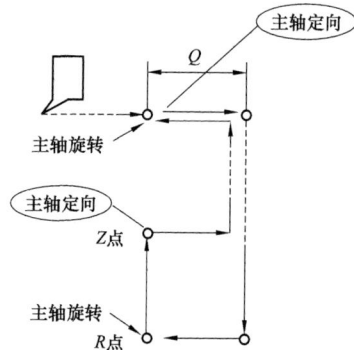

五、变量编程

用户宏程序功能允许使用变量、算术和逻辑运算以及条件分支控制，这便于普通加工程序的发展，如发展成打包好的自定义的固定循环。通过用户宏程序可以把完成某一功能的一系列指令就像使用子程序一样存入储存器，只需用一个总指令代表他们，在使用时只需给出这个总指令就能执行其功能。

（一）用户宏功能中的变量

在使用用户宏程序时，其数值可以直接指定或用法变量指定。

1. 变量表示

变量中用变量符号（♯）和其后面的变量号指定。

2. 变量类型

在 FANUC 系统中变量表示形式为♯后跟 1～4 位数字，种类有以下 3 种。

（1）局部变量。宏程序中♯1～♯33 是局部使用的变量，用于自变量转移。

（2）公共变量。公共变量用户可以自由使用，对主程序调用的各子程序及宏程序来说是可以共用的。在关掉系统电源时，♯100～♯149 的变量值被全部清除，♯500～♯509 的变量值则可以保存。

（3）变量系统。是由♯后面跟的 4 位数字来定义的，它可以读写各种 NC 数据项，包括与机床处理器有关的交换参数、机床状态参数、加工参数等系统信息。

（二）宏程序的分类

FANUC-0i 系统宏程序功能分为 A 类和 B 类两种。A 类宏程序由数控系统的厂家提供，可以实现丰富的宏功能，其中包括算术运算和逻辑运算等处理功能。B 类宏程序是由用户自己编写的，其宏功能的应用是提高数控系统使用性能的有效途径，可以实现算术运算、逻辑运算等功能。这里主要介绍 B 类宏程序。

（三）宏变量的表示形式

当指定一宏变量时，用♯后跟变量号的形式，如：♯1。在计算机上允许给变量指定变量名，但用户宏程序没有提供这种能力。

宏变量号可用表达式指定，此时表达式应包含在方括号内。如：♯[♯1＋♯2－10]。

（四）宏变量的取值范围

局部变量和全局变量取值范围分别如下：

$-10^{47}\sim-10^{-29}$，$10^{-29}\sim10^{47}$。

如计算结果无效（超出取值范围）时，系统就会发出编号 111 的错误警报。

（五）宏变量的引用

在程序中引用（使用）宏变量时，其格式为：在指令字地址后面跟宏变量号。当用表达式表示变量时，表达式应包含在一对方括号内。如：GO1 X［＃1＋＃2］F＃20。

被引用宏变量的值会自动根据指令地址的最小输入单位进行圆整。例：程序段 G00 X＃2；，给宏变量＃2 赋值 12.3456，在 1/1000mm 的 CNC 上执行时，程序段实际解释为 G00 X12.3456；。

要使被引用的宏变量的值反号，在"＃"前加前缀"—"即可。如：G00X—＃5。

当引用未定义的宏变量时，该变量前的指令地址被忽略。如：＃2＝3，＃3＝null（空），执行程序段 G00 X＃2 Y＃3，结果为 G00 XO。

宏变量不能用于程序号、程序段顺序号、程序段跳段编号。

（六）算数和逻辑运算

算术和逻辑运算中有函数运算、乘除运算、加减运算等。表 3-5 中列出的操作可以使用变量完成，表中格式列的表达式可用常量或变量与函数或运算符的组合表示。表达式中的变量＃j 和＃k 可用常量替换，也可用表达式替换。

表 3-5　　　　　　　　　　　算 数 和 逻 辑 运 算

功　能	格　式	备　注
定义	＃i＝＃j	
加法	＃i＝＃j＋＃k;	
减法	＃i＝＃j－＃k;	
乘法	＃i＝＃j*＃k;	
除法	＃i＝＃j/＃k;	
正弦	＃i＝SIN［＃j］;	
反正弦	＃i＝ASIN［＃j］;	
余弦	＃i＝COS［＃j］;	角度以度数指定，90°30′表示为 90.5 度
反余弦	＃i＝ACOS［＃j］;	
正切	＃i＝TAN［＃j］;	
反正切	＃i＝ATAN［＃j］;	
平方根	＃i＝SQRT［＃j］;	
绝对值	＃i＝ABS［＃j］;	
舍入	＃i＝ROUNND［＃j］;	
上取整	＃i＝FIX［＃j］;	
下取整	＃i＝FUP［＃j］;	
自然对数	＃i＝LN［＃j］;	
指数函数	＃i＝EXP［＃j］;	
或	＃i＝＃jOR＃k;	
异或	＃i＝＃jXOR＃k;	逻辑运算一位一位地按二进制数执行
与	＃i＝＃jAND＃k;	
从 BCD 转为 BIN	＃i＝BIN［＃j］;	用于与 PMC 的信号交换
从 BIN 转为 BCD	＃i＝BCD［＃j］;	

（七）宏语句和 NC 语句

下列程序段是宏语句：

包含算术运算和逻辑运算及赋值操作的程序段；

包含控制语句，如：GOTO、DO、END 的程序段；

包含宏调用命令，如：G65、G66、G67 或其他调用宏的 G、M 代码。不是宏语句的程序段称 NC 语句。

1. 宏语句与 NC 语句的区别

就是在程序单段运行模式下执行宏语句，机床也不停止。但当机床参数 011 的第五位设成 1 时，执行宏语句，机床用单段运行模式停止。在刀具补偿状态下，宏语句程序段不作不含运动程序段处理。

2. 与宏语句具有相同特性的 NC 语句

子程序调用程序段（在程序段中，子程序被 M98 或指定的 M、T 代码调用）仅包含 O、N、P、L 地址，和宏语句具有相同特性。包含 M99 和地址 O、N、P 的程序段，具有宏语句特性。

（八）分支和循环

在程序中可用 GOTO 语句和 IF 语句改变控制执行顺序。分支和循环操作共有三种类型：

（1）GOTO 语句表示无条件分支（转移）；

（2）IF 语句表示条件分支；其格式为 if. . . , then. . . ；

（3）WHILE 语句表示循环；其格式为 while. . . 。

（九）条件表达式

条件表达式见表 3 - 6。

表 3 - 6   条 件 表 达 式

运算符	含　义	运算符	含　义
EQ	等于	GE	大等于
NE	不等于	LT	小于
GT	大于	LE	小等于

（十）宏程序调用

宏程序可用下述方式调用：

（1）非模态调用 G65；

（2）模态调用 G66、G67；

（3）用 G 代码调用宏程序；

（4）用 M 代码调用宏程序；

（5）用 M 代码的子程序调用；

（6）用 T 代码的子程序调用。

（十一）实参描述

在 G65 后用地址 P 指定需调用的用户宏程序号；当重复调用时，在地址 L 后指定调用次数（1～99）。省略时，即定调用次数是 1。通过使用实参描述，数值被指定给对应的局部变量。

　　实参描述有两种类型，实参描述类型Ⅰ（见表3-7）可同时使用除 G、L、O、N 和 P 之外的字母各一次。而实参描述类型Ⅱ（见表3-8）只能使用 A、B、C 各用一次，使用 I、J、K 最多可以用10次。实参描述类型根据使用的字符自动判断。

表 3-7　　　　　　　　　　　　　**实参描述类型Ⅰ**

地址	变量号	地址	变量号	地址	变量号
A	#1	I	#4	T	#20
B	#2	J	#5	U	#21
C	#3	K	#6	V	#22
D	#7	M	#13	W	#23
E	#8	Q	#17	X	#24
F	#9	R	#18	Y	#25
H	#11	S	#19	Z	#26

　　注　地址 G、L、N、Q 和 P 不能用于实参；不需要指定的地址可以省略，对应于省略地址的局部变量设为空。

表 3-8　　　　　　　　　　　　　**实参描述类型Ⅱ**

地址	变量号	地址	变量号	地址	变量号
A	#1	K3	#12	J7	#23
B	#2	I4	#13	K7	#24
C	#3	J4	#14	I8	#25
I1	#4	K4	#15	J8	#26
J1	#5	I5	#16	K8	#27
K1	#6	J5	#17	I9	#28
I2	#7	K5	#18	J9	#29
J2	#8	I6	#19	K9	#30
K2	#9	J6	#20	I10	#31
L3	#10	K6	#21	J10	#32
J3	#11	I7	#22	K10	#33

　　注　I、J、K 的下标用于确定自变量指定的顺序，在实际编程中不写。

（十二）宏程序编程实例

　　加工椭圆形工件，整椭圆轨迹线加工（假定加工深度为4mm），如图3-77所示，椭圆的参数方程为 $X=64\cos A$，$Y=36\sin A$。

　　变量数学表达式：

　　设定 $\theta=$ #1（0°～360°）

　　那么 $X=$ #2 = 64acos［#1］

　　$Y=$ #3 = 32sin［#1］

　　加工程序：

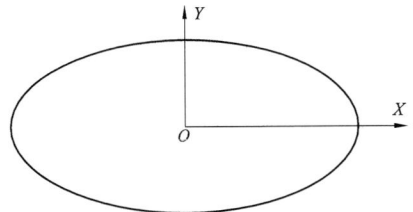

图 3-77　椭圆

```
O0001;
S1000 M03;
G90 G54 G00 Z100;
S1000 M03;
G00 X64 Y0;
G00 Z3;
GO1 Z-2 F100;
#1=0;
N99 #2=64cos[#1];
#3=32sin[#1];
G01 X#2 Y#3 F300;
#1= #1+1;
IF[#1LE360] GOTO 99;
G00 Z50;
M30;
```

第四节　数控铣程序编制实例

【例 3-3】 综合加工实例

如图 3-78 所示复杂零件，材料为硬铝，毛坯尺寸为 80mm×80mm×20mm，在数控铣床上编写零件加工程序。

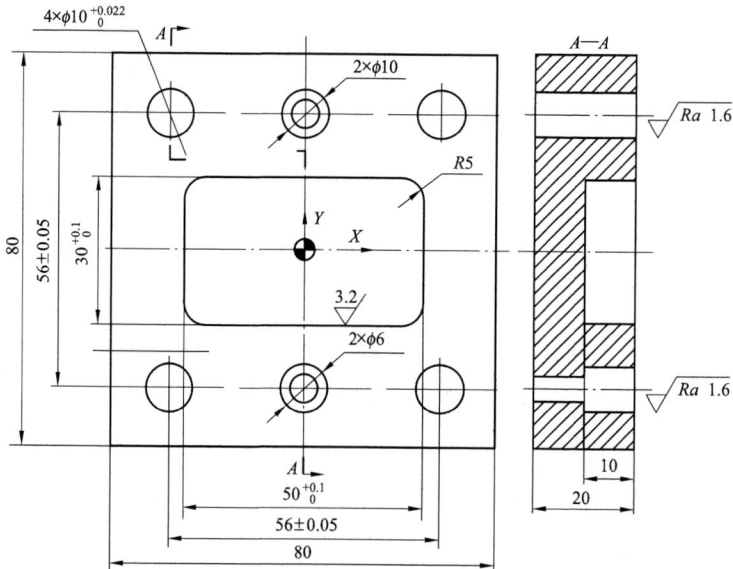

图 3-78　综合加工实例零件

1. 零件图分析

该零件由孔和内槽组成。在装夹工件时应用百分表校平面表面以保证孔、槽的深度尺寸及位置精度；当然，也可首先粗、精铣毛坯上表面，然后用键槽铣刀、立铣刀来粗、精铣内槽；两沉头孔精度较低，可采用钻中心孔＋钻孔＋铣孔工艺；$4 \times \phi 10^{+0.022}_{0}$mm 孔可采用钻中心孔＋钻孔＋铰孔方法。

2. 加工路线的确定

（1）粗铣、精铣毛坯表面，留精铣余量约 0.5mm。

（2）用中心钻钻中心孔。

（3）用 $\phi 10$ 键槽铣刀铣 2×10mm 孔及粗铣内槽。

（4）用 $\phi 10$ 立铣刀精铣内槽。

（5）用 $\phi 6$ 钻头钻 $2 \times \phi 6$ 的通孔。

（6）用 $\phi 9.7$ 钻头钻 $4 \times \phi 10^{+0.022}_{0}$mm 的底孔。

（7）用 $\phi 10$H8 机用铰孔铰 $\phi 4 \times 10^{+0.022}_{0}$mm 的孔。

3. 刀具的选择

上表面铣削用面铣刀，孔加工用中心钻、麻花钻和铰刀，凹槽加工用键槽铣刀及立铣刀。

4. 装夹方案的确定

工件采用平口钳装夹，采用垫铁支承，伸出钳口 5mm 左右，用百分表校正钳口，X、Y 方向用寻边器对刀。其他工具见表 3-9。

表 3-9　　　　　　　　　　工具、量具、刀具清单

种类	序号	名称	规格	精度（mm）	单位	数量
工具	1	平口虎钳	QH160		台	1
	2	呆扳手			把	若干
	3	平板垫铁			副	1
	4	塑胶榔头			把	1
	5	寻边器	10mm		只	1
	6	Z轴设定器	50mm		只	1
量具	1	游标卡尺	0～150mm	0.02	把	1
	2	百分表及表座	0～10mm	0.01	个	1
	3	深度游标卡尺	0～150mm	0.02	把	1
	4	内径千分尺	5～25mm	0.01	把	1
刀具	1	面铣刀	$\phi 60$		把	1
	2	中心钻	A2		个	1
	3	麻花钻	$\phi 6$、$\phi 9.7$		把	各1
	4	机用铰刀	$\phi 10$H8		把	1
	5	键槽铰刀	$\phi 10$		把	1
	6	立铣刀	$\phi 10$		把	1

5. 切削用量的选择

铝件较易切削，粗加工深度除留精加工余量外，可以一刀切除。切削速度较高，但垂直下刀的进给速度较低。具体加工工艺见表 3-10。

表 3 - 10　　　　　　　　　　　　　　　　　加 工 工 艺

刀具号	刀具规格	工序内容	进给速度 v_f(mm/min)	主轴转速 n(r/min)
T01	ϕ60 面铣刀	粗精铣毛坯上表面	100/80	600 800
T02	A2 中心钻	钻中心孔	100	1000
T03	ϕ10 键槽铣刀	铣 2×ϕ10 孔及槽加工	100	800
T04	ϕ10 立铣刀	精铣内槽	80	1000
T05	ϕ6 麻花钻	钻 2×ϕ6 通孔	100	1000
T06	ϕ9.7 麻花钻	钻 4×ϕ10$^{+0.02}$ 的底孔	100	800
T07	ϕ10H8 机铣刀	铰 4×ϕ10$^{+0.022}$ 的孔	80	1200

6. 选择工件坐标系圆点

工件坐标系 X、Y 零点应建立在工件几何中心上；为了先粗、精铣毛坯上表面，可设工件上表面为工件坐标系的 Z＝1 面。

7. 数值计算

该零件各基点坐标可以很容易算出，不特别指出，在编制程序时直接计算。

8. 程序编制

FANUC - 0i MB/MC 系统加工程序及说明，见表 3 - 11。

表 3 - 11　　　　　　　　　加工程序及说明（FANUC - 0i MB/MC 系统）

程序段号	程序内容	说　明
	O0820；	程序号
N10	G54 G90 G94 G17 G21 G40 G49 G80；	用 G54 建立工件坐标系，程序初始化
N20	T01 D01；	换 1 号刀具
N30	S600 M03 M08；	主轴正转，转速 600r/min，开切削液
N40	G00 G43 Z100 H01；	调用 1 号刀具长度补偿，Z 轴快速定位至安全高度
N50	G00 X-80 Y20 Z5；	快速定位至 X-80 Y20 Z5 处
N60	G01 Z0.5 F100；	直线进给到 Z0.5 处，进给速度 100mm/min
N70	X80；	直线进给到 X80 处
N80	G00 Z5；	快速抬刀至 Z5 处
N90	X-80 Y-20；	刀具快速移动到 X-80 Y-20 处
N100	G01 Z0.5；	直线进给到 Z0.5 处
N110	X80；	直线进给到 X80 处
N120	G00 Z5；	快速抬刀至 Z5 处
N130	X-80 Y20；	刀具快速移动到 X-80 Y20 处
N140	S800 M03；	主轴正转，转速升至 800r/min，工件表面精铣
N150	G01 Z0 F80；	刀具 Z 向进刀，进给速度 80mm/min
N160	X80；	直线进给到 X80 处
N170	G00 Z5；	快速抬刀至 Z5 处
N180	X-80 Y-20；	刀具快速移动到 X-80 Y-20 处

程序段号	程序内容	说　　明
N190	G01 Z0;	刀具 Z 向进刀
N200	X80;	直线进给到 X80 处
N210	G00 Z200;	快速抬刀至 Z200 处
N220	M09 M05 M00;	关切削液，主轴停止，程序暂停，安装 T02 刀具
N230	T02 D02;	换 2 号刀具
N240	S1000 M03 M08;	主轴正转，转速 1000r/min，开切削液
N250	G00 G43 Z5 H02;	调用 2 号刀具长度补偿
N260	G99 G81 X-28 Y28 Z-5 R3 F100;	在 X-28 Y28 处调用孔加工循环，钻中心孔深 5mm，刀具返回 R 平面
N270	X0 Y28;	在 X0 Y28 处钻中心孔
N280	X28;	在 X28 Y28 处钻中心孔
N290	Y-28;	在 X28 Y-28 处钻中心孔
N300	X0;	在 X0 X-28 处钻中心孔
N310	X-28;	在 X-28 Y-28 处钻中心孔
N320	G80 G00 Z200;	取消钻孔循环，刀具沿 Z 轴快速移动到 Z200 处
N330	M09 M05 M00;	关切削液，主轴停止，程序暂停，安装 T03 刀具
N340	T03 D03;	换 3 号刀具
N350	S800 M03 M08;	主轴正转，转速 800r/min，开切削液
N360	G00 X0 Y28;	刀具快速移动到 X0 Y28 处
N370	G0 G43 Z5 H03;	调用 3 号刀具长度补偿
N380	G01 Z-10 F100;	铣孔深 10mm
N390	G04 X4;	刀具暂停 4s
N400	Z5	刀具抬到 Z5 处
N410	G00 Y-28;	刀具快速移动到 Y-28 处
N420	G01 Z-10;	铣孔深 10mm
N430	G04 X4;	刀具暂停 4s
N440	Z5;	刀具抬到 Z5 处
N450	G00 X10 Y0;	快速定位，开始粗铣内槽
N460	G01 Z-5 F100;	刀具沿 Z 轴进刀至 Z-5 处
N470	X11;	直线进给到 X11 处
N480	Y2;	直线进给到 Y2 处
N490	X-11;	直线进给到 X-11 处
N500	Y-2;	直线进给到 Y-2 处
N510	X11;	直线进给到 X11 处
N520	Y0;	直线进给到 Y0 处
N530	X19;	直线进给到 X19 处

程序段号	程序内容	说　明
N540	Y10;	直线进给到 Y10 处
N550	X-19;	直线进给到 X-19 处
N560	Y-10;	直线进给到 Y-10 处
N570	X19;	直线进给到 X19 处
N580	Y0;	直线进给到 Y0 处
N590	Z5;	直线进给到 Z5 处
N600	G00 Z50;	刀具快速抬刀至 Z50 处
N610	X10;	刀具快速移动到 X10 处
N620	Z0;	刀具快速移动到 Z0 处
N630	G01 Z-9.7 F100;	刀具沿 Z 轴进刀至 Z-9.7 处
N640	X11;	直线进给到 X11 处
N650	Y2;	直线进给到 Y2 处
N660	X-11;	直线进给到 X-11 处
N670	Y-2;	直线进给到 Y-2 处
N680	X11;	直线进给到 X11 处
N690	Y0;	直线进给到 Y0 处
N700	X19;	直线进给到 X19 处
N710	Y10;	直线进给到 Y10 处
N720	X-19;	直线进给到 X-19 处
N730	Y-10;	直线进给到 Y-10 处
N740	X19;	直线进给到 X19 处
N750	Y0;	直线进给到 Y0 处
N760	Z5;	直线进给到 Z5 处
N770	G00 Z200;	刀具快速抬刀至 Z200 处
N780	M09 M05 M00;	关切削液，主轴停止，程序暂停，安装 T04 刀具
N790	T04 D04;	换 4 号刀
N800	S1000 M03 M08;	主轴正转，转速 1000r/min
N810	G00 X-20 Y5;	刀具快速定位到 X-20 Y5 处
N820	G00 G43 Z2 H04;	调用 4 号刀具长度补偿
N830	G01 Z-10 F80;	进给至 Z-10 处，开始精削内槽
N840	G41 G04 G01 X-10;	建立刀具半径左补偿
N850	Y-15;	直线进给到 Y-15 处
N860	X20;	直线进给到 X20 处
N870	G03 X25 Y-10 I0 J5;	逆时针圆弧插补
N880	G01 Y10;	直线进给到 Y10 处
N890	G03 X20 Y15 I-5 J0;	逆时针圆弧插补

程序段号	程序内容	说　　明
N900	G01 X-20;	直线进给到 X-20 处
N910	G03 X-25 Y10 I0 J-5;	逆时针圆弧插补
N920	G01 Y-10;	直线进给到 Y-10 处
N930	G03 X-20 Y-15 I5 J0;	逆时针圆弧插补
N940	G01 X0;	直线进给到 X0 处
N950	G40 G01 Y5;	取消刀具半径补偿，直线进给到 Y5 处
N960	Z0;	刀具沿 Z 向移动 Z0 处
N970	G00 Z200;	刀具快速移动到 Z200 处
N980	M09 M05 M00;	关切削液，主轴停止，程序暂停，安装 T05 刀具
N990	T05 D05;	换 5 号刀具
N1000	S1000 M03 M08;	主轴正转，转速 1000r/min，开切削液
N1010	G00 X0 Y28;	刀具快速定位到 X0 Y28 处
N1020	G00 G43 Z2 H05;	调用 5 号刀具长度补偿
N1030	G90 G8 3Z-24 R 5Q-5 F80	调用排屑钻孔循环，钻孔深度 24mm，刀具返回 R 平面
N1040	X0 Y-28;	继续在 X0 Y-28 处钻孔
N1050	G80 G00 Z200;	取消钻孔循环，刀具沿 Z 轴移动到 Z200 处
N1060	M09 M05 M00;	关切削液，主轴停转，程序暂停。安装 T06 刀具
N1070	T06 D06;	换 6 号刀具
N1080	S800 M03 M08;	主轴正转，转速 800r/min，开切削液
N1090	G00 X-28 Y28;	刀具快速移动到 X-28 Y28 处
N1100	G00 G43 Z5 H06;	调用 6 号刀具的长度补偿
N1110	G99 G83 Z-24 R5 Q-5 F100;	调用孔加工循环，转孔深度 24mm，刀具返回 R 平面
N1120	X28 Y28;	在 X28 Y28 处钻孔
N1130	X28 Y-28;	在 X28 Y-28 处钻孔
N1140	X-28 Y-28;	在 X-28 Y-28 处钻孔
N1150	G80 G00 Z200;	取消钻孔循环，刀具沿 Z 轴快速移动到 Z200 处
N1160	M09 M05 M00;	关切削液，主轴停转，程序暂停，安装 T07 刀具
N1170	T07 D07;	换 7 号刀具
N1180	S1200 M03 M08;	主轴正转，转速 1200r/mm，开切削液
N1190	G00 X-28 Y28	刀具快速移动到 X-28 Y28 处
N1200	G00 G43 Z5 H07;	调用 7 号刀具的长度补偿
N1210	G99 G85 Z-23 R5 F80;	调用孔加工循环，铰孔深度 23mm 刀具返回 R 平面
N1220	X28 Y28;	在 X28 Y28 处铰孔
N1230	X28 Y-28;	在 X28 Y-28 处铰孔
N1240	X-28 Y-28;	在 X-28 Y-28 处铰孔
N1250	G80 G00 Z200;	取消循环，刀具沿 Z 轴快速移动到 Z200 处
N1260	M09;	关切削液
N1270	M05 M02;	主轴停转，程序结束

思 考 与 练 习

1. 数控机床的分类有哪些?
2. 数控铣加工如何选择夹具?
3. 数控铣加工变斜角曲面如何选择机床和刀具?
4. 数控铣床对刀方法有哪些?
5. 数控铣床如何设置加工坐标系?
6. 数控铣削型腔的加工方法有哪些?
7. 数控铣的刀具编程指令有哪些?
8. 数控铣如何下刀?
9. 如图 3-79 所示,制订工艺,编制零件加工程序。

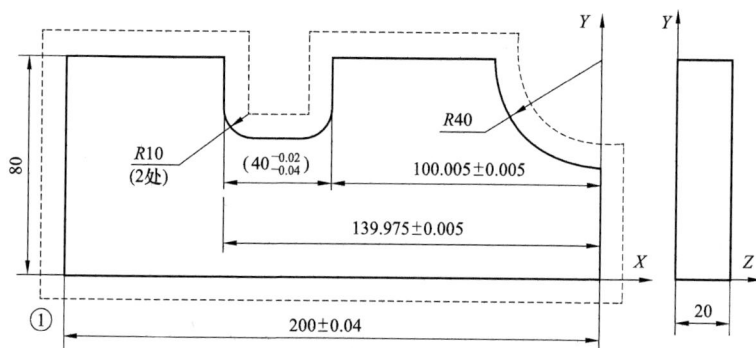

图 3-79　思考与练习 9 题图

10. 如图 3-80 所示,制订工艺,编制零件加工程序。

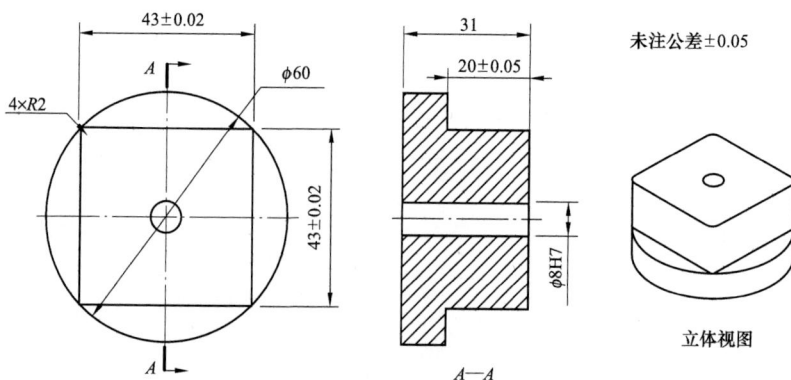

图 3-80　思考与练习 10 题图

第四章　计算机辅助数控程序编制技术

第一节　计算机辅助数控编程概述

一、计算机辅助数控编程的发展

在为复杂的零件编制数控加工程序时，刀具运行轨迹的计算非常复杂、烦琐且易出错，程序量大，手工编程很难胜任，即使能够编制出程序，往往耗费很长时间。因此，必须采用计算机辅助编制数控加工程序。

计算机辅助编程的特点是应用计算机代替人去进行数学计算、数据处理、编写程序单等复杂工作。计算机能经济地完成人无法完成的复杂零件的刀具中心轨迹的编程工作，而且能进行更快、更精确的计算，那种手工计算中经常出现的计算错误在计算机辅助编程中消失了。

从历史的发展来看，计算机辅助数控编程技术主要体现在两个方面，即用 APT（Automatically Programmed Tool）语言自动编程和用 CAD（计算机辅助设计）/CAM（计算机辅助制造）一体化数控编程语言进行图形交互式自动编程。

APT 语言编程是用专用语句书写源程序，将其输入计算机，由 APT 处理程序经过编译和运算，输出刀具轨迹，然后再经过后置处理，把通用的刀位数据转换成数控机床所要求的数控指令格式。采用 APT 语言自动编程可以将数学处理及编写加工程序的工作交给计算机去完成，从而提高了编程的速度和精度，解决某些手工编程无法解决的复杂零件的编程问题。然而，这种方法也有不足之处，由于 APT 语言是开发得比较早的计算机数控编程语言，而当时计算机的图形处理功能不强，编程环境为字符方式，所以必须在 APT 源程序中用字符语句的形式去描述本来十分直观的几何图形信息及加工过程，再由计算机处理生成加工程序，致使这种编程方法直观性差，编程过程比较复杂且不易掌握，编制过程中不便于进行错误检查。

近年计算机的图形处理功能有了很大的增强，使得零件设计和数控编程联成一体，CAD/CAM 集成数控编程系统便应运而生，它普遍采用图形交互自动编程方法，通过专用的计算机软件来实现。这种软件通常以 CAD 软件为基础，利用 CAD 软件的图形编辑功能将零件的几何图形绘制到计算机上，形成零件的图形文件，然后调用数控编程模块，采用人机对话的方式在计算机屏幕上指定被加工的部位，再输入相应的加工参数，计算机就可自动进行必要的数学处理并编制出数控加工程序，同时在计算机屏幕上动态地显示出刀具的加工轨迹。此种编程方法与手工编程和用 APT 语言编程相比，具有速度快、精度高、直观性好、使用简单和便于检查等优点。

20 世纪 90 年代中期以后，CAD/CAM 集成数控编程系统向集成化、智能化、网络化、并行化和虚拟化方向迅速发展。

二、计算机辅助数控编程的流程

计算机辅助编程流程如图 4-1 所示。

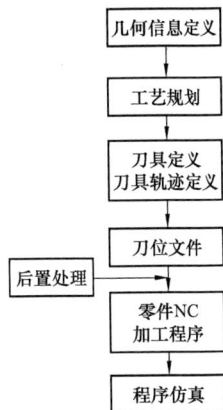

图 4-1　计算机辅助数控编程的流程

1. 广义 CAD/CAM 集成编程系统组成

CAD/CAM 系统有广义和狭义的区别，广义上从设计制造的全生命周期去理解，如图 4-2 所示，CAD/CAM 集成系统由更加广泛的内容组成，按照功能的划分，系统由四个应用子系统和一个支撑子系统组成。

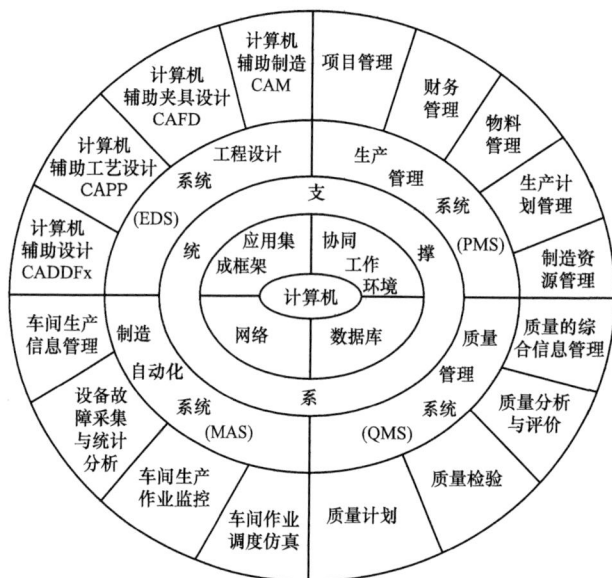

图 4-2　CAD/CAM 系统的集成

（1）生产管理系统（PMS）。包括生产计划管理、项目管理、制造资源管理、物料管理和财务管理五个子系统。

（2）工程设计系统（EDS）。包括计算机辅助设计（CAD）、计算机辅助工艺设计（CAPP）、计算机辅助夹具设计（CAFD）、计算机辅助制造（CAM）四个子系统。

（3）制造自动化系统（MAS）。包括车间生产信息管理、车间生产作业监控、车间作业调度仿真、设备故障采集与统计分析四个子系统，完成对数控加工车间层、工作站（单元）层及设备层的调度与监控。

（4）质量管理系统（QMS）。包括质量的综合信息管理、质量分析与评价、质量计划与质量检验等子系统。

（5）支撑系统。包括计算机硬件系统与软件、网络、数据库、应用集成软件框架及协同工作环境等子系统。它支持四个应用子系统间的信息集成、过程集成以及多功能协同作业。

2. 狭义 CAD/CAM 集成编程系统组成

（1）产品设计模块。对于绝大多数 CAD/CAM 系统，这是一个最基本的模块，其中应包括建模和图形处理功能。

（2）工程分析模块。对产品的结构、性能和特性的计算与分析。针对不同的产品，有各种各样的工程分析模块可供选择。

（3）工艺过程设计模块。将 CAD 数据转换为各种加工、管理信息，包括完整的工艺路线、工序卡等工艺文件，以及数控程序及其工艺信息。

（4）数控加工编程模块。与 CAD/CAM 集成系统的血缘关系最近，CAD 产品的数据在计算机内部直接转换成数控加工程序，从而改变了由人在 CAD 系统和数控机床之间参与信息转换的笨拙方式。

（5）分布式数据库。设计工作是在分布在不同地点的网络节点上完成的，所产生的文件也存在节点工作站上，所有网络节点需要共享一个工程数据库，因此要求数据库必须具有分布式功能。

（6）系统接口。这里指的是软件接口，接口相当于翻译器将一个系统的信息表达翻译给另一个系统。

本书非特别说明均指狭义 CAD/CAM 系统。

三、集成 CAD/CAM 系统介绍

（一）系统分类

集成 CAD/CAM 系统分通用系统与专用系统两大类，通用系统具有一般的数控车铣编程能力，使用范围广泛；专用系统针对某些应用领域，使用范围比较窄。另外，在通用系统上进行二次开发的专用 CAM 系统也得到了很好的发展。

（二）典型系统介绍

1. 通用软件

市场上广泛使用的软件有 UG NX、CATIA、PRO/E、MASTERCAM、EDGECAM、POWERMILL、CAXA、CIMATRON、GIBBSCAM、WORKNC、TOPSOLID、SOLID-CAM 和 FEATURECAM 等。

2. 专用软件

专用软件主要有用于瑞士型纵切机床和车削中心编程的 PartMaker，用于雕刻和刻字的 ARTCAM，用于牙科专业的 DentMill，用于钣金切割的 CNCKAD 和 PRONEST，用于叶轮加工的 NREC 等。

第二节　计算机辅助数控编程的数据获得

一、几何造型

1. 几何模型的表示方法

三维几何造型系统可以在计算机上真实、完整、清楚地描述物体。三维几何造型系统的几何造型模块中，常用的几何模型表示方法包括线框模型（Wireframe Model）、表面模型（Surface Model）和实体模型（Solid Model），如图 4-3 所示。在集成化的 CAD/CAM 系统中，三种模型表示方式共同存在。

（1）线框模型是最简单、最常用的三维造型方法，如图 4-3（a）所示。用这种模型，物体仅通过棱边，即直线、圆弧、圆和样条（Spline）等曲线来描述。这种描述方式所需信息最少，因此所占存储空间也最少，响应速度最快。但由于没有面的信息，该模型不适合用于对物体需要进行完整信息描述的场合。

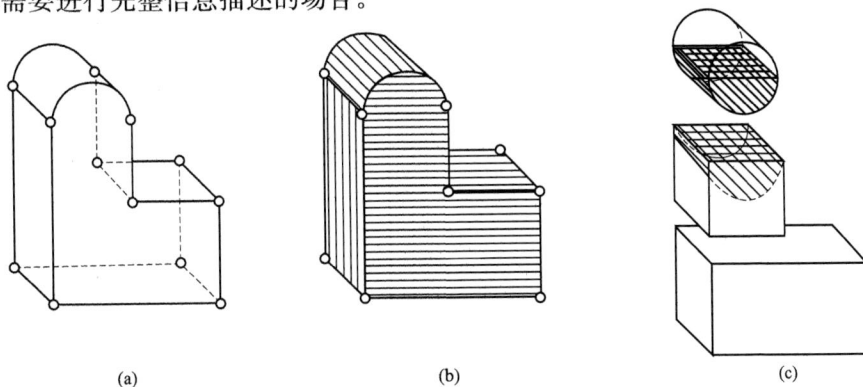

（a）　　　　　　　　　（b）　　　　　　　　　（c）

图 4-3　几何模型类别

（a）线框模型；（b）表面模型；（c）实体模型

（2）表面模型是描述物体各种表面或曲面的一种三维模型。主要适用于不能用简单的数学模型进行描述的物体，如汽车、飞机、船舶和水利机械构件的一些外表面，如图4-4所示。这种系统的要点在于由给出的离散数据构造曲面，使该曲面通过或逼近这些离散点。常用的算法有插值、逼近、拟合等，以获得完整的数学表示。

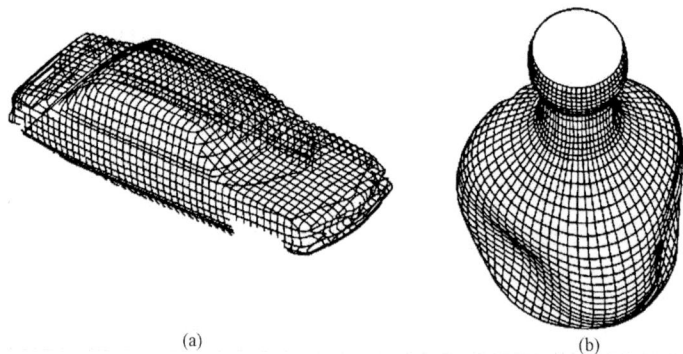

(a)   (b)

图4-4　几何模型类别

(a) 汽车表面模型；(b) 花瓶表面模型

（3）实体模型是在计算机内部以实体的形式描述现实世界的物体。利用这种模型可以完整地（具有完整的信息）、清楚地（可实现可见边的判断和消隐）描述物体。实体几何造型可采用不同的物体生成描述原理，常用的有体素法和平面轮廓扫描法等。

利用CAM软件编程过程中，对于结构形状复杂的模型采用实体模型建模，便于观察和编程及数控加工仿真；对于模具和汽车等复杂零件的表面采用表面模型；对于简单的平面类零件也可采用线框模型建模。

有时为了提高CAD/CAM软件的显示和运行效率，对一些局部的零件特征，比如装配导孔等，在实体基础模型的基础上，可以不使用实体造型技术，而使用简单的线框模型表示。

2. 实体建模表示方法

与表面建模不同，计算机内部存储的三维实体建模信息不是简单的边线或顶点的信息，而是准确、完整、统一地记录生成体各个方面的数据。常见的实体建模表示方法有边界表示法、结构实体表示法、混合表示法、空间单元表示法、扫描变换法、半空间法和参数表示法。

（1）边界表示法（Boundary Representation），简称B-Rep，如图4-5所示，是通过对集合中某个面的平移和旋转以及指示点、线、面间的连接操作来表示空间三维实体。由于是通过描述形体的边界描述形体，而形体的边界就是其内部点与外部点的分界面，所以称为边界表示法。

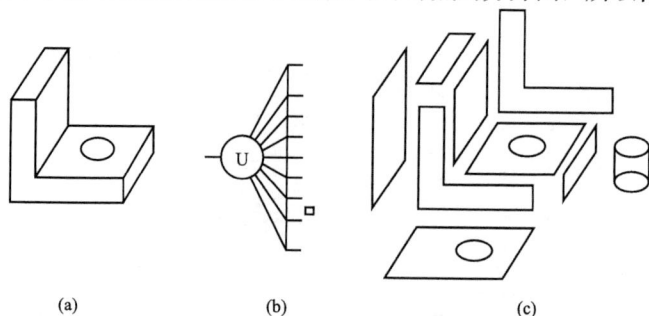

(a)   (b)   (c)

图4-5　几何模型边界表示方法

(a) 实体；(b) 操作；(c) 组成面

（2）结构实体表示法（Constructive Solid Geometry），简称 CSG 法，如图 4-6 所示，用布尔运算将简单的基本体素拼合成复杂实体的描述方法，通过有序的二叉树记录操作序列。

CSG 表示法只说明了形体怎样构造，没有指出新实体的顶点坐标、边、面的任何具体信息，故形体的 CSG 表示只是一种过程性表示，或称为非计算模型。CSG 法简洁，生成速度快，处理方便，无冗余信息。信息简单，数据结构无法存储物体最终详细信息，如边界、顶点的信息。

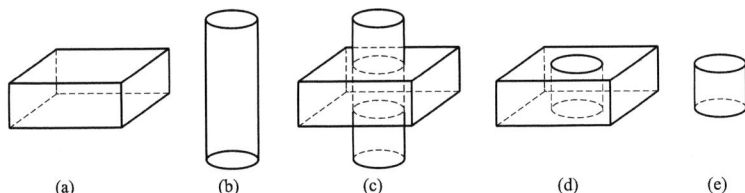

图 4-6　几何模型 CSG 法
(a) A；(b) B；(c) A∪B；(d) A−B；(e) A∩B

混合表示法（Hybird Model）建立在 B-Rep 和 CSG 法基础上，在同一 CAD 系统中将两者结合起来形成的实体定义描述法，即在 CSG 二叉树的基础上，在每个节点上加入边界法的数据结构。

CSG 法为系统外部模型，做用户窗口，便于用户输入数据、定义实体体素；B-Rep 法为内部模型，将用户输入的模型数据转化为 B-Rep 的数据模型，以便在计算机内部存储实体模型更为详细信息。

（3）混合模式是 CSG 基础上的逻辑扩展，起主导作用的是 CSG 结构，B-Rep 可减少中间环节的数学计算量，以完整地表达物体的几何、拓扑信息，便于构造产品模型。采用几种不同的表示方法，即采用两种或两种以上的数据结构形式，以便相互补充或应用于不同的目的，从而充分发挥各种表示方法的优势，取长补短。

（4）空间单元表示法也叫分割法，如图 4-7 所示，基本思想是通过一系列空间单元构成的图形表示物体，单元为具有一定大小的平面或立方体，计算机内部通过定义各单元的位置是否被实体占有来表达物体。算法比较简单，便于进行几何运算及做出局部修改，常用来描述比较复杂，尤其是内部有孔，或具有凸凹等不规则表面的实体，要求有大量的存储空间，没有关于点、线、面的概念，不能表达一个物体两部分之间的关系。

（5）扫描变换法是以沿着某种轨迹移动点、曲线或曲面的概念为基础，定义移动的形体和轨迹，如图 4-8 所示，形体可以是曲线、曲面或实体，轨迹应是可分析、可定义的。

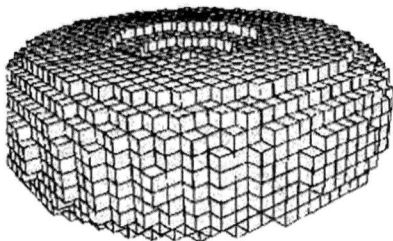

图 4-7　几何模型空间单元表示方法　　　　图 4-8　几何模型扫描变换表示方法

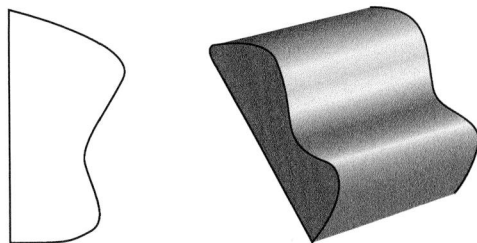

3. 特征造型

也称特征建模，是在实体建模基础上，利用特征的概念面向整个产品设计和生产制造过程进行设计的建模方法，不仅包含与生产有关的非几何信息，而且描述这些信息之间关系。

特征反映设计者和制造者的意图如下：

（1）从设计角度看，特征分为设计特征、分析特征、管理特征；

（2）从造型角度看，特征是一组具有特定关系的几何或拓扑元素；

（3）从加工角度看，特征被定义为与加工、操作和工具有关的零部件形式及技术特征。

在特征造型中，使用广泛的形状特征模型形状特征是描述零件或产品的最主要的特征，主要包括几何信息和拓扑信息。形状特征指的是反映产品零件几何形状特点的、可按一定原则加以分类的产品描述信息。

将特征引入几何造型系统为的是增加几何实体的工程意义，为各种工程应用提供更丰富的信息。不同的领域对特征的理解有所差异，如设计人员感兴趣的是使用形状特征进行设计，而制造人员感兴趣的是基于特征的制造，设计特征和制造特征并不存在着一一对应的关系，而是依赖于其应用的领域。将构成零件的特征依次加到形体上，后续特征依附于前面的特征，前面特征的变化将影响后续特征的变化。采用特征树的方法（又称为历程树方法），将特征建模的历程一一记录下来，便于特征的遍历和修改。

4. 参数化造型

传统的 CAD 技术都用固定的尺寸值定义几何元素，所输入的每一个几何元素都有确定的位置，要修改这些元素很不方便。参数化设计使产品设计图可以随着某些结构尺寸的修改而自动生成相关的图形，其主要特点是：基于特征、全尺寸约束、全数据相关、尺寸驱动设计修改。参数化造型一般是指设计对象的结构比较定型，可以用一组参数来约定其尺寸关系，如图 4-9 所示。

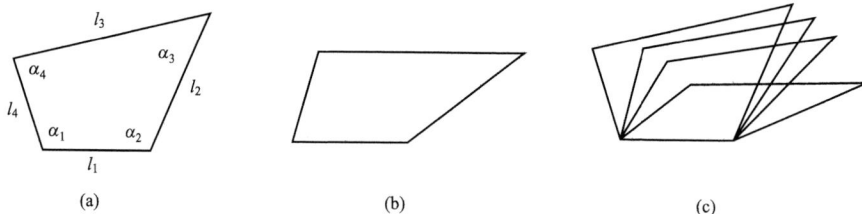

图 4-9 参数化示意

（a）参数定义；（b）参数化实例；（c）参数化族设计

5. 几何模型内核

几何模型内核是 CAD/CAM 系统的核心，承担建模数据的存储、运算和显示等核心功能。现在广泛使用的几何模型内核有 Parasolid 和 ACIS。

Parasolid 和 ACIS 不仅为计算机辅助设计、制造与工程分析（CAD/CAM/CAE）应用领域的世界领先的应用软件提供了建模基础，而且提供了通用 C 和 C++ 等接口，方便开发。

二、数据接口转换

（一）意义

在不同的 CAD/CAM 系统中交换模型数据，实现信息模型的共享。

（二）常见接口规范

1. DWG 文件

DWG 通用格式接口，是 AutoCAD 创立的一种图纸保存格式，已经成为二维 CAD 的标准格式，很多其他 CAD 为了兼容 AutoCAD，也直接使用 dwg 作为默认工作文件。

2. DXF 文件

DXF 是 Auto CAD（Drawing Interchange Format 或 Drawing eXchange Format）绘图交换文件，是 Autodesk 公司开发的用于 AutoCAD 与其他软件之间进行 CAD 数据交换的 CAD 数据文件格式。

DXF 是一种开放的矢量数据格式，可以分为两类：ASCII 格式和二进制格式；ASCII 具有可读性好，但占有空间较大；二进制格式占有空间小、读取速度快。由于 AutoCAD 现在是最流行的 CAD 系统，DXF 也被广泛使用，成为事实上的标准。绝大多数 CAD 系统都能读入或输出 DXF 文件。

DXF 文件由很多的"代码"和"值"组成的"数据对"构造而成，这里的代码称为"组码"（group code），指定其后的值的类型和用途。每个组码和值必须为单独的一行的。

DXF 文件被组织成为多个段（section），每个段以组码"0"和字符串"SECTION"开头，紧接着是组码"2"和表示段名的字符串（如 HEADER）。段的中间，可以使用组码和值定义段中的元素。段的结尾使用组码"0"和字符串"ENDSEC"来定义。

ASCII 格式的 DXF 可以用文本编辑器进行查看。DXF 文件的基本组成如下所示：

（1）HEADER 部分——图的总体信息。每个参数都有一个变量名和相应的值。

（2）CLASSES 部分——包括应用程序定义的类的信息，这些实例将显示在 BLOCKS、ENTITIES 及 OBJECTS 部分。通常不包括用于充分用于与其他应用程序交互的信息。

（3）TABLES 部分——这部分包括命名条目的定义。

1）Application ID（APPID）表；

2）Block Record（BLOCK _ RECORD）表；

3）Dimension Style（DIMSTYPE）表；

4）Layer（LAYER）表；

5）Linetype（LTYPE）表；

6）Text style（STYLE）表；

7）User Coordinate System（UCS）表；

8）View（VIEW）表；

9）Viewport configuration（VPORT）表。

（4）BLOCKS 部分——这部分包括 Block Definition 实体用于定义每个 Block 的组成。

（5）ENTITIES 部分——这部分是绘图实体，包括 Block References 在内。

（6）OBJECTS 部分——包括非图形对象的数据，供 AutoLISP 以及 ObjectARX 应用程序所使用。

（7）THUMBNAILIMAGE 部分——包括 DXF 文件的预览图。

（8）END OF FILE 文件结束部分。

实体部分（ENTITIES）包含了所绘制图形的所有数据。

例如：定义直线的数据为起点坐标和终点坐标。

格式：

AcDbline

…

x1

…
y1
…
x2
…
y2

类似地，有定义圆及圆弧的数据等。

这些数据可以通过编程将其提取出来用于其他用途。

（三）IGES 文件

初始化图形交换规范（The Initial Graphics Exchange Specification，IGES）由 ANSI 公布，为美国标准，我国的标准为 GB/T 14213—2008《初始图形交换规范》，IGES 可支持三种格式的文件，分别是 ASCII 码、压缩 ASCII 码和二进制格式。

IGES 文件由五或六段组成：

（1）标志（FLAG）段；

（2）开始（START）段；

（3）全局（GLOBAL）段；

（4）元素索引（DIRECTORY ENTRY）段；

（5）参数数据（PARAMTER DATA）段；

（6）结束（TERMINATE）段。

其中，标志段仅出现在二进制或压缩的 ASCII 文件格式中。

一个 IGES 文件可以包含任意类型、数量的元素，每个元素在元素索引段和参数数据段各有一项，索引项提供了一个索引以及包含一些数据的描述性属性；参数数据项提供了特定元素的定义。元素索引段中的每一项格式是固定的，参数数据段的每一项是与元素有关的，不同的元素其参数数据项的格式和长度也不同。每个元素的索引项和参数数据项通过双向指针联系在一起。

文件每行 80 个字符。每段若干行，每行的第 1～72 个字符为该段的内容；第 73 个字符为该段的段码；第 74～80 个字符为该段每行的序号。段码是这样规定的：字符"B"或"C"表示标志段；"S"表示开始段；"G"表示全局段；"D"表示元素索引段；"P"表示参数数据段；"T"表示结束段。

IGES 标准定义的文件格式将产品数据看作元素（Entity）的文件。每个元素是以一种独立于应用的，特定的 CAD/CAM 系统内部产品数据格式可以映射的格式来表示。IGES 作为一种逐渐成熟的标准，在 IGES 中包含的元素类型始终同步于 CAD/CAM 技术的发展。

在 IGES 数据交换文件中表示信息的基本单位就是元素，每种元素都有唯一的元素类型号与之对应。元素类型号 0000～0599 和 0700～5000 由 IGES 标准本身使用；元素类型号 0600～0699 和 10000～99999 作为宏元素。需要注意的是，元素类型号目前并没有被全部使用，有些号码是空的，不对应任何元素。一些元素包含有形式（Form）号作为一个属性，用来在固定的一个类型中进一步定义或细分一个元素。元素集中还包含一些用来表示元素之间相关性和元素性质的特殊元素。相关性元素提供了在元素间建立联系，以及这种联系所代表的含义的一种机制；特性元素允许指定一个元素或一些元素特殊的性质，如线宽。

在 IGES 标准中定义了五类元素：曲线和曲面几何元素、构造实体几何 CSG 元素、边界 B-Rep 实体元素、标注元素和结构元素。元素类型号 100～199 一般保留为几何元素的类型号。

1. 曲线和曲面几何元素

在 IGES 标准中定义了如下的曲线和曲面几何元素：

(1) 100 圆弧（Circular Arc）。

(2) 102 组合曲线（Composite Curve）。

(3) 104 二次曲线（Conic Arc）。

(4) 106 数据集（Copious Data）。

(5) 108 平面（Plane）。

(6) 110 直线（Line）。

(7) 112 参数样条曲线（Parametric Spline Curve）。

(8) 114 参数样条曲面（Parametric Spline Surface）。

(9) 116 点（Point）。

(10) 118 直纹面（Ruled Surface）。

(11) 120 旋转面（Surface of Revolution）。

(12) 122 列表柱面（Tabulated Cylinder）。

(13) 124 变换矩阵（Transformation Matrix）。

(14) 125 几何元素显示标记（Flash）。

(15) 126 有理 B 样条曲线（Rational B-Spline Curve）。

(16) 128 有理 B 样条曲面（Rational B-Spline Surface）。

(17) 130 等距曲线（Offset Curve）。

(18) 140 等距曲面（Offset Surface）。

(19) 141 边界（Boundary）。

(20) 142 参数曲面上的曲线（Curve on a Parametric Surface）。

(21) 143 有界曲面（Bounded Surface）。

(22) 144 剪裁曲面（Trimmed Parametric Surface）。

2. 构造实体几何元素

(1) IGES 标准中 CSG 体素元素如下：

1) 150 块（Block）。

2) 152 直角楔体（Right Angular Wedge）。

3) 154 正圆柱（Right Circular Cylinder）。

4) 156 正圆锥（Right Circular Cone Frustum）。

5) 158 球体（Sphere）。

6) 160 圆环（Torus）。

7) 162 旋转体（Solid of Revolution）。

8) 164 线性拉伸体（Solid of Linear Extrusion）。

9）168 椭圆体（Ellipsoid）。

（2）通过使用如下的元素，CSG 体素合并为更复杂的 CSG 实体：

1）180 布尔树（Boolean Tree）。

2）182 选择部件（Selected Component）。

3）184 实体装配（Solid Assembly）。

4）430 实体实例（Solid Instance）。

　　IGES 中的构造实体几何 CSG 元素用来支持广泛使用的实体模型 CSG 表示方法。CSG 元素类型可以分为两类：几何和结构拓扑。几何的 CSG 类型元素指体素元素，包括了从块到椭圆体的体素，一个体素模型的信息包括定义体素形状的尺寸，定义体素局部坐标系的点和向量坐标，一个任选的指向确定体素位置的变换矩阵的索引项指针。对于旋转体和线性拉伸体元素，其形状定义通过平面曲线间接地定义。结构的 CSG 类型元素有布尔树、实体实例和实体装配元素。

　　3. B-Rep 实体元素

边界表示 B-Rep 实体模型元素包括拓扑元素集、曲面元素集和曲线元素集。

（1）拓扑元素集如下：

1）186 流形 B-Rep 实体（Manifold Solid B-Rep Object）。

2）502 顶点（Vertex）。

3）504 边（Edge）。

4）508 环（Loop）。

5）510 面（Face）。

6）514 壳（Shell）。

（2）用于构造 B-Rep 实体模型的曲面元素如下：

1）114 参数样条曲面（Parametric Spline Surface）。

2）118 直纹面（Ruled Surface）。

3）120 旋转面（Surface of Revolution）。

4）122 列表柱面（Tabulated Cylinder）。

5）128 有理 B 样条曲面（Rational B-Spline Surface）。

6）140 等距曲面（Offset Surface）。

7）190 平曲面（Plane Surface）。

8）192 正圆柱面（Right Circular Cylindrical Surface）。

9）194 正圆锥面（Right Circular Conical Surface）。

10）196 球面（Spherical Surface）。

11）198 圆环面（Toroidal Surface）。

（3）用于构造 B-Rep 实体模型的曲线元素如下：

1）100 圆弧（Circular Arc）。

2）102 组合曲线（Composite Curve）。

3）104 二次曲线（Conic Arc）。

4）106/11 2D 路径（2D Path）。

5）106/12 3D 路径（3D Path）。

6) 106/63 平面封闭曲线 （Closed Planar Curve）。

7) 110 直线 （Line）。

8) 112 参数样条曲线 （Parametric Spline Curve）。

9) 126 有理 B 样条曲线 （Rational B - Spline Curve）。

10) 130 等距曲线 （Offset Curve）。

4. 标注图形元素

IGES 标准中定义的标注图形元素包括：

(1) 106 数据集 （Copious Data）。

(2) 202 角度尺寸标注 （Angular Dimension）。

(3) 204 曲线尺寸标注 （Curve Dimension）。

(4) 206 直径尺寸标注 （Diameter Dimension）。

(5) 208 标识注解 （Flag Note）。

(6) 210 一般标注 （General Label）。

(7) 212 一般注解 （General Note）。

(8) 213 新一般注解 （New General Note）。

(9) 214 箭头标注 （Leader 或 Arrow）。

(10) 216 直线尺寸标注 （Linear Dimension）。

(11) 218 坐标尺寸标注 （Coordinate Dimension）。

(12) 220 点尺寸标注 （Point Dimension）。

(13) 222 半径尺寸标注 （Radius Dimension）。

(14) 228 一般符号 （General Symbol）。

(15) 230 剖面区域 （Sectioned Area）。

许多标注元素是用其他元素来构造。例如，尺寸元素由 0、1 或 2 个指向参考线元素的指针，0、1 或 2 个指向箭头元素的指针和一个指向一般注解元素的指针。

5. 结构元素

IGES 中结构元素包括：

(1) 0 空元素 （Null）。

(2) 132 连接点 （Connect Point）。

(3) 134 有限元结点 （Node）。

(4) 136 有限元元素 （Finite Element）。

(5) 138 结点的位移或旋转 （Nodal Displacement and Rotation）。

(6) 146 结点值 （Nodal Results）。

(7) 148 元素值 （Element Results）。

(8) 302 相关性定义 （Associatively Definition）。

(9) 304 线型定义 （Line Font Definition）。

(10) 308 子图定义 （Subfigure Definition）。

(11) 310 字体定义 （Text Font Definition）。

(12) 312 文本显示方式 （Text Display Template）。

(13) 314 颜色定义 （Color Definition）。

（14）316 单位数据（Units Data）。

（15）320 网络子图定义（Network Subfigure Definition）。

（16）322 属性表定义（Attribute Table Definition）。

（17）402 相关性实例（Associatively Instance）。

（18）404 图纸（Drawing）。

（19）406 特性（Property）。

（20）408 单子图实例（Singular Subfigure Instance）。

（21）410 视图（View）。

（22）412 方阵子图实例（Rectangular Array Subfigure Instance）。

（23）414 圆周阵子图实例（Circular Array Subfigure Instance）。

（24）416 外部基准（External Reference）。

（25）418 结点加载和约束（Nodal Load and Constraint）。

（26）420 网络子图实例（Network Subfigure Instance）。

（27）422 属性表实例（Attribute Table Instance）。

（28）600～699 宏实例（Macro Instance）。

（29）10000～99999 用户宏定义［Macro Definition（User）］。

（四）STEP 文件

STEP（STandard Exchange of Product data model）标准是一个关于产品数据的计算机可理解的表示和交换国际标准。其目的是提供一种不依赖于具体系统的中性机制，能够描述产品整个生命周期中的产品数据。产品生命周期包括产品的设计、制造、使用、维护、报废等整个周期。这种描述不仅适合于中性文件转换，而且是实现和共享产品数据库以及存档的基础。产品在生命周期的各个过程产生的信息既多又复杂，而且分散在不同的部门和地方。这就要求产品信息应以计算机能理解的形式表示，而且在不同的计算机系统之间进行交换时保持一致和完整。产品信息的交换包括信息的存储、传输、获取和存档。产品数据的表达和交换，构成了 STEP 标准。STEP 把产品信息的表达和用于数据交换的实现方法区别开来。

STEP 标准包括标准的描述方法、集成资源、应用协议、实现形式、一致性测试和抽象测试五个方面的内容。

1. 标准的描述方法

STEP 的体系结构由应用层、逻辑层、物理层三个层次构成。最上层是应用层，包括应用协议及对象的抽象测试集，这是面向具体应用的一个层次。第二层是逻辑层，包括集成通用资源和集成应用资源及由这些资源建造的一个完整的产品模型。它从实际应用中抽象出来，并与具体实现无关。最低层是物理层，包括实现方法，给出具体在计算机上的实现形式。

STEP 采用参照模型和形式定义语言进行模型的描述。参照模型可以用来构造其他的模型。不论是应用层还是逻辑层，均由许多参照模型组成。高层次的参照模型可以由低层次的参照模型构成。

EXPRESS 语言是 IPO（IGES/PDES Organization）专门开发的形式定义语言。采用形式化数据规模规范语言的目的是保证产品描述的一致性和无二义性，同时也要求它具有可读性及能被计算机所理解。EXPRESS 语言就是根据这些要求制订的，它是一种信息建模语言，它提供了对集成资源和应用协议中产品数据进行标准描述的机制。

有关 EXPRESS 语言的详细内容见 ISO 10303—11 标准 EXPRESS 语言参考手册。

2. 集成资源

STEP 逻辑层统一的概念模型为集成的产品信息模型，又称集成资源。它是 STEP 标准的主要部分，采用 EXPRESS 语言描述。集成资源提供的资源是产品数据描述的基础。集成资源分为通用资源和应用资源两类，通用资源在应用上有通用性，与应用无关；而应用资源则描述某一应用领域的数据，它们依赖于通用资源的支持。

通用资源部分有产品描述与支持的原理、几何与拓扑表示、结构表示、产品结构配置、材料、视图描绘、公差和形状特征等。应用资源部分有制图、舱体结构和有限元分析等。

产品描述与支持的基本原理包括通用产品描述资源、通用管理资源及支持资源三部分。应用资源部分有制图、舱体结构和有限元分析等。

关于集成资源标准的详细内容见 ISO 10303—41~48，ISO 10303—101~105 等标准。

3. 应用协议

STEP 标准支持广泛的应用领域，具体的应用系统很难采用标准的全部内容，一般只实现标准的一部分，如果不同的应用系统所实现的部分不一致，则在进行数据交换时，会产生类似 IGES 数据不可靠的问题。为了避免这种情况，STEP 计划制订了一系列应用协议。所谓应用协议只是一份文件，用以说明如何用标准的 STEP 集成资源来解释产品数据模型文本，以满足工业需要。也就是说，根据不同的应用领域的实际需要，确定标准的有关内容，或加上必须补充的信息，强制要求各应用系统在交换、传输和存储产品数据时应符合应用协议的规定。关于应用协议的标准详细内容见 ISO 10303—202~ISO 10303—208 标准。

4. 实现形式

STEP 标准将数据交换的实现形式分为四级：第一级为文件交换；第二级为工作格式（Working Form）交换；第三级为数据库交换；第四级为知识库交换。对于不同的 CAD/CAM 系统，可根据对数据交换的要求和技术条件选取一种或多种形式。

文件交换是最低一级。STEP 文件有专门的格式规定，利用明文或二进制编码，提供对应用协议中产品数据描述的读和写操作，是一种中性文件格式。STEP 文件含有两个节：首部节和数据节。首部节的记录内容为文件名、文件生成日期、作者姓名、单位、文件描述、前后处理程序名等。数据节为文件的主体，记录内容主要是实体的实例及其属性值，实例用标识号和实体名表示，属性值为简单或聚合数据类型的值或引用其他实例的标识号。各应用系统之间数据交换是经过前置或后置处理程序转化为标准中性文件进行交换的。某种 CAD/CAM 系统的输出经前置处理程序映射成 STEP 中性文件，STEP 中性文件再经后置处理程序处理传至另一 CAD/CAM 系统。在 STEP 应用中，由于有统一的产品数据模型，由模型到文件只是一种映射关系，前后处理程序比较简单。

工作格式交换是一种映射关系，前后处理程序比较简单。工作格式交换是一种特殊的形式，它是产品数据结构在内存的表现形式，利用内存数据管理系统使要处理的数据常驻内存，对它进行集中处理，即利用内存数据管理系统产生一个数据管理环境，利用这个数据环境对工作格式（WF）中的数据进行操作，产生 STEP 文件。其特点是待处理的数据常驻内存，可对它进行集中处理，故提高了运行速度；另外，不必考虑数据的存储方式、指针、链表的维护，减轻了设计人员的负担。

数据库交换方式是通过共享数据库实现的。产品数据经数据库管理系统 DBMS 存入数据库，每个应用系统可以从数据库取出所需的数据，运用数据字典，应用系统可以向数据库系统直接查询、处理、存取产品数据。

知识库交换是通过知识库来实现数据交换的。各应用系统通过知识库管理向知识库存取产品数据，它们与数据库交换级的内容基本相同。

关于标准数据访问的详细内容见 ISO 10303—22。

5. 一致性测试和抽象测试

即使资源模型定义得非常完善，但经过应用协议，在具体的应用程序中，其数据交换是否符合原来意图，也需经过一致性测试。STEP 标准具有一致性测试过程、测试方法和测试评估标准，详细内容见 ISO 10303—31～ISO 10303—34 标准。

（五）利用几何模型内核进行数据交换

利用 PARASOLID 和 ACIS 的内核交换文件 X＿T 和 SAT 文件进行数据交换。

（六）STL 文件

STL 文件是一种由小三角形面片组成的集合，是快速成形上广泛采用的文件。如

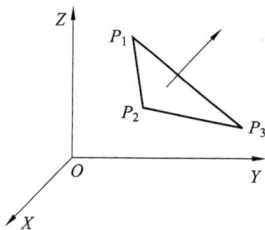

图 4-10 STL 三角面片

图 4-10 所示，几何上，每一个三角形面片用三个顶点表示，每个顶点由其坐标（X，Y，Z）表示。由于必须指明材料包含在面片的那一边，所以每个三角形面片还必须有一个法向，用（X_n，Y_n，Z_n）表示。

1. STL 文件格式的优点

（1）数据格式简单，分层处理方便，与具体的 CAD 系统无关；

（2）对原 CAD 模型的近似度高。原则上，只要三角形的数目足够多，STL 文件就可以满足任意精度要求；

（3）具有三维几何信息，而且是用面片表示，可直接作为有限元分析的网格；

（4）为几乎所有 RP 设备所接受，已成为大家默认的 RP 数据转换标准。

2. STL 文件格式的缺点

（1）模型精度有损失（近似描述、坐标精度损失）；

（2）不含 CAD 拓扑关系、材料等属性信息；

（3）文件数据量大，冗余量大；

（4）易产生重叠面、孔洞、法向量和交叉面等错误及缺陷。

3. STL 文件格式

```
Solid [零件名]
    facet normal nx, ny, nz
    outer loop
        vertex V1x, V1y, V1z
```

```
        vertex V2x，V2y，V2z
        vertex V3x，V3y，V3z
    endloop
  endfacet
  ...
```

Solid 和 Endsolid 后接的零件名为可选项。

STL 文件有 ASCII 码和二进制码两种输出格式，ASCII 码输出格式如下：

```
facet normal    0.000000e+00 0.000000e+00 1.000000e+00
    outer loop
        vertex    2.029000e+00 1.628000e+00 9.109999e-0.1
        vertex    2.229000e+00 1.628000e+00 9.109999e-0.1
        vertex    2.229000e+00 1.672000e+00 9.109999e-0.1
    endloop
  endfacet
```

（七）直接接口

有些软件可以读取业界广泛使用的 UG、PRO/E、CATIA 等软件的数据库，避免了中间数据转换，提高了数据传递的精确性。

（八）应用实例

如图 4-11 所示，在 Edgecam 中，可读入多种其他数据接口文件。

三、仿形和数字化

（一）传统仿形机床

仿形机床是按照样板或靠模控制刀具或工件的运动轨迹进行切削加工的半自动机床。若配以机床上下料装置，仿形机床可实现单机自动化或纳入自动化生产线中。某些通用机床带有仿形装置附件，也可实现仿形加工。仿形运动可以分为平面仿形和立体仿形等。1578 年，法国的 J. 贝松首次用仿形法加工木制装饰品和螺纹，此后机械仿形机床随之出现，至 19 世纪

图 4-11　Edgecam 数据读入

得到推广。20 世纪 70 年代以后，由于电子技术和数字控制机床发展较快，仿形机床逐渐减少。

如图 4-12、图 4-13 所示，仿形机床的控制方式有直接作用式（如机械仿形）和随动作用式（如液压仿形、电仿形等）两种。直接作用式仿形机床是把仿形触头与刀具刚性连接，弹簧力或重锤使仿形触头与样板保持接触，机床工作台纵向移动时，样板曲面传力给仿形触头，使刀具执行仿形运动。这种控制方式的缺点是样板上承受的压力大，仿形精度不高。随动作用仿形机床是把样板给仿形触头的位移信号转换成电信号（电压）或液压信号（压力差），经功率放大后驱动机床执行部件。采用这种控制方式，样板和触头承受压力较小。仿形机床包括仿形车床、仿形铣床和仿形刨床等。此外，还有某些专用仿形机床，如叶

片仿形铣床、模具仿形铣床、螺旋桨仿形铣床等。

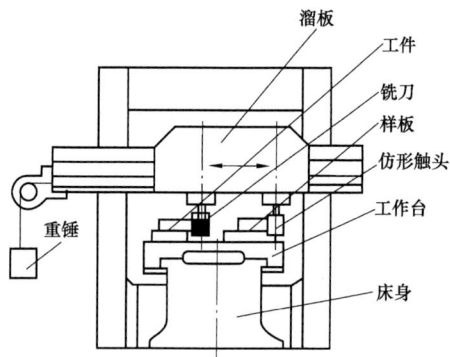

图 4 - 12　直接作用式仿形铣床原理

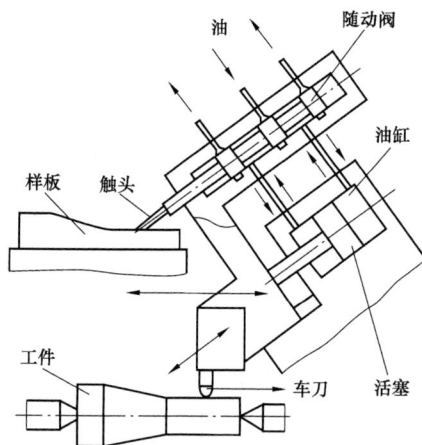

图 4 - 13　液压随动作用式仿形车床原理

（二）仿形和数字化

受传统机床的设计思想启迪，增加先进的传感器设计了机床的仿形功能，用于实样的数控加工，省略了"测量—数学建模—试切—修正模型—再试切"的流程，通过数字化可记录零件实样的加工位置坐标信息，用于下次的直接加工，也可以将记录数据输入 CAD/CAM 软件中进行数据模型重构。

（三）仿形和数字化流程

1. 加装仿形头

以典型机床为例，如图 4 - 14 所示，定义倾斜仿形头的空间位置。

图 4 - 14　设置仿形头位置

2. 仿形头校准

如图4-15所示，运行仿形头校准自动循环，在一个安装在工作台上的平行六面体（或方块）上执行 X、Y 和 Z 向的校准。

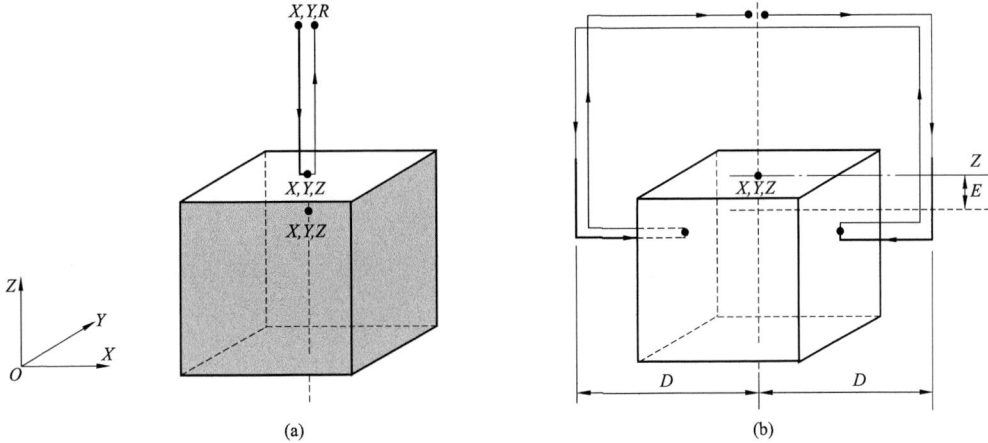

图4-15　仿形头校准
(a) Z 向校准；(b) X 向校准

3. 设置仿形参数

设置仿形坐标原点、进给量、转速和步进速度。

4. 设置仿形模式

设置手动仿形还是自动仿形，仿形模式是机床自动执行仿形数据记录时的测头运行方式，常见的仿形模式如图4-16～图4-19所示。

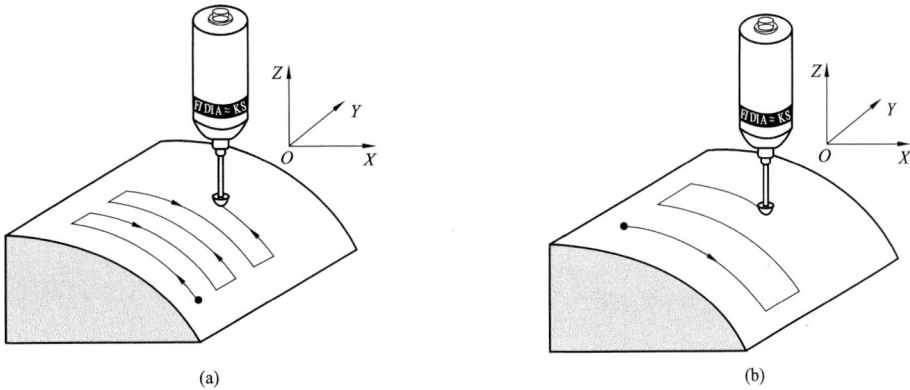

图4-16　自动仿形模式1
(a) XZ 面带式仿形，坐标步进；(b) ZX 面带式仿形，X 坐标步进

5. 设置仿形区域限位

记录仿形区域的限位，如图4-20所示，限位区域可以通过坐标轴和坐标平面定位，也可以通过系列折线定义。

图 4 - 17　自动仿形模式 2

(a) XZ 面带式仿形，Y 坐标步进；(b) 快速步进摆动仿形

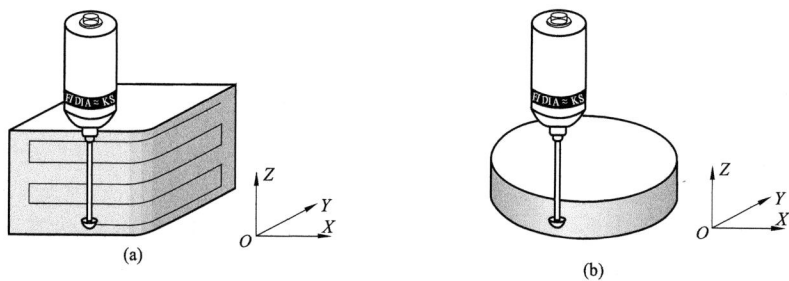

图 4 - 18　自动仿形模式 3

(a) 带式轮廓仿形；(b) 2D 轮廓仿形

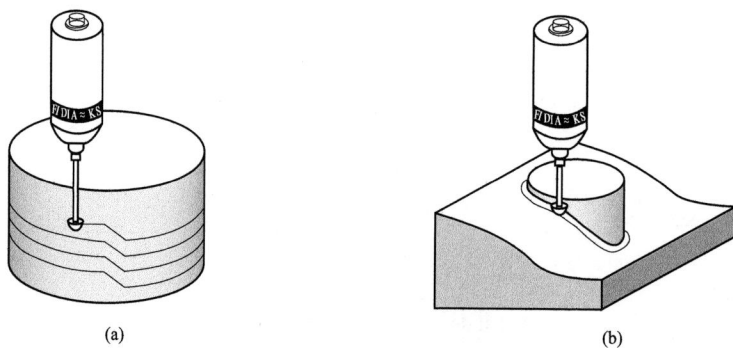

图 4 - 19　自动仿形模式 4

(a) 啄进式轮廓仿形；(b) 3D 轮廓仿形

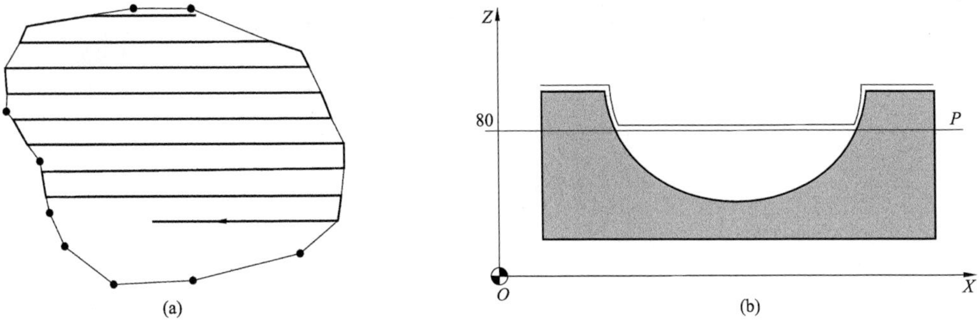

图 4 - 20　仿形限位
(a) 折线限位；(b) 平面限位

6. 执行仿形操作

执行仿形操作，记录仿行数据，直接加工或输入 CAD 系统进行后续处理。

四、逆向工程

(一) 意义

逆向工程（Reverse Engineering，RE），也称反求工程、反向工程，起源于精密测量和质量检验，它是设计下游向设计上游反馈信息的回路。20 世纪 90 年代以来，逆向工程技术被放到大幅度缩短新产品开发周期和增强企业竞争能力的主要位置上。

逆向工程是在没有设计图纸或者设计图纸不完整，以及没有 CAD 模型的情况下，对零件原型进行测量得到零件的设计图纸或 CAD 模型，并以此为依据利用快速成型复制出相同的零件。

当设计需要通过实验验证才能定型的工件模型时，通常采用逆向工程技术。比如设计飞机机翼时，为了满足空气动力学的要求，首先要求在初始设计模型上进行各种性能试验建立符合要求的产品模型，最终的实验模型将成为制造这类零件的依据。另外，修复破损的艺术品或缺乏供应的零件；医学上骨头、关节、牙齿和假肢的制作；服装、鞋子、头盔和首饰的定制，都可以借助逆向技术。

(二) 流程

典型的逆向工程流程如图 4 - 21 所示。

(三) 关键技术

逆向工程技术集成的关键技术包括数据采集、数据处理、曲面重构、再设计、曲面品质分析及优化、快速成型和数控加工等。

实物样件的数字化通常采用三坐标测量机或激光扫描等测量装置来获取其表面点的三维坐标值点云，文件以 IGES 格式、STL 格式、STEP 格式和 Parasolid 格式存储。近年来，随着光电技术、微电子技术以及计算机技术等相关技术的快速发展，出现了各种各样的样件表面数字化方法。

数据预处理主要包括点云数据平滑，噪声数据、异常数据的去除，压缩和归并冗余数据，遗失点补齐，数据分割，多次测量数据和图像的数据定位、对齐，对称零件的对称基准重建等。经过数据预处理之后，一般可有效地提高测量数据的精度。

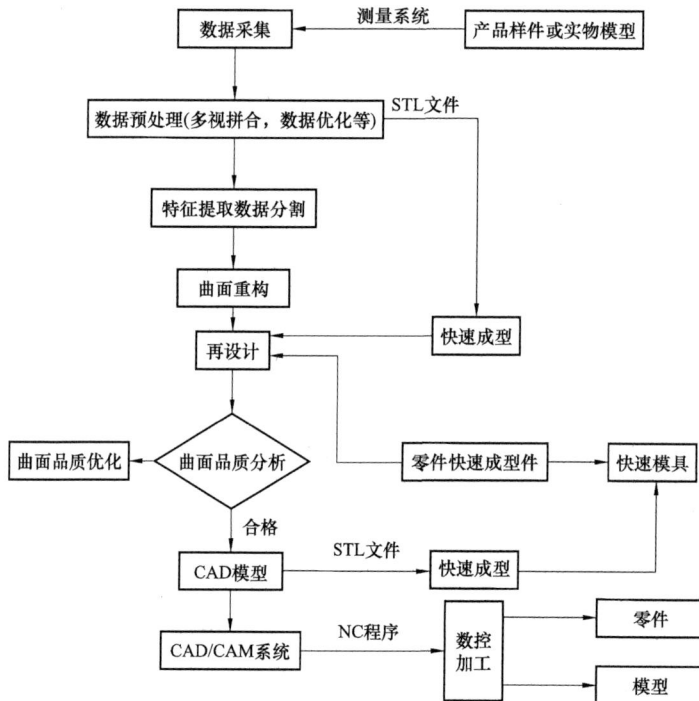

图 4-21　逆向工程流程

　　点云数据在完成多视拼合后，生成 STL 文件，并对数据进行优化，然后输入快速成型设备，产生快速原型件。STL 文件的生成中，正确建立各点之间的拓扑关系，形成三角平面片是关键，必须对给定的数据点进行三角剖分。三角剖分又可分为对数据投影域的剖分和在空间直接剖分两种类型，目标是使散乱的数据点在空间连接成最优的三角网格，尽量接近 Delaunay 三角化。

　　STL 格式文件在实际应用中构造灵活、方便，但在面向快速原型制造的应用中，这种文件体积庞大，信息冗余，为满足精度，必须对其进行优化。数据优化的基本原则是在曲面较平坦的范围内合理减少三角平面片的数量。

　　数据预处理结束后，进行特征提取、数据分割，将复杂的数据处理问题简化。按照原形所具有的特征，将数据分割成不同的区域分别拟合曲面，然后应用曲面求交或者曲面间过渡的方法连接曲面。数据分割的方式包括自动分割和手工分割两种。

　　自动分割方式又分为：

　　1. 基于线的方法

　　通过寻求边界点来构造边界线，根据目标点周围的点集的几何和数值微分特性等线性信息完成边界点的找寻。此法存在的问题是容易产生对边界点的错误跟踪，不能完全保证构成封闭的边缘。

　　2. 基于面的方法

　　寻求连续点域内具有某些特定参数（高斯曲率）的点集面。首先给某个区域的点集赋予一个曲面表达形式，然后按由近及远的顺序向外扩展，同时不断检验曲面的拟合程度，直至误差超出预定要求时停止。此法虽然对光滑边界的检测困难，但稳定性高，实际应用范围很广。

手工分割是反推原始设计意图，显然目前的智能识别系统还不能达到这样的水平。一般可以利用点云曲率彩色云图等软件工具根据颜色来进行特征提取和数据分割。

曲面重构是从测量数据中提取实物原件的几何特征，并按测量数据的几何属性对其进行分割，采用几何特征匹配与识别的方法，来获取实物原件所具有的设计与加工特征。实物原件 CAD 模型的重建是将分割后三维数据在 CAD 系统中分别做表面模型的拟合，并通过各表面片的求交与拼接获取实物原件的 CAD 模型。在数据分割的基础上，首先辨明不同的点云数据类型，然后根据不同类型的点云模型，选择不同的曲面构建方法。点云模型基本分为规整型、自由形态型、混合型三种类型。

实物模型或样件的曲面重构完成后，需进行逆向工程再设计。在逆向工程中，再设计环节的要求来自三方面：

(1) 直接来自新产品开发设计的创新要求；

(2) 来自快速原型件外观、结构、性能分析的一次反馈信息；

(3) 来自零件快速成型件的外观、结构、性能分析的二次反馈信息。

误差分析是重建 CAD 模型的检验与修正。将获得的 CAD 模型与原始点云数据进行比较，检验重建的 CAD 模型是否满足精度或其他试验性能指标的要求，对不满足要求者需改进重建方法以获取更高的精度，直到满足产品设计要求。

误差分析是重构曲面精度的保证，在曲面拟合中，利用测量点的参数直接计算出测量点的对应位置，将其与测量点的参数比较即得出测量点的误差。可以用一定数量测量点的最大拟合偏差、最小拟合偏差和标准差来评价曲面对数据点的拟合程度，或者用平均误差来评价曲面的逼近程度。

为了直观地表达曲面对点云数据的拟合程度，可以用两种彩色云图来表示：一种是用线段来表示的拟合误差图，即直接用数据点和曲面上最近点的连线表示误差大小。线段的方向和数据点的投影方向一致，长度代表在该点曲面拟合误差的大小。另一种是用不同颜色表示的拟合误差图，即用不同颜色显示不同误差范围的点。以数据点的拟合误差驱动其颜色级差，根据颜色可以了解误差的分布情况，以及曲面各个部分的拟合精度。

快速成型制作是将制造数据传输到成型机中，快速成型出实物原件的过程，是快速成型技术的核心。快速成型机加载成型数据文件，选择工艺参数，选择制作模式，开始零件的加工工作。快速成型机将 CAD 模型在某个方向上分成一系列具有一定厚度的薄层，再将每层的几何形状信息转换成控制成型机运动的数控（NC）代码，成型机根据控制指令进行三维扫描，同时进行层与层的粘接。

（四）工程软件

具有代表性的逆向工程软件有 ImageWare、Surfacer、Geomagic、Paraform、Quick Shape、Copy CAD、Surface Reconstruction、DigiSurf、Mimics 和 SurfaceStudio 等。

（五）实例

某零件的逆向建模如图 4-22 所示。

五、编程建模组织

选好 CAD/CAM 软件，CAM 尽量同主要 CAD 软件做到无缝对接。建模尽量选用实体

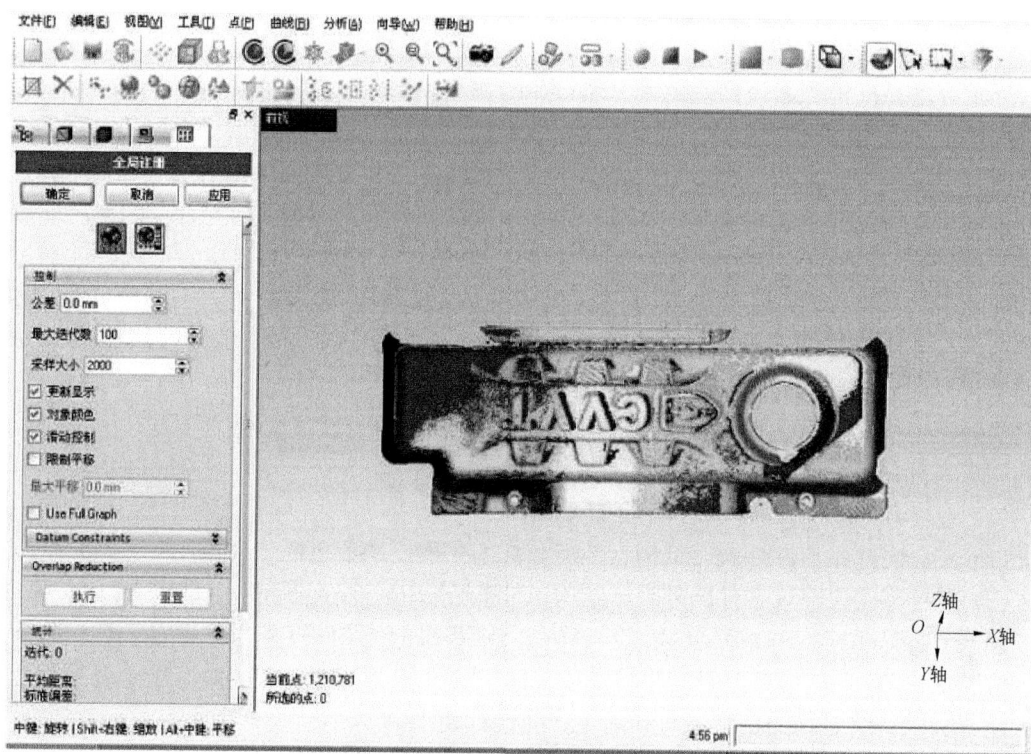

图 4 - 22　逆向建模实例

模型，个别无歧义元素可选择表面和线框模型。

　　编程为工艺服务，建模为编程服务。一个零件可有多个 CAM 模型，按照工艺需求构建 CAM 模型。建模应该有统一的标准，各企业应该制定强制性标准，利于程序编制的标准化。针对典型零件应建立指导性建模文件，利用详细的实例按建模步骤给出建模示意。建模时充分体现制造的工艺性，模型中除必要的基准元素外不允许出现冗余元素，建模的尺寸按名义尺寸建模，名义尺寸尽量按对称公差给出，按照加工的特征成形顺序建模，尽量采用草图、参数化特征和构造 CSG 法建模，草图应尽量体现零件的剖面，草图中不应出现欠约束和过约束，对于细节特征，不影响设计意图和制造的情况下可以进行简化。零件模型空间的数据字节数应该尽量少，零件的复杂性应尽量简单。

　　尽量使用编程模板编制程序，编程操作按照下发的企业典型件编程指导文件执行。制造文件名以设计文件名基础上增加设计人、日期版次、机床和坐标系等信息。制造文件每个应含有一个独立的加工坐标系，零件不同版次应该只在有区别的特征处重新编制数控程序。

　　加工操作名称、前置文件名称、后置文件名称和机床文件名称应统一，应该使用具有明确制造含义的汉语拼音或英语首字母缩略语。

　　编程操作应尽量在原始实体模型上完成，需要进行制造工艺模型改造的，应该将改造后元素放在规范的层内便于日后修改。粗、精加工分别建立模型，粗、精加工操作定义尽量使用厚度语句和余量语句实现，避免"大刀具定义、小刀具加工"的留余量方式。所有机床用程序不允许对加工操作自动生成的程序进行手工修改。刀具选用规范，不选用非标刀具，刀具切削参数按数据库数据。

第三节　刀具轨迹的处理

一、刀具轨迹生成

1. 曲面拟合最小步长

进给步长的计算依据是控制加工误差的大小。加工精度要求越高，进给步长越小，编程速度和加工效率就越低，所以，应在满足加工精度要求的前提下，尽量加大进给步长，以提高编程速度和加工效率。

经验表明，估计局部最小进给步长时可用直线逼近误差作为控制误差的依据，进给步长与直线逼近误差之间的关系如图 4-23 所示。对应于任一指定的直线逼近控制误差极限 ε，当直线逼近误差 $|\delta_t| < \varepsilon$ 时，则

$$k_f L^2 / 8 < \varepsilon \qquad (4-1)$$

即局部最小进给步长估计值 L 可按式（4-2）计算，即

$$L^2 < 8(\varepsilon / 8k_f) \qquad (4-2)$$

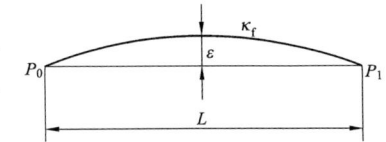

图 4-23　进给步长与直线逼近
误差之间的关系

式中　k_f——曲面片沿进给参数线方向的最大法曲率。

2. 刀位点坐标

刀具加工曲面 S，如图 4-24、图 4-25 所示，采用球头刀行切方式，刀具刀位点为 P，刀轴单位矢量为 $n(I, J, K)$，则生成的刀位文件中位置坐标为 $P(X, Y, Z, I, J, K)$。

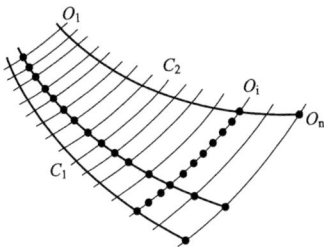

图 4-24　加工曲面

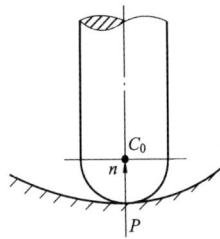

图 4-25　刀具与表面关系

3. 刀具轨迹编辑

数控加工刀具轨迹计算完成后，通常需要对刀具轨迹进行一定的编辑和修改，主要原因是：其一，在生成复杂曲面零件及模具加工刀具轨迹时，常常需要对加工表面及其约束面进行一定的延伸，并构造一些辅助曲面，这样生成的刀具轨迹一般会超过加工表面的范围，需要进行适当的裁剪和编辑；其二，在很多情况下曲面造型所用的原始数据使生成的曲面并不是很光顺，这样生成的刀具轨迹可能在某些刀位点处有异常现象，例如，突然出现一个尖点或不连续等现象，需对个别刀位点进行修改；其三，在刀具轨迹计算中，若采用的进给方式经过刀位验证或实际加工检验证明不合理，则需要改变进给方式或进给方向；其四，所生成的刀具轨迹上刀位点有可能过疏或过密，需要对刀具轨迹进行一定的匀化处理等。

CAD/CAM 系统中图形交互方式下的刀具轨迹编辑功能除了具有一般编辑器的图形显示、删除、复制、粘贴、插入、加载及存储等功能外，还有以下几个主要的刀具轨迹编辑

功能：

（1）轨迹修剪功能是对一个已经形成的刀具轨迹作修整，它允许编程者将其认为不需要切削的运动轨迹删除掉，被修剪掉的部分用抬刀方式越过。

（2）刀具轨迹的几何变换是对一个已经形成的轨迹进行再编辑，包括平移、旋转、比例及镜像变换等。其原理与几何图形的变换原理相同，也必须选择工作平面和设定工作深度。

（3）刀具轨迹的转置是指将原来的行进给方向转置为新的进给方向，其对象只能是接触点轨迹或球形刀刀心轨迹，而且沿新的进给方向加工时，加工误差不超过允许值。由于刀具轨迹转置不改变刀轴方向，因此多坐标（指四坐标和五坐标）加工刀具轨迹不能进行转置。对参数线加工方法中的等参数离散算法生成的刀具轨迹，转置最有效；对于其他参数线法生成的刀具轨迹，转置前可先将切削行按指定点数进行等弧长加密，使各切削行刀位点数目相同且均匀分布。

（4）刀位点的均匀化处理。刀位点的均匀化操作对象可以为单条进给轨迹，也可以为全部编辑中的刀具轨迹，均匀化操作包括以下几种方式：

1）对切削行按点数 N 进行等弧长加密。方法是：首先对切削行进行曲线拟合，然后按等弧长方式将此曲线离散为 N 个刀位点。对于刀轴和摆刀平面法向矢量，先变换为矢量端点轨迹，然后进行拟合与离散，最后再将它们变成单位矢量。

2）对切削行按给定的误差限 Δ 采用参数筛选法对刀位点直接进行筛选或过滤。

3）在两个刀位点之间按线性插值方式插入一个刀位点。

4. 编排处理

编辑操作完成后，就可对刀具轨迹进行连接与编排。首先，指定进给方向和进给方式（是单向进给，还是双向进给），可以与系统在刀具轨迹计算时设置的进给方向和进给方式不一致。若为单向进给，还要给出抬刀高度（系统默认的安全面高度）。

二、刀具轨迹验证

（一）概述

进行零件数控加工时，程序在加工过程中是否过切，所选择的刀具、进给路线、进刀/退刀方式是否合理，刀具与约束控制面（非加工面）是否干涉等很难预计，需要在程序操作编制完成后进行刀具轨迹验证。在计算机图形显示器上，显示出加工过程中的零件模型、刀具轨迹、刀具外形等，并模拟出零件的加工过程，以便检查刀具轨迹计算是否正确。

刀具轨迹验证方法很多，最为简单常用的是显示验证法。较为复杂些的方法是采用各种截面法验证，或采用数值验证（距离验证）能够定量地给出验证结果。更为复杂的方法是加工过程的动态仿真验证，将加工过程中的零件实体模型、刀具实体、切削加工过程及加工结果一起动态地显示出来，模拟零件的实际加工过程，不仅能观察加工过程，而且能检验刀具与约束曲面是否发生过切。

（二）显示法验证

从曲面造型结果中取出所有加工表面及约束面，从刀具轨迹计算结果（刀位文件）中提取刀具轨迹信息，然后将它们组合起来进行显示；或者在所选择的刀位点上放上"真实"的刀具模型，再把整体零件和刀具一起进行三维组合消隐，从而判断进给轨迹上的刀心位置、刀轴矢量、刀具与加工表面的相对位置以及进刀/退刀方式是否合理。

（1）刀具轨迹显示验证其基本方法。在待加工零件的刀具轨迹计算完成后，在图形显示器上显示出刀具轨迹，从而判断刀具轨迹是否连续，检查刀位计算是否正确。

（2）加工表面与刀具轨迹的组合显示验证其基本方法。将刀具轨迹与待加工表面的线框图（包括刀心坐标和刀轴矢量）一起显示出来，从而判断刀具轨迹是否正确，进给路线、进刀/退刀方式是否合理。

（3）组合模拟显示验证其基本方法。在待验证的刀位点上显示出刀具表面，然后将加工表面及其约束面组合在一起进行消隐显示，从而判断刀具轨迹是否正确。

（三）截面法验证

首先构造一个截面，然后求该截面与待验证的刀位点上的刀具外形表面、加工表面及其约束面的交线，构成一幅截面图显示出来，从而判断刀具是否合理，检查刀具与约束面是否发生干涉与碰撞，加工过程中是否存在过切。主要应用于侧铣加工和型腔加工中。

（1）横截面验证其基本方法。构造一个平面，该平面与进给路线上刀具的刀轴方向大致垂直，然后用该平面去截待验证的刀位点上的刀具表面、加工表面及其约束面，得到一张所选刀位点上刀具与加工表面及其约束面的截面图，该截面图能够反映加工过程中刀杆与加工表面及其约束面的接触情况。

（2）纵截面验证其基本方法。用一张通过刀轴轴心线的平面（纵截面）去截待验证的刀位点上的刀具表面、加工表面及其约束面，得到一张截面图，即可得到一张反映刀杆与加工表面、刀尖与导动面的接触情况的定性验证图，还可得到一个定量的干涉分析结果表。

（3）曲截面验证其基本方法。用一指定的曲面去截待验证的刀位点上的刀具表面、加工表面及其约束面，得到一张反映刀杆与加工表面及其约束面的接触情况的曲截面验证图。

（四）加工过程动态图形仿真验证

加工过程动态图形仿真验证是利用实体造型技术建立被加工零件的毛坯、机床、夹具及刀具在加工过程中的实体几何模型，然后对零件毛坯及刀具的几何模型进行快速布尔运算（一般为减运算），最后采用真实感图形显示技术，把加工过程中的零件模型、机床模型、夹具模型及刀具模型动态地显示出来，模拟零件的实际加工过程。其特点是仿真过程的真实感较好，基本具有试切加工的验证效果。

在对加工过程进行动态仿真时，一般用不同的颜色来表示加工过程中不同的显示对象，例如，以切削表面与待切削表面颜色不同；以加工表面上存在过切、干涉之处又采用另一种不同的颜色。也可对仿真速度进行控制，从而使零件的整体加工过程清晰可见，如刀具是否过切加工表面及其位置，刀具是否与约束面发生干涉及碰撞等。

第四节　后　置　处　理

一、后置处理原理

CAD/CAM 系统通过编程操作生成的是与数控机床无关的文件，称为刀位（Cutter Location Source File，CLSF），如图 4-26 所示，刀位文件是 ASCII 码文本文件，文件中主要含有刀位点的位置信息（X、Y、Z、I、J、K），其中 X、Y、Z 为线性坐标，I、J、K 为刀轴在三轴的单位投影矢量。

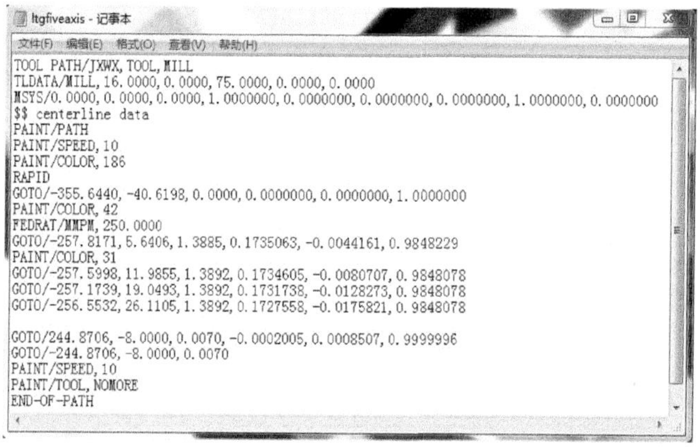

图 4 - 26　刀位文件

零件加工时机床结构各异，数控系统不同，必须将刀位文件转化成数控机床能够执行的数控程序，此过程称为后置处理。

二、后置处理方法

1. 商品化后置处理软件

商品化后置处理软件可处理典型的 CAD/CAM 系统产生的刀位文件，典型的软件有 ICAMPOST 和 IMSPOST 等，此类软件的特点是投资大。

2. 集成 CAD/CAM 后置处理器

CAD/CAM 软件都自带有后置处理接口，利用后置构造器生成机床接口数据文件，最后可以进行后置处理，生成机床程序。

在数控编程时，软件带的通用机床接口数据文件往往不能满足使用要求，必须特殊订制机床接口数据文件，需要使用专用的计算机语言，如 TCL - TK 命令语言，语法复杂，且一些内部变量和函数属于软件开发人员私有，构造的后置处理器性能不能很好满足需求。

3. 自开发专用后置处理器

利用 VB、C、C++等高级语言，利用 CAM 操作生成的刀位 CLSF 文件，编制后置处理程序，直接生成数控机床加工用程序。

三、专用后置处理器的开发

（一）算法流程

利用高级语言编制的后置处理程序流程图如图 4 - 27 所示，系统主要分为输入模块、字符处理模块、运动变换模块、格式转换模块、输出模块等。

（二）后置处理的字符转换

刀位文件为类 APT 源文件语法格式，分析 CLSF 文件的结构，通常考虑 CAM 操作的功能，将对应的类 APT 关键字段映射成相应的数控机床指令字，UG CLSF 文件和 840D 数控系统指令的对照如表 4 - 1 所示。

字符处理还包括字符单位变换和数字圆整。字符单位变换指的运动指令的单位是微米还是毫米；数字圆整指的是数值数字按机床脉冲当量的要求保留的小数点后的有效数字位数。

（三）运动学变换

在通用的多坐标数控铣床中，后置处理生成的运动指令同铣床的具体结构有关，以五坐标数控铣床为例，现在市场上广泛采用的形式总体上有两大类，一类是正交运动坐标轴，一类是非正交运动坐标轴。正交运动坐标轴的主要形式如下。

1. 双摆头型五轴机床

如图 4 - 28 所示，双摆头型五轴机床的两个旋转轴作用在刀具上，按照具体旋转轴从定轴到动轴顺序，可以有 A - B、B - A、C - A、C - B 四种形式。这种配置形式的优点是主轴加工非常灵活，工作台也可以设计得非常大。

2. 双转台型五轴机床

如图 4 - 29 所示，两个回转轴都作用在工件上，按从定轴到动轴顺序，可分为 A′- B′、A′- C′、B′- A′、B′- C′四种。这种形式的优点是主轴简单，刚性好，用于小型的机床。

3. 刀具与工作台分别回转型五轴机床

如图 4 - 30 所示，这种结构是一个作用于刀具和另一个作用于工件上，按照工件到刀具的顺序，其回转轴的配置情况有 A′- B、B′- A、C′- A、C′- B 四种。其特点介于上述（1）（2）型结构之间。

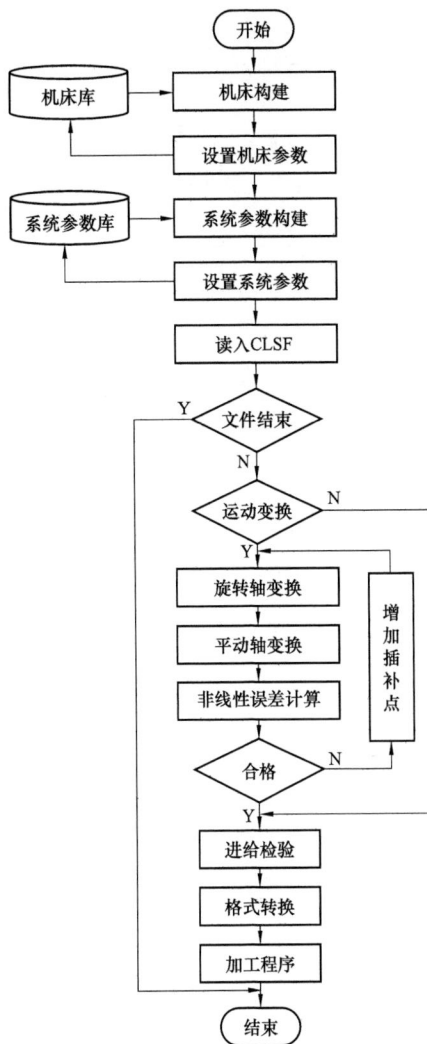

图 4 - 27 专用后置处理器开发算法

表 4 - 1 UG CLSF 和 840D 数控系统指令对照

序号	CLSF 关键词	含义	840D 对应指令
1	TOOL PATH	CAM 刀轨名称	机床中不出现
2	TLDATA	刀具信息	机床中不出现
3	MSYS	加工坐标系	机床中不出现
4	PAINT	演示各选项	机床中不出现
5	GOTO	直线插补	G01、X、Y、Z
6	SPINDL	主轴功能	M03、S
7	FEDRAT	进给功能	F

续表

序号	CLSF 关键词	含义	840D 对应指令
8	RAPID	快速移动	G00
9	$ $	注释	（、）
10	CIRCLE	圆弧插补	G02、G03、I、J、K
11	CYCLE	固定循环	对应 CYCLE 指令
12	CUTCOM	刀具补偿	G40、G41、G42
13	LOAD/TOOL	刀具号和地址	T、D
14	COLDFLUID	冷却液	M08、M09
15	END-OF-PATH	程序结束	M30

图 4-28 双摆头型五轴机床   图 4-29 双转台型五轴机床   图 4-30 刀具与工作台分别
回转型五轴机床

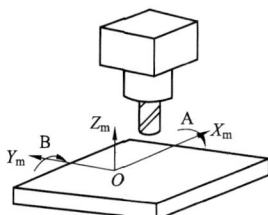

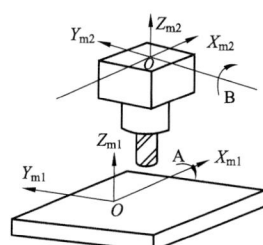

4. 非正交五坐标机床

在上面基本机构的基础上，转动部分的转动平面与三个平动坐标不垂直，如图 4-31 所示。

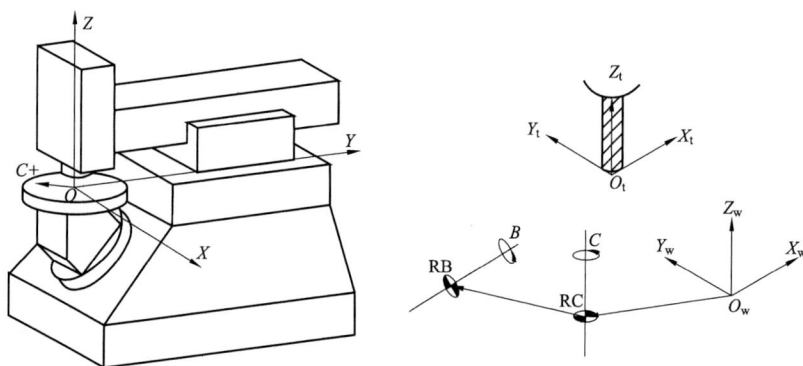

图 4-31 非正交五轴机床

后置处理中的运动求解，主要包括转动角度计算和经过转动后的 X、Y、Z 值求解。其中，转动角度计算是把工件坐标系中的刀轴矢量分解为机床两个转动坐标。

5. 典型机床运动求解

对双摆头五坐标机床，机床为三个移动坐标 X、Y、Z 和两个转动坐标 A、B 五坐标联动，从机械结构上看 B 转轴安装在 A 轴上，A 为定轴，B 为动轴。通常将 A 轴称为非依赖轴，也就是第四轴，既 B 轴转动时不影响 A 轴的旋转方向和旋转平面；同理将 B 轴称为依赖轴，也就是第五轴，其旋转方向和旋转平面受 A 轴影响。机床 A 角运动范围极限为 $[-30,30]$，B 角运动范围极限为 $[-90,90]$。

建立如图 4-32 所示机床加工坐标系，$O_wX_wY_wZ_w$ 为与工件固连的坐标系，前置刀位文件的数据点 P (X_0,Y_0,Z_0,I,J,K) 在该坐标系下给出；$O_tX_tY_tZ_t$ 为刀具参考坐标系，其原点在刀位点；$O_mX_mY_mZ_m$ 为与定轴 B 固连的坐标系。

设图 4-32 为机床初始状态，此时动轴 A 与 X 轴平行，刀具轴线平行于 Z 轴，工件在工作台上，工件坐标系与机床坐标系方向一致，刀具坐标系与工件坐标系原点重合，设转动中心（A 与 B 轴交点）O_m 到刀具刀位点 O_t 的距离为 L，L 称为机床的转心距，其在刀具坐标系中的位置矢量为 r_m $(0,0,$ $L)$，在刀具坐标系中，刀位点和刀轴方向矢量分别为 $(0,0,0)^T$ 和 $(0,0,1)^T$，机床平动轴相对于工件坐标系位置 r_s（X、Y、Z），回转轴 A、B 相对

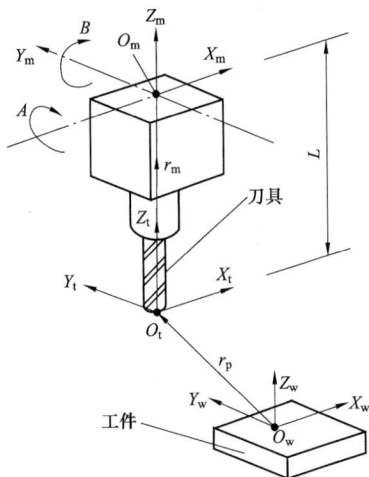

图 4-32　机床坐标系

于初始状态的位置为 θ_A 和 θ_B（逆时针为正）。计算的基本原理是刀具刀位点位置不变性，由此，刀轴和刀位点矢量在工件坐标系的表达式分别为 $u(i,j,k)$ 和 r_m $(0,0,L)$，同样 u (i,j,k) 和 $r_p(X_0,Y_0,Z_0)$ 可由 $O_tX_tY_tZ_t$ 相对 $O_mX_mY_mZ_m$ 旋转和 $O_mX_mY_mZ_m$ 相对于 O_w $X_wY_wZ_w$ 平移坐标变换关系得到，即

$$[i,j,k,0]^T = T_4T_3T_2T_1 [0,0,1,0]^T \tag{4-3}$$

$$[X_0,Y_0,Z_0,1]^T = T_4T_3T_2T_1 [0,0,0,1]^T \tag{4-4}$$

$$T_1 = \begin{pmatrix} 1 & 0 & 0 & 0 \\ 0 & 1 & 0 & 0 \\ 0 & 0 & 1 & -L \\ 0 & 0 & 0 & 1 \end{pmatrix} \tag{4-5}$$

$$T_2 = \begin{pmatrix} 1 & 0 & 0 & 0 \\ 0 & \cos\theta_A & -\sin\theta_A & 0 \\ 0 & \sin\theta_A & \cos\theta_A & 0 \\ 0 & 0 & 0 & 1 \end{pmatrix} \tag{4-6}$$

$$T_3 = \begin{pmatrix} \cos\theta_B & 0 & \sin\theta_B & 0 \\ 0 & 1 & 0 & 0 \\ -\sin\theta_B & 0 & \cos\theta_B & 0 \\ 0 & 0 & 0 & 1 \end{pmatrix} \tag{4-7}$$

$$T_4 = \begin{pmatrix} 1 & 0 & 0 & x \\ 0 & 1 & 0 & y \\ 0 & 0 & 1 & z+L \\ 0 & 0 & 0 & 1 \end{pmatrix} \tag{4-8}$$

$$\begin{pmatrix} i \\ j \\ k \\ 0 \end{pmatrix} = \begin{pmatrix} \sin\theta_B\cos\theta_A \\ -\sin\theta_A \\ \cos\theta_A\cos\theta_B \\ 0 \end{pmatrix} \tag{4-9}$$

$$\begin{pmatrix} x_0 \\ y_0 \\ z_0 \\ 1 \end{pmatrix} = \begin{pmatrix} x - L\sin\theta_B\cos\theta_A \\ y + L\sin\theta_A \\ z + L - L\cos\theta_A\cos\theta_B \\ 1 \end{pmatrix} \tag{4-10}$$

变换矩阵 T_1 为将刀位点 O_t 平移到转动中心 O_m 的平移变换矩阵，T_2 为刀具围绕转动中心 O_m 转动 θ_A 的变换矩阵，T_3 为刀具围绕转动中心 O_m 转动 θ_A 的变换矩阵，T_4 为平移到 $O_wX_wY_wZ_w$ 的平移变换矩阵。

解得

$$A = \theta_A = \arcsin(-j) \quad (-\pi/6 \leqslant \theta_A \leqslant \pi/6) \tag{4-11}$$

$$B = \theta_B = \arctan(i/k) \quad (-\pi/2 \leqslant \theta_B \leqslant \pi/2) \tag{4-12}$$

机床 A 角运动范围极限 $[-30, 30]$，B 角运动范围极限 $[-90, 90]$。

化简得

$$\begin{cases} x = x_0 + Li \\ y = y_0 + Lj \\ z = z_0 + Lk - L \end{cases} \tag{4-13}$$

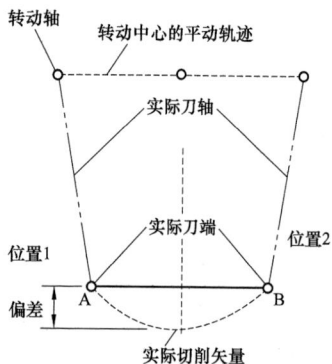

图 4-33 机床坐标系

（四）非线性误差处理

机床进行多坐标转动加工任意工件曲面时，由前置处理程序生成一系列短而直的切削矢量间运动，如图 4-33 所示，在位置 1 和位置 2 运动时，转动中心运动轨迹是一条直线，而刀具前端轨迹会超出工件产生切削偏差，切伤零件，所以必须对两点间进行插值，细化加工程序点。

（五）开发实例

利用 VC++ 6.0 开发的后置处理器程序运行界面、刀位文件和加工程序如图 4-34 所示。

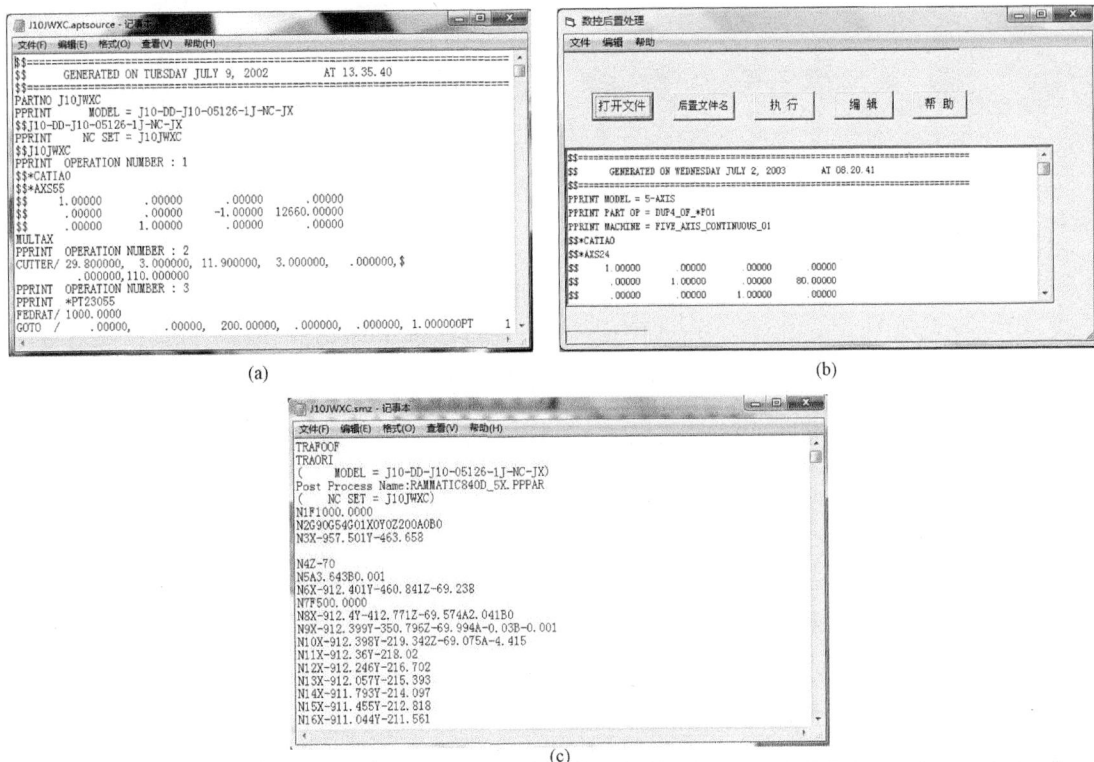

(a)

(b)

(c)

图 4-34 双转台型五轴机床

(a) 前置文件；(b) 执行对话框；(c) 加工程序

思 考 与 练 习

1. 计算机辅助数控编程的流程是什么？
2. 几何造型方法有哪些？
3. 不同的 CAD/CAM 系统中交换数据的接口有哪些？
4. 仿形和数字化有什么作用？
5. 逆向工程有什么作用？
6. 后置处理有什么作用？
7. 后置处理有几种方式？
8. 通用后置处理器的开发包括哪些功能模块？

第五章　数控加工仿真技术

第一节　数控加工仿真概述

一、数控加工仿真定义

为确保数控程序的正确性，在生产中，常采用易切削的材料代替工件进行试切，检验加工指令。也有采用轨迹显示法，即以划针或笔代替刀具以着色板或纸代替工件来仿真刀具运动轨迹的二维图形（也可以显示二维半的加工轨迹）。但这些方法费工费料，且不能完全反映加工的形状与尺寸，使生产成本上升，增加了生产周期。

计算机技术的不断改善和计算机图形学的飞速发展，使得计算机仿真技术在加工制造业中得到了广泛的应用。把计算机仿真技术引入到零件的数控加工中即形成了数控加工仿真技术。它能对切削过程中的刀具动作及切削状态进行空间立体的、真实形象的显示，同时对过切、欠切现象以及刀具与工件、刀具与夹具之间的碰撞干涉情况实现可视、定量的验证，可以直观、形象地模拟数控加工的全过程。

数控加工仿真技术为验证数控加工程序的可靠性及预测切削加工过程提供强有力的工具，并在加工建模、预测、仿真计算和图形显示等方面取得了重要进展，目前正向模型的精确化、仿真计算实时性和图形显示的真实感方向发展。

二、数控加工仿真分类

1. 按仿真条件分类

数控加工仿真分为几何仿真和物理仿真两大类。几何仿真不考虑切削参数、切削力及其他物理因素的影响，只仿真刀具—工件几何体的运动，以验证 NC 程序的正确性。它可以减少或消除因程序错误而导致的机床损伤、夹具破坏或刀具折断、零件报废等问题；同时可以减少从产品设计到制造的时间，降低生产成本。物理仿真指的是在切削仿真过程中关注切削力、振动、温度和刀具磨损等物理现象对几何尺寸的影响。切削过程的力学仿真属于物理仿真范畴，它通过仿真切削过程的动态力学特性来预测刀具破损、刀具振动和变形情况，从而达到优化切削过程的目的。

几何仿真的发展是随着几何建模技术的发展而发展的，包括定性图形显示和定量干涉验证两方面。目前，常用的方法有直接实体造型法、基于图像空间的方法和离散矢量求交法。

2. 按仿真的数据来源分类

根据在仿真过程中的数据驱动是采用刀位文件数据还是采用 NC 代码，数据加工仿真可分为两类：一类是基于后置处理前的数据所进行的仿真，即基于刀位数据的数控加工过程仿真；另一类是基于后置处理所产生的 NC 程序而进行的仿真，即基于 NC 程序的数控加工过程仿真。

基于 NC 程序的仿真主要用途可以概括为 NC 程序的正确性检验与优化、操作工培训和碰撞检验三方面。由于驱动数控机床运动的是 NC 指令，所以基于 NC 程序的加工过程仿真在过程中考虑了加工环境，比基于刀位数据的加工过程仿真更接近实际。

3. 按仿真的目的分类

数控仿真分为数控机床操作仿真和数控程序仿真。数控机床操作仿真主要仿真数控机床的加工操作，可以模拟真实机床的加工运动过程，可以针对 FANUC、西门子等主流的数控系统程序进行仿真加工，能够显示出零件的加工过程，能够测量零件的最终尺寸。数控机床操作仿真软件主要锻炼数控机床的操作，也能测量零件的加工尺寸，主要培养学生的操作能力，如果单纯检测数控程序的正确性，使用不方便。常用的有上海宇龙和VNUC 等软件。

数控程序仿真软件仅能检查程序的正确性，不涉及数控机床的具体操作问题，使用方便，主要供数控程序编制人员使用。常用的有 CIMCOEDIT、VERICUT 和 NCSIMUL 等。

第二节 基于 VERICUT 的数控加工仿真

一、概述

1. 功能模块

VERICUT 是一款专为制造业设计的 CNC 数控机床加工仿真和优化软件。VERICUT取代了传统的切削实验部件方式，通过模拟整个机床加工过程和校验加工程序的准确性，来帮助用户清除编程错误和改进切削效率。VERICUT 模块介绍见表 5-1。

表 5-1   VERICUT 功能模块

模块名称	功　　能
VERICUT Verification	仿真、验证和分析 3 轴铣削、钻削、车削、车铣复合加工和线切割刀具路线
Machine Simulation	建全并仿真 CNC 机床及各种控制系统，检验机床干涉与碰撞
Optipath	通过修改切削速度，优化刀路，实现高效切削
Multi-Axis	仿真和验证四轴与五轴铣削、钻削、车削和车铣复合加工
AUTO-DIFF	比较设计模型与 VERICUT 输出模型，进行过切和余量检查；与设计实体自动比较过切
Advanced Machine Features	增强 VERICUT 仿真高级加工功能的能力
Model Export	从 VERICUT 中输出各种格式的 CAD 模型
Machine Developer's Kit	订制 VERICUT 功能，增强 VERICUT 仿真复杂机床的功能，用来解释复杂或不常用数据
CNC Machine Probing	模拟机床探测头操作，减少潜在错误，节省购买探测设备的成本
Inspection sequence	快速准确地为用户提供零件加工过程中的各部位尺寸，并以 PDG、TXT 或 HTML 的格式输出，供各个部门引用
Customizer	订制用户使用界面
EDM Die Sinking	模拟线切割和电火花加工
Mold & Die	模具专用模块，该模块集中了模具行业常用的 VERICUT 功能（四轴加工、电火花线切割、电火花成形加工、AUTTO-DIFF、优化），节约用户在软件上的投资
Cutter/Grinder Verification	磨削加工仿真

模块名称	功　　能
Cutter/Grinder Machine Simulation	磨床运动仿真
CAD/CAM 接口	与 Pro/E、Unigraphics、CATIA、WorkNC、MasterCAM、EdgeCAM 等 CAD 软件的接口

2. VERICUT 软件的优势和特色

（1）不仅可以模拟各种软件生成的刀位文件，而且可以模拟各种软件生成的 G、M 代码，可以支持手工编辑、修改的程序，还可以支持子程序的嵌套。

（2）已经积累和开发好了大量的控制系统库，可以支持国内外各种各样的主流控制系统。这样就做到了实际的切削运动仿真，是真正控制系统驱动的运动仿真。

（3）可以对镶嵌式刀片造成的过切进行精确分析，可以完全方便地转换夹具，在程序执行过程中就实现夹具的自动切换，准确检查刀柄、主轴与材料、夹具的碰撞。

（4）实际加工时，工件在工作台上的放置是随机的，有一定的偏差，机床可以自动补偿来加工。无论放在工作台的什么位置，VERICUT 都可以像实际机床一样，自动计算其位置的动态偏置，正确加工出产品。

（5）在模拟 G、M 代码时，VERICUT 保留了其加工的特征，还可以把过程模型输出为 IGES 文件、STL 文件和 STEP 文件。

（6）在加工仿真的任意阶段，加工特征都可以保存下来，可以任意转换到别的机床、调用别的程序、更换不同的刀具，继续模拟加工。

（7）可以输出加工模型的工艺参数表格，以利于质量检验或工艺方案的编排。

（8）可以实现机床附件的运动仿真，根据不同的机床结构、换刀位置，支持各个运动轴的运动仿真。子系统的同步运动仿真功能强大，3 个子系统可以同时仿真。

（9）可以方便地添加刀具的半径、长度补偿，任意地设置变量，动态显示变量的数值，以方便对程序的验证。刀具的半径和长度补偿等参数可以直接在刀具中添加，不需要在仿真时单独输入。

（10）可以模拟工件在不同机床上的整个加工流程。在不同机床上加工的流程可以在同一个项目结构中设定。这样，一个完整零件在不同机床上的加工过程，可以一次性仿真出来。不同的机床，可以调用不同控制系统，即控制系统可以绑定在相应的机床上，不需要以后再重复调用。

（11）可应用各种方法对程序进行优化，如应用固定体积切削率、固定切削碎片的厚度等，在机床运动的各个阶段都考虑优化。优化库不是以单独的菜单出现，而是集成到刀具库中，这样刀具就自带了切削参数，可以根据实际切削的条件，调用相关的优化参数。

（12）可以测量加工仿真的结果模型，很多常用的参数都可以进行测量，并且多次测量的结果可以同时显示，还可将结果进行保存。

（13）发生碰撞或过切以后造成的材料去除，可用红色材料保留下来，当新的碰撞或过切发生时，可以继续检测，这样不会漏掉错误。

（14）支持最短刀具长度的预测，并且自动修正不合理的刀具长度。

（15）支持所有的复杂旋转成型刀具，增加了对刀柄旋转的控制功能。

（16）同一把刀具进给速度不同时，可以使用不同的颜色来显示，可以很直观地看到切削的进给状况。

（17）支持对主轴运动的检查功能，如旋转方向、转速等参数的检查。

（18）具有与 CAD 软件无缝的几何模型、刀具、程序信息传递接口。

VERICUT 是仿真加工软件，不能生成程序，但可以模拟 G 代码程序，包括子程序、宏程序、循环、跳转、变量等；一般 CAM 软件只是模拟刀轨或中间文件。此外，VERI-CUT 软件能仿真机床运动，进行碰撞检查，仿真后能对切削模型尺寸进行分析，还能对切削速度进行优化，并输出仿真结果模型及工艺文件报表，这些都是一般 CAM 软件所不能完成的。

3. 软件界面

VERICUT 软件具有 Windows 风格的工作界面，包含标准的标题栏、菜单栏、工具栏、图形窗口和进程工具条等，进程工具条又包含信息区、动画速度滑尺、指示灯、进程条、仿真控制按钮等，如图 5-1 所示。

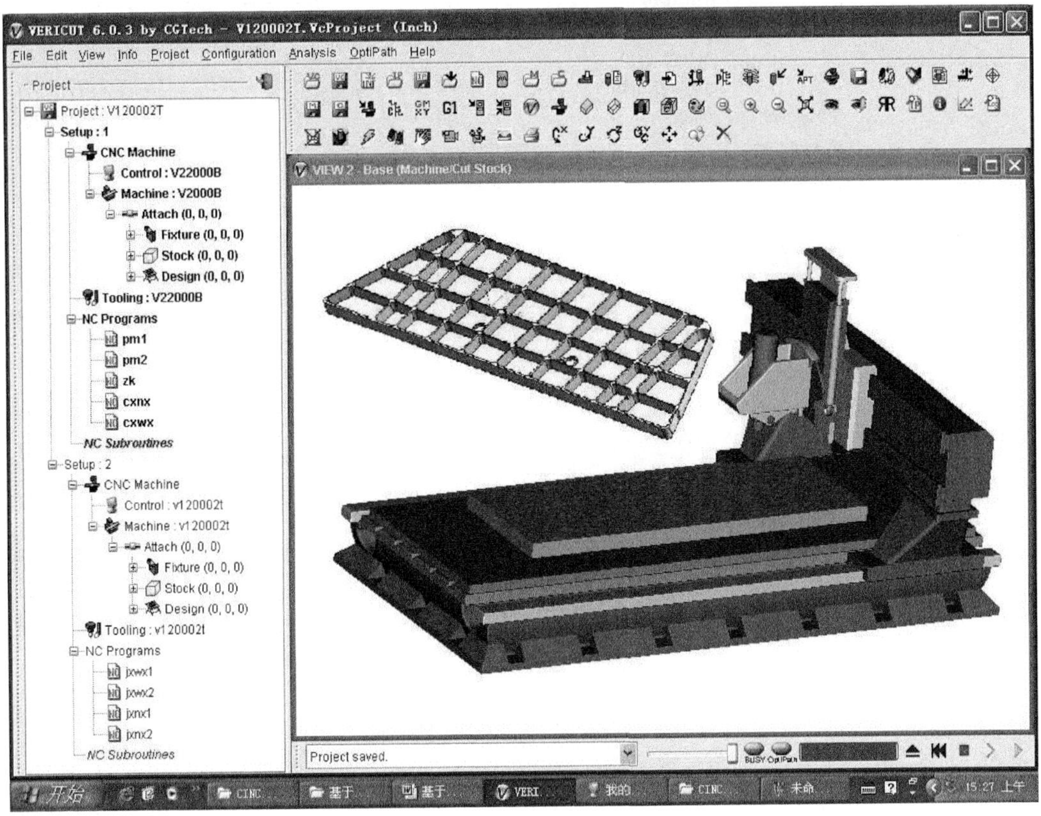

图 5-1　VERICUT 工作界面

4. 坐标系

VERICUT 中所使用的坐标系是右手直角坐标系，利用坐标系可以确定组件模型及其相互关系、定义机床并确定刀位轨迹方位，以便正确切削仿真等。根据使用的需要，VERI-CUT 可以有多个坐标系。每个组件都有自己的坐标系，称为组件坐标系。每个模型也有自己的坐标系，称为模型坐标系。此外，还有机床坐标系、工件坐标系，用户也可以自定义用户坐标系。

5. 项目树

VERICUT 项目包含了仿真项目的所有工序和每个工序设置的信息。一个项目能包含一个或多个工序，VERICUT 从项目树的顶部依次为仿真处理活动的工序，所有的项目被保存在项目文件中，项目文件后缀名为 .vcproject，典型的项目树如图 5-2 所示。

二、仿真流程

在 VERICUT 中进行仿真加工具体操作的工作流程如图 5-3 所示。

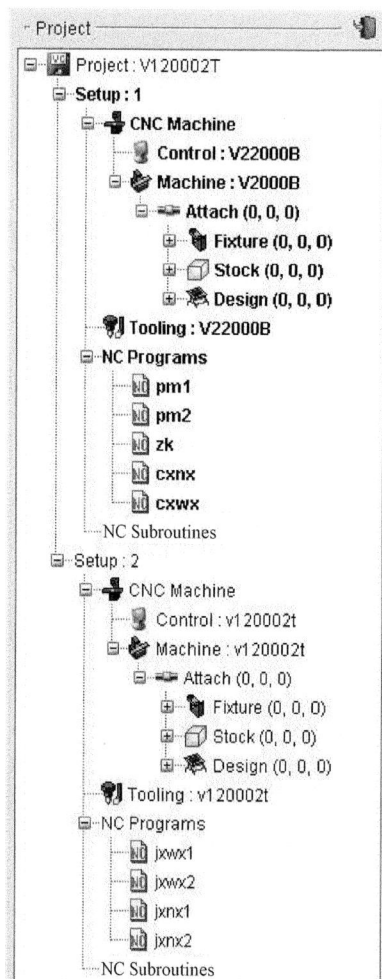

图 5-2　项目树

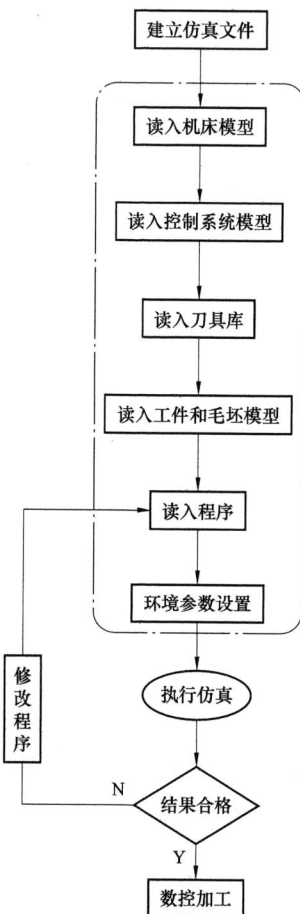

图 5-3　仿真流程

（1）打开数控加工程序仿真软件，建立 VERICUT 仿真文件。

（2）在项目树中选择机床，为进行机床模拟配置加工设备，设置数控机床的初始位置、坐标轴的运动极限和碰撞检查设置。

（3）在项目树中选择控制系统，为模拟 G 代码运动配置数控控制系统，并进行控制系统的设置。

（4）在项目树中添加加工所需刀具库，确定仿真用的每把刀具的类型、刀具直径、长度等参数,定义刀具装夹点和刀尖点。

(5) 在项目树中调入工件模型、毛坯模型和夹具模型等。

(6) 在项目树中进行基础设定(预先设定数控程序加工基准 G54~G59、刀具半径补偿、长度补偿及机床初始化位置、换刀位置等)。

(7) 在项目树中调入仿真的加工编程软件或手工编写的数控程序文件。

(8) 执行仿真加工。

(9) 仿真结果比较检查。根据仿真的结果,利用自动比较功能,分析过切或欠切。

1) 过切检查,快速定位过切部位以便修改程序。设置过切余量及过切时的显示方式,经过仿真后即可显示过切的零件部位、大小、深度及过切时刀具所在程序段的位置。

2) 干涉检查,根据仿真后的干涉情况,调整程序、夹具及装夹位置,避免与机床、夹具等发生干涉、碰撞,提高加工过程的可靠性,减少损失。

(10) 将仿真正确的数控程序用于现场加工,获得合格的加工零件。

三、几何建模

1. 组件

使用 VERICUT 软件,用户可以通过不同的方式设置加工仿真的几何模型,包括定义毛坯、夹具、机床、刀具等几何模型形状和尺寸。

VERICUT 提供了多种类型的组件(Component)来描述加工仿真中所用的不同功能的实体模型,包括机床的基础件、$X/Y/Z$ 轴、主轴、工作台、毛坯、零件、夹具及切削刀具等组件,系统默认的组件为没有尺寸和形状的实体,可通过增加模型到组件使其具有尺寸和形状。

可根据仿真的不同作用将组件分为毛坯(Stock)、夹具(Fixture)、零件(Design)、刀具(Tool)、底座(Base)和多个机床轴(X、Y、Z、A、B、C、U、V、W)等多种类型,并且在加工仿真过程中可以设置组件为可见或不可见。组件的类型参见表 5-2。

表 5-2 组 件 类 型

组件类型	解 释	组件类型	解 释
X 线性	直线轴 X	C 刀具塔	转塔 C
Y 线性	直线轴 Y	基部(Base)	基础组件
Z 线性	直线轴 Z	夹具(Fixture)	夹具组件
A 旋转	旋转轴 A	毛坯(Fixture)	毛坯组件
B 旋转	旋转轴 B	零件(Design)	零件组件
C 旋转	旋转轴 C	设计点(Design Point)	设计点组件
U 线性	直线轴 U	主轴(Spindle)	主轴组件
V 线性	直线轴 V	刀具(Tool)	刀具组件
W 线性	直线轴 W	导轨(Guide)	导轨组件
$A2$ 旋转	旋转轴 $A2$	电极(Electrode)	电极组件
$B2$ 旋转	旋转轴 $B2$	刀库(Tool Chain)	刀库组件
$C2$ 旋转	旋转轴 $C2$	附属(Attach)	附属组件
A 刀具塔	转塔 A	其他(Other)	其他组件
B 刀具塔	转塔 B		

2. 模型

默认的组件没有尺寸和形状，通常需要定义毛坯、夹具、设计零件等模型，通过增加模型到组件，使组件具有尺寸和形状。

组件表示不同功能的实体模型，模型用来定义组件的尺寸、通过项目树将定义好的毛坯、夹具、设计零件、切削刀具等组件或模型，像真实加工时实体间的相对连接关系那样，连接各组件、模型到机床，通过控制系统文件控制各组件模型的相对位置关系，使其与真实加工的位置关系一致，实现相应的刀位轨迹的仿真切削加工。

项目树中不仅显示组件连接关系，还提供组件和模型的快速操作。在图形界面的组件树窗口中选中其中的一个组件，并右击即弹出快捷菜单，可实现对组件树的操作。

3. 几何模型

表示真实加工中特定的实体模型有 6 种类型可供选择，具体见表 5 - 3。

表 5 - 3　　　　　　　　　　　　　　模 型 类 型

模型类型	解　释
方块（Block）	通过定义长、宽、高来定义方块
圆锥（Cone）	通过定义高、顶部直径、底部直径来定义圆锥
圆柱（Cylinder）	通过定义高、半径来定义圆柱
模型文件（Model File）	通过输入定义好的多种类型（＊.ply、＊.stl、＊.stk、＊.fxt、＊.dsn、＊.swp）的模型交件来定义
旋转面轮廓（SOR）	通过选择旋转面模式打开轮廓面草图（Profile Sketcher）来生成复杂外形
扫面轮廓（Sweep）	通过选择旋转面模式打开轮廓面草图来生成复杂外形

在建模中需要将基本元模型变换空间位置，可通过输入数值或拾取点进行移动（Translate）、旋转（Rotate）、组合（Assemble）、矩阵转换（Matrix）、坐标系（CSYS）和镜像（Mirror）等，将其移至合适的位置。

四、机床建模

机床建模是将实际机床按一定形状抽象尺寸进行描绘，并按照各部件间一定的逻辑结构关系和运动依附关系组合而成的机床抽象模型。该模型应该能真实反映机床各个坐标轴的逻辑关系和运动关系，并能真实再现机床运动轨迹，在 NC 程序、数控控制系统、刀具库等的支撑下可以模拟 NC 程序运动轨迹，并以此进行 NC 程序的正确性、合理性检测，并能检测机床运动方式，尤其是多轴机床的空间运动轨迹的正确性检测。

VERICUT 机床建模的过程就是将实际数控机床实体按照运动逻辑关系进行分解，并为各部件构筑较为简单的数学模型，然后按照它们之间的逻辑结构关系进行"装配"。在此基础上可以进行简单的机床检测，如工作台的移动方式、A/B 轴的旋转运动方式等。

要建立 VERICUT 机床模型拓扑结构，必须先了解机床各轴之间的相互运动关系及相关参数。尤其是五坐标机床，各组件之间的相对位置关系相对复杂，转动中心之间的偏置、转动中心轴线到主轴轴线的偏置和转动中心到主轴端面的距离。

拓扑结构建立好之后，相应地增加各机床组件模型，如 $X/Y/Z/C/A$ 轴、床身、主轴等。由于五坐标数控机床的干涉和碰撞主要发生在旋转轴、主轴（或刀套）与零件（或夹具）之间，所以组件模型的尺寸大小、坐标位置关系必须与实际机床结构完全相同，作为干涉、碰撞检查的主要依据。而 X、Y、Z 轴的组件模型则做了简化。由于机床模型复杂，所以先在 UG 或 CATIA 等三维软件中构建机床三维模型，然后输出 STL 格式模型文件，注意输出组件模型时的参考坐标系与 VERICUT 中相应的组件坐标系匹配，再以组件为单位导入 VERICUT 中。

机床运动结构定义完成后，需要对机床进行初始化设置，如机床干涉检查、机床初始化位置、机床换刀位置和机床行程极限等。这些参数一般可以从机床厂家得到，如果没有这些参数则可以通过实际操作来测量出这些数据。

五、刀具建模

刀具库可根据用户现场使用的不同类型刀具建立所需要的刀具，刀具信息包含刀具类型、刀具直径、长度、刀具夹持点和刀尖点等，这些信息以 .t1s 格式存储在刀具库文件中。在 VERICUT 刀具管理器中可根据具体应用场合定义不同的刀具类型，包括铣削刀具、车削刀具、探针、螺纹刀具、水切割刀具共 5 种类型。在构建刀具时，主要包含刀具及刀柄两个部分。构建刀柄的主要目的是检测在切削时刀柄是否会与工件、夹具发生碰撞，因此，整个刀具的构建数据越详细，最终的模拟结果就越接近真实的情况。

在 VERICUT 刀具库中建立一把刀具主要包括以下 4 个步骤：

1. 建立刀具（Cutter）

对现场使用的不同类型的刀具，确定刀具类型，定义刀具直径、长度、刃长、夹持点和刀尖点等参数，注意将刀具切削刃和非切削刃部分（刀杆）都定义出来，当切削深度超过刃长时，VERICUT 就会有相应的错误提示。

2. 建立刀柄（Holder）

根据机床所使用的各种规格套筒，按具体尺寸，可以在 VERICUT 刀具库中建立。复杂的刀柄也可以在一般的三维软件中构建，再通过 STL、WRL 或 PLY 格式文件导入 VERICUT 中，刀具库中可以定义角度头（如直角铣头）。

3. 命名刀具

根据程序中刀具刀号或者刀具名称，给刀具命名，一定要与程序中相应刀具刀号或刀具名称相匹配。

4. 设定夹持点

根据实际工艺需求，设定夹持点。

六、控制系统建模

设置好数控机床的组成和结构及初始参数后，机床仍不能运动。要实现加工运动，还需要给机床配置控制系统，使机床具有解读数控程序代码、插补运算、仿真显示等基本功能。VERICUT 软件自带有 FUNUC、SIEMENS、A－B 等多种控制系统文件，用户可以直接调用。如果系统自带的控制系统文件库中没有符合要求的控制系统文件，用户也可以打开一个接近的控制系统文件，进行适当修改后采用。此外，VERICUT 系统还提供了机床开发工具箱，可以让用户自己开发订制适合自身要求的控制系统。需要订制控制系统的 ctl 文件，典型的控制系统定制流程如图 5-4 所示。

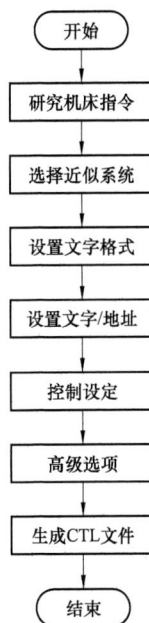

图 5-4 控制系统定制流程

（1）字格式设置用于对机床使用指令格式进行设置，提供所有字符型程序字的总和、图表类型、英制和公制、带小数点和不带小数点、小数的有效位数等。

（2）文字/地址设置用于对具体的数控代码及其含义进行设置，包括 Specials、States、Cycles、Registers、M _ Misc、G _ Prep 等几大类别。

（3）控制设定（Control Settings）用于设置控制系统的默认缺省值，包括控制系统的数学计算方法、默认的运动状态、圆弧加工的属性、机床的循环加工模式、机床旋转运动指令、刀补形式、坐标系偏置、子程序设定和控制记录等。

（4）高级选项（Adv. Option）用于设置控制子程序清单、刀轨事件处理、字符取代、优化取代和 CME/API 程序使用等。

七、仿真过程监控

VERICUT 提供了仿真加工的动态监控功能，有仿真数控程序（NC Program）、仿真状态信息（Status）、仿真图表显示（Graphs）、仿真机床偏置（Offset）、VERICUT 文件汇总（File Summary）、VERICUT 日志（VERICUT Log）等功能。

（1）仿真数控程序用于监测仿真过程中的程序文件，"数控程序"对话框可以分为主菜单区、图标栏区和程序代码显示区三部分。程序代码显示区用于显示仿真过程中的程序文件。

（2）仿真状态用于显示数控程序的状态信息和机床上要出现的状况。状态信息包括执行的刀具轨迹方案、机床和刀尖位置、切削刀具的信息、机床条件、VERICUT 检测到的错误和警告。仿真状态窗口可以一直打开进行跟踪，也可以最小化，显示的信息可以配置定置。

（3）仿真图表用于显示刀具使用信息的曲线图和所选反映切削条件的曲线图。刀具显示每把刀具的模拟加工时间，切削条件曲线图显示切削条件的变化，可配置的切削条件有切削深度、切削宽度、材料去除率、切削厚度和主轴速度等。

（4）仿真机床偏置用于显示每个机床的偏置值以及特定机床的偏置值是否激活，机床偏置分为刀具（Tool）偏置、工件与定位（Work & Shift）偏置、其他（Other）、总偏置（Total Offsets）四类。

（5）VERICUT 文件汇总用于显示 VERICUT 项目文件的一个汇总，包括 VERICUT 项目文件所涉及的数控程序文件、机床文件、控制系统文件、刀具库文件、日志文件及创建日期、VERICUT 使用的环境变量等。

（6）VERICUT 日志功能用于显示仿真结束后自动产生的文本格式的日志文件（.log），该文件包含仿真过程中的所有错误、警告和其他信息，如刀轨名称、仿真开始时间、仿真结束时间、错误和警告的个数等。

八、加工质量检查

VERICUT 提供了功能非常强大的加工质量检查功能，有测量（X - Caliper）、自动比较（AUTO - DIFF）、比较测定器（Comparator）、数控程序检查（NC Program Review）和检查（Inspection）等功能。

测量（X - Caliper）功能可以分析在 VERICUT 中建立的各种模型的几何参数及加工信息。尺寸测量窗口显示关于 VERICUT 模型的测量历史和数学信息的功能，通过显示测量起始点和测量终止点的坐标来表明测量的位置。

自动比较（AUTO-DIFF）功能的主要作用是进行过切与欠切的检查，它能将仿真加工后的模型和设计模型叠加在一起进行精确比较，自动识别并显示出留在工件上的过切与欠切的部位，并显示发生该情况的程序行提醒用户修改。自动比较提供实体（Solid）、曲面（Surface）、点（Point）和轮廓（Profile）4 种比较方法，其中常用的是实体比较和曲面比较两种方式。比较公差（Comparison Tolerance）用于指定自动比较的公差和颜色。

九、切削参数优化

VERICUT 软件具有对其程序的优化功能，提供了固定的、体积切削率和固定切削厚度等多种优化方法，且各个阶段都考虑优化。优化库集成在刀具库中，刀具自带切削参数，可根据实际条件调用相关的优化参数。

VERICUT 对模型优化以单件加工的时间最短（生产效率）为优化目标，其原理源于实际生产的加工过程，优化过程中，将走刀运动细化，根据当前刀具、走刀轨迹和材料的去除量，计算每步的切削量，并和刀具库中的刀具切削优化参数进行比较。余量较大，就降低速度；余量较小，就提高速度，并把新的进给速度插入程序，输出新的数控程序。这种优化方式只更改进给速度，不改变刀轨，所以不会导致加工结构出现错误。VERICUT 提供了固定体积切削率/固定期限厚度等多种优化方法。

1. 恒定体积去除率优化

单位时间内，当刀具去除的材料体积较大时，降低进给速度；反之，提高进给速度。假设切削深度、切削宽度、进给速度和材料去除率的经验值为 Ap（mm）、Ae（mm）、F（mm/min）、Vol（mm^3/s），其中 $Vol=Ap \times Ae \times F/60$。当切削体积 $Vol=0$，即空走刀时，提高进给速度至机床能承受的最大值，以提高加工效率。当非空走刀时，计算体积去除 Vol，若 Vol 大于优化体积去除率基准值 $Volp$，则会降低进给速度，反之，则提高进给速度，以维持稳定的体积去除率，保证稳定的切削状况，主要用于粗加工等材料切除量较大的阶段。

2. 恒定切削厚度优化

当切宽或切深大于刀具半径或刀具底角 R 时，切削厚度大于每齿进给，大于理想切削厚度；反之，切削厚度小于每齿进给，小于理想切削厚度。VERICUT 进行优化分析时，计算模型切削厚度，大于理想切削厚度，就降低加工时的进给速度；反之，就提高加工时的进给速度，从而实现切削厚度的相对恒定和切削力的稳定。精加工和半精加工主要采用这种优化模式进行优化，以达到提高数控加工效率和改善加工质量的目的。

3. 混合优化

在精加工和半精加工时，也可同时选择以上两种方式进行优化。VERICUT 优化模块会分别按照以上两种方式优化进给速度，然后比较两个结果，将较小者作为最终优化速度。

十、仿真实例

典型的框类结构件的 VERICUT 仿真机床模型，如图 5-5 所示。

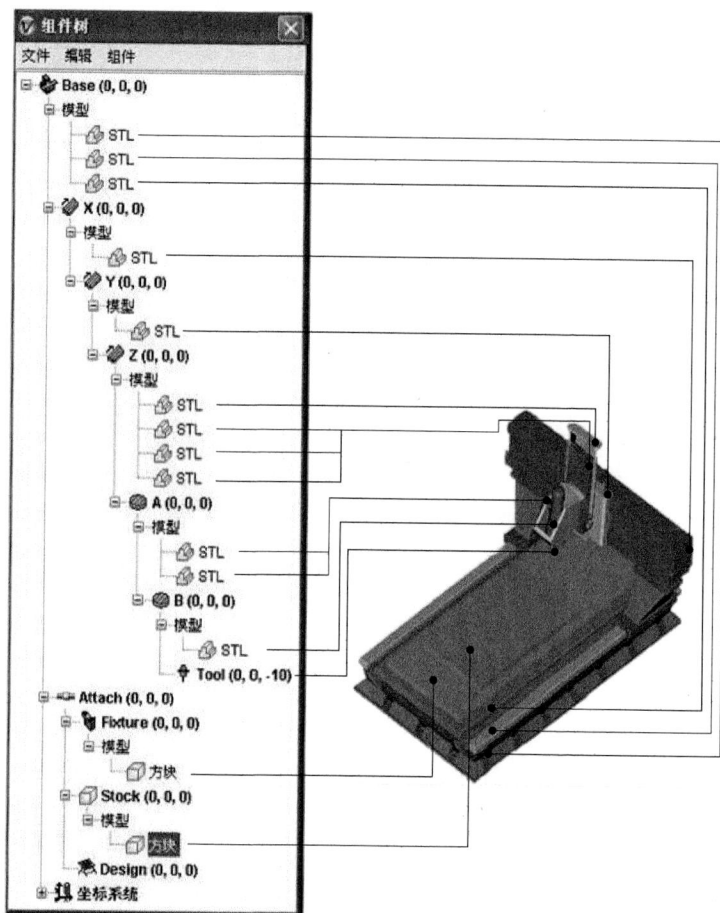

图 5 - 5　VERICUT 仿真机床模型

思 考 与 练 习

1. 数控加工仿真有什么作用？仿真软件有几大类？
2. 什么是几何仿真和物理仿真？
3. VERICUT 仿真流程是什么？
4. VERICUT 的仿真建模有哪些？
5. VERICUT 如何进行切削参数优化？

第六章　数字化测量技术

第一节　数字化测量概述

坐标测量机（Coordinate Measuring Machining，CMM）是 20 世纪 60 年代发展起来的一种以精密机械为基础，综合运用电子、计算机、光栅或激光等先进技术的高效、综合测量仪器，与自动机床、数控机床等加工设备相配套，便于对复杂形状零件进行快速、可靠的测量。

电子技术、计算机技术、数字控制技术以及精密加工技术的发展为三坐标测量机的产生提供了技术基础。

一、数字化测量原理

零件在加工合格后需要进行尺寸精度检测，通常的检测方式有手工测量、光学仪器检测等，但传统检测方式时间长，严重制约零件的生产进度；零件的测量受个人因素的影响大，测量误差大。

数字化测量是利用 CAD 数据，结合 CAM 加工要求，利用数字化的测量设备进行零件的自动化检测，通过测得被测要素的 X 、Y、Z 三维坐标值，再进行相应的数据处理，得到其要求的特征值。测量效率高，测量精度高，已经取得广泛的应用。

坐标测量机具有较大的万能性。各种复杂形状的几何表面，只要测头能够采样，就可得到各点的坐标值，并由计算机完成数据处理。由于使用计算机进行控制、采样和处理，并运用误差补偿技术，因此可以达到很高的测量精度。测量时，不要求被测工件的基准严格与测量机坐标方向一致。可以通过测量实际基准的若干点后建立新的坐标系，从而节省了工件找正的时间，提高了检测效率。

二、数字化测量设备和装置

（一）坐标测量机

坐标测量机分为机械式坐标测量机、光学式坐标测量机和柔性坐标测量机。按坐标测量机的测量范围分类，可以分为小型坐标测量机、中型坐标测量机和大型坐标测量机。小型坐标测量机在其最长一个坐标轴方向上的测量范围小于 500mm，主要用于小型精密模具、工具等的测量。中型坐标测量机在其最长一个坐标轴方向上的测量范围为 500～2000mm，是应用最多的机型，主要用于箱体、模具类零件的测量。大型坐标测量机在其最长一个坐标轴方向上的测量范围大于 2000mm，主要用于汽车与发动机外壳、航空发动机叶片等大型零件的测量。

坐标测量机是典型的机电一体化设备，它由机械系统和电子系统两大部分组成。机械系统由三个正交的直线运动滑台构成，这三个坐标的相互配置位置（即总体结构形式）对测量机的精度及对被测工件的适用性影响较大。三个方向上均装有光栅尺用以度量位移值，测头装在 Z 方向端部，用来触测被测零件表面尺寸变化。电子系统一般由光栅计数系统、测头信号接口和计算机等组成，用于获得被测坐标点数据，并对数据进行处理。

悬臂式结构如图 6-1 所示，特点是结构简单，具有很好的敞开性，但当滑架在悬臂上作 Y 向运动时，会使悬臂的变形发生变化，故测量精度不高，一般用于测量精度要求不太高的小型测量机。

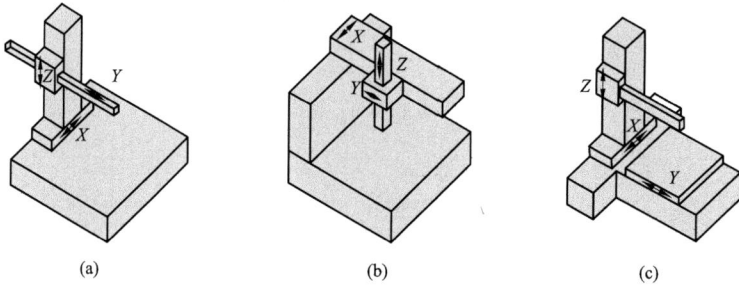

图 6-1 悬臂式结构

(a) 立柱移动；(b) 立柱固定；(c) 工作台移动

桥式结构如图 6-2 所示，是目前应用最广泛的一种结构形式，其结构简单，敞开性好，工件安装在固定工作台上，承载能力强。该结构主要用于中等精度的中小机型。

龙门式结构如图 6-3 所示，它与移动桥式结构的主要区别是它的移动部分只是横梁或工作台，移动部分质量小，整个结构刚性好。缺点是立柱限制了工件装卸，只有 Y 向跨距很大、对精度要求较高的大型测量机才采用。

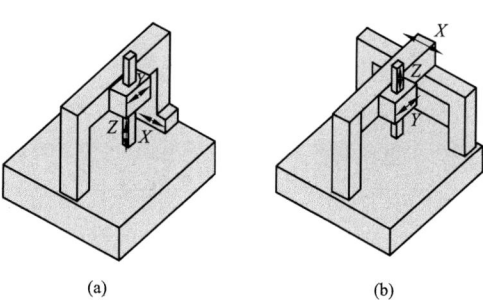

图 6-2 桥式结构

(a) 移动桥式；(b) L 形桥式

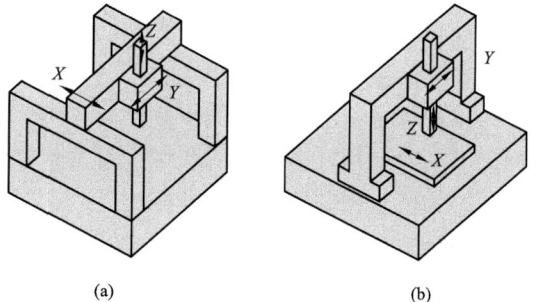

图 6-3 龙门式结构

(a) 龙门架移动；(b) 工作台移动

关节臂（柔性）三坐标测量机具有多个自由转动关节臂，如图 6-4 所示，可实现对复杂部位的检测，多为小型便携式测量机。

早期的三坐标测量机的工作台一般是由铸铁或铸钢制成的，但近年来，各生产厂家广泛采用花岗岩来制造工作台，这是因为花岗岩变形小、稳定性好、耐磨损、不生锈，且价格低廉、易于加工。有些测量机装有可升降的工作台，以扩大 Z 轴的测量范围，还有些测量机备有旋转工作台，以扩大测量功能。

（二）测量系统

三坐标测量机的测量系统由校准器和测头系统构

图 6-4 关节臂三坐标测量机

成，它们是三坐标测量机的关键组成部分，决定着 CMM 测量精度的高低。测头按结构原理分为机械式、光学式和电气式三类；按测量方法分为接触式和非接触式两类。

机械接触式测头为刚性测头，根据其触测部位的形状有多种，如图 6-5 所示。

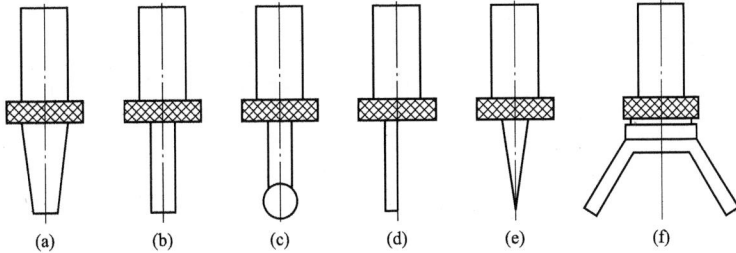

图 6-5　机械式测头

(a) 锥测头；(b) 柱测头；(c) 球测头；(d) 回转式圆柱测头；(e) 尖测头；(f) V 形测头

光学测头与被测物体没有机械接触，这种非接触式测量具有如一些突出优点。

(1) 不存在测量力，适合测量各种软质的工件。

(2) 可以对工件表面进行快速扫描测量。

(3) 多数光学测头具有比较大的量程。

(4) 可以探测一般测头难以探测到的部位。

近年来，光学测头发展较快，目前在坐标测量机上应用的光学测头种类有三角法测头、激光聚集测头、光纤测头、接触式光栅测头等。

图 6-6 所示为激光三角法测头的原理，它是利用漫反射光进行探测的：由激光器 2 发出的光，经聚光镜 3 形成很细的平行光束，照射到被测工件 4 上，其漫反射回来的光经成像镜 5 在光电检测器 1 上成像。照明光轴与成像光轴间有一夹角，称为三角成像角。

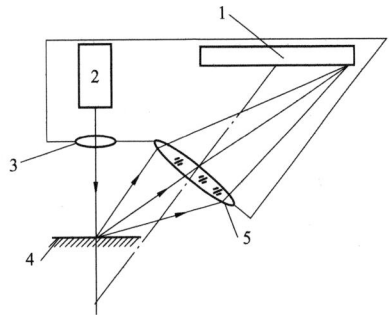

图 6-6　激光三角法测头

1—光电检测器；2—激光器；
3—聚光镜；4—被测工件；5—成像镜

当被测表面处于不同位置时，漫反射光斑按照一定三角关系成像于光电检测器件的不同位置，从而探测出被测表面的位置。

电气接触式测头目前已为绝大部分坐标测量机所采用，按其工作原理可分为动态测头和静态测头。按感受的运动方向可形成一维、二维和三维测头。动态测头是在触测工件表面的运动过程中，瞬间进行测量采样，故称为动态测头，也称为触发式测头。

动态测头结构简单、成本低，可用于高速测量，但精度稍低，而且动态测头不能以接触状态停留在工件表面，因而只能对工件表面作离散的逐点测量，不能作连续的扫描测量。

静态测头除具备触发式测头的触发采样功能外，还相当于一台超小型三坐标测量机。测头中有三维几何量传感器，在测头与工件表面接触时，在 X、Y、Z 三个方向均有相应的位移量输出，从而驱动伺服系统进行自动调整，使测头停在规定的位移量上，在测头接近静止的状态下采集三维坐标数据，故称为静态测头。静态测头沿工件表面移动时，可始终保持接触状态，可进行扫描测量，因而也称为扫描测头。其主要特点是精度高，可以作连续扫描，但制造技术难度大、价格昂贵，适合于高精度测量机使用。

（三）测头附件

为了扩大测头功能、提高测量效率及探测各种零件的不同部位，常需为测头配置各种附件，如测端、探针、连接器、测头回转附件等。

1. 测端

对于接触式测头，测端是与被测工件表面直接接触的部分。对于不同形状的表面需要采用不同的测端。球形测端，是最常用的测端，它具有制造简单、便于从各个方向触测工件表面、接触变形小等优点。

2. 探针

探针是指可更换的测杆。为了便于测量，需选用不同的探针。探针对测量能力和测量精度有较大影响，在选用时应注意以下几点。

（1）在满足测量要求的前提下，探针应尽量短。

（2）探针直径必须小于测端直径。

（3）在需要长探针时，可选用硬质合金探针，以提高刚度。

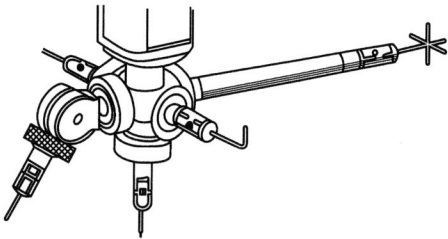

图 6-7　连接器

3. 连接器

为了将探针连接到测头上、测头连接到回转体上或测量机主轴上，需采用各种连接器，如图 6-7 所示。常用的有星形探针连接器、连接轴、星形测头座等。其上可以安装若干不同的测头，并通过测头座连接到测量机主轴上。测量时，根据需要可由不同的测头交替工作。

4. 回转附件

对于有些工件表面的检测，如一些倾斜表面、整体叶轮叶片表面等，仅用与工作台垂直的探针探测将无法完成要求的测量，这时就需要借助一定的回转附件，如图 6-8 所示，使探针或整个测头回转一定角度再进行测量，从而扩大测头的功能。

（四）标准尺

标准尺是用来度量各轴的坐标数值的，目前三坐标测量机上使用的标尺系统种类很多，机床和仪器上使用的标尺系统大致相同。

（1）机械式标尺系统。如精密丝杠加微分鼓轮、精密齿条及齿轮、滚动直尺等。

（2）光学式标尺系统。如光学读数刻线尺、光学编码器、光栅、激光干涉仪。

（3）电气式标尺系统。如感应同步器、磁栅。

目前，使用最多的是光栅，其次是感应同步器和光学编码器。有些高精度的坐标测量机采用了激光干涉仪。

三、坐标测量机系统

1. 测量软件

测量软件包可含许多种类的数据处理程序，以满足各种工程需要，所以也称软件包，分为通用测量软件包和专用测量软件包

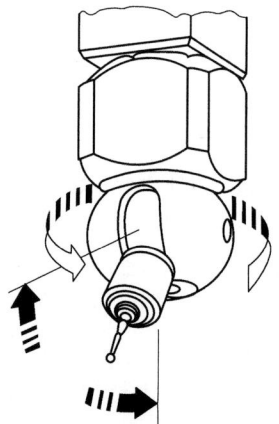

图 6-8　回转附件

两类。

通用测量软件包主要是指针对点、线、面、圆、圆柱、圆锥、球等基本几何元素及其几何误差、相互关系进行测量的软件包。通常坐标测量机都配置有这类软件包。

专用测量软件包是指坐标测量机生产厂家针对用户要求开发的各类测量软件包，如齿轮、凸轮轴、螺纹、汽车车身、发动机叶片等专用测量软件。

2. 系统调试软件

系统调试软件用于调试测量机及其控制系统。一般包括：

（1）自检及故障分析软件包。用于检查系统故障并自动显示故障类别。

（2）误差补偿软件包。预先对三坐标测量机的几何误差进行检测，在坐标测量机工作时，按检测结果对坐标测量机误差进行修正。

（3）系统参数识别及控制参数优化软件包。用于坐标测量机控制系统的总调试，并生成具有优化参数的用户运行文件。

（4）精度测试及验收测量软件包。用于按验收标准测量检验工具。

3. 系统工作软件

测量软件系统必须配置一些属于协调和辅助性质的工作软件，其中有些是必备的，有些用于扩充功能，一般包括：

（1）测头管理软件。用于测头校准和旋转控制等。

（2）数控运行软件。用于测头运动的控制。

（3）系统监控软件。用于对系统进行监控（如监控电源、气源等）。

（4）接口软件。

（5）数据文件管理软件。用于各类文件管理。

（6）联网通信软件。用于与其他计算机实现双向或单向通信。

四、在线检测技术

在加工中使用坐标测量机测量精度，由于零件工序复杂，为随时监控质量，加工过程中需要经常在数控机床和计量测试单位间进行周转，浪费生产准备时间，零件容易产生变形，容易产生重复定位误差和对刀误差，造成零件超差或报废。在机检测是零件加工完成后保持在机床上的装夹状态不变，利用数控机床上安装的测头在机床上直接进行检测，可节约定位、找正和周转等辅助时间，可及时掌握加工状态信息，进而提高生产效率。典型的结构件在机检测系统如图6-9所示，由机床数控系统、触发式测头系统和上位PC机构成。

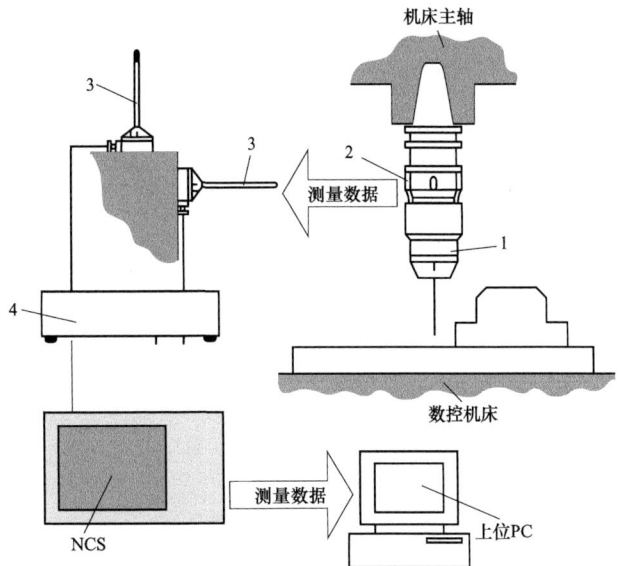

图6-9　在机检测系统

1—测头；2—无线发射模块；3—无线接收模块；4—机床接口

第二节　测 量 数 据 处 理

一、测量流程

坐标测量的流程如图 6-10 所示。

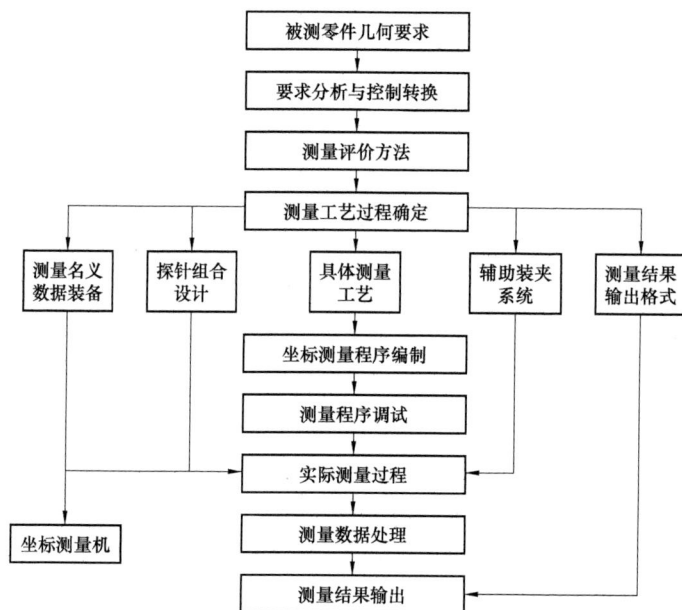

图 6-10　坐标测量的流程

1. 测量分析的内容

对被测零件进行测量要求分析是三坐标测量机应用中的一个最基本的环节，主要包括以下几个方面的内容。

（1）零件中所需测量的内容。包括数据采集的位置、被测几何元素的内容等。

（2）对测量数据处理的要求。包括尺寸的换算、被测几何元素的相互关系计算、几何元素的尺寸与位置公差计算等。

（3）对测量结果输出的要求。包括测量结果输出的格式与内容。

（4）根据被测零件的实际形状及测量要求，确定零件的装夹方式，并设计相应的测量夹具。

（5）根据被测零件的实际形状及测量要求，确定测量坐标系的建立方式。

（6）根据被测零件的实际形状及测量要求，确定探针的组合方式。

（7）根据被测零件的实际形状及测量要求，确定整个测量工序、测量机运行的路径及测量结果计算方法。

（8）根据被测零件的实际形状及测量要求，确定被测零件名义值的输入情况，特别是在有复杂的曲面、曲线形状的测量中，往往还需输入 CAD 模型，以此作为测量的名义值。

2. 测量机使用中需注意的问题

（1）测量要求的明确，测量方法、数据处理方法的沟通与确认。

（2）零件测量工艺的制订及相关规范的建立。

（3）确认测量坐标系的建立方法，并验证所建坐标系的准确性。

（4）注意探针组合的标定误差。

（5）确认零件安装的稳定性，以及零件加工工艺的影响。

（6）确认具体采点方法与密度，特别是具体取点的方法及零件状况。

（7）逐步确认所测几何元素的精度状态（多次测量、直观数据）。

（8）注意使用重复测量验证测量结果的稳定性。

（9）注意测量结果计算的条件。

（10）注意结果输出的方式、方法（信息集成与管理）。

二、测量数据采样

三坐标测量机通过测量获得的原始数据是一些坐标点，这些数据通过接口送入计算机，计算机按照预先编好的程序进行计算和数据处理。

（一）测量方式

1. 点位测量

逐点对被测形状进行探测，如图 6-11 所示，可分为手动点位测量和自动点位测量。点位测量多用于孔的中心、孔中心距、加工面的位置以及曲线、曲面轮廓上基准点的坐标测量。

2. 连续扫描测量

如图 6-12 所示，测量头在工件表面沿某一方向连续移动，工作台和测量头的相对运动轨迹由预先编好的程序控制，能够实现自动测量，主要用于测量曲线或曲面。

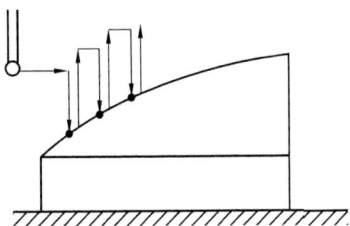

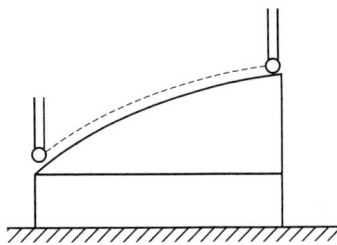

图 6-11　点位测量　　　　　　图 6-12　连续扫描测量

（二）采样原则

在采样点个数的选择上，通常采样点数越多对被测要素的描述越完整，表面粗糙度和表面波度等对测量的影响就越小，测量效果越好，但采样点数一方面受测量机的限制，另外，采样点越多，测量时间越长。采样点的选取原则上是在满足测量精度要求的前提下，采用尽可能少的采样点。

1. 采样点数量的确定

测量采样点数量的确定主要考虑以下几个方面：

（1）测量项目的几何特征类型、公差类型。根据坐标测量机测量元素类型，其拟合算法决定了最少的采样点数。同样，当测量元素有几何公差的要求时，其最少点数都要相应的加上 1，如测量一个平面的平面度至少要 4 个点。

（2）测量元素的设计公差范围大小、尺寸大小和测量机的测量精度大小。公差大的测量元素可以进行少测点测量，公差小的要更全面地反映工件实际情况则要进行多测点测量。尺寸大的测点较多，尺寸小的测点较少。测量机精度高，测点可以少；测量机精度低，测点就要多。

（3）工件的加工方法、加工精度等加工因素。一般来说，加工精度高，可以用较少的采样点；反之，则需要较多的采样点。通常的点数计算主要仍依靠实际经验来综合考虑。在实际测量中，可先确定最少采样点数，而后再综合考虑公差等因素，适当增加一定数量的辅助点数。对于同一个测量元素有多个公差要求时，以采样点数最多的为准。

2. 采样点生成要求

采样点分布的方法有随机采样方法、均匀采样方法和基于数字序列的采样方法，随机采样方法由于往往无法生成合理、均匀分布的采样点，且使得测量过程标准不一，采样点分布的最基本要求就是要在整个采样表面上均匀分布，另外，还要考虑可能存在的障碍、孔洞和边界对采样点可测性和可达性的影响，采样点生成通常满足以下要求：

（1）分布尽量均匀，各采样点间距尽可能相近。

（2）采样点尽可能散开，覆盖整个采样表面以保证检测质量。

（3）避免落入孔洞等不可测（达）区域。

（4）避免太靠近表面边界、障碍边界和孔边界。

（5）在曲率大的地方采样点紧密，曲率小的地方采样点稀疏。

（三）典型采样方法

1. 单一特征采样

典型的单一特征检测采样如图 6-13 所示。

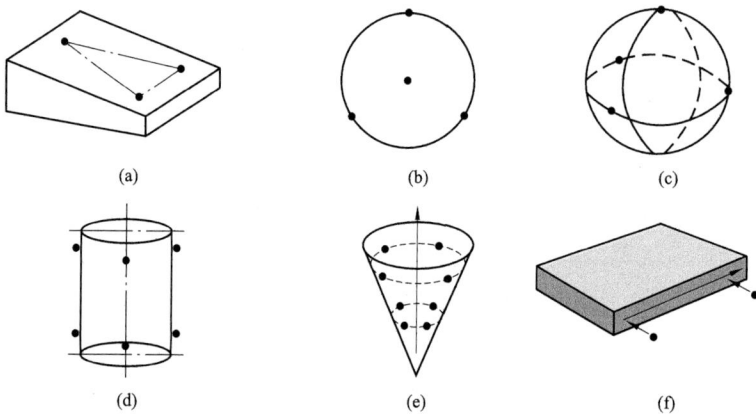

图 6-13　典型单一测量特征采样

（a）平面的测量；（b）圆的测量；（c）球面的测量；（d）圆柱的测量；（e）圆锥的测量；（f）直线的测量

平面的测量至少测量三个点，尽量使采集点的面积为被测平面的最大面积，采点要均匀，狭窄平面采点要多；圆的测量至少测量三个点，采点要均匀，为减少圆度误差影响，通常测量四个点；球面的测量至少测量四个点，三点在一平面内，另一点位于该平面外的球贯上；圆柱的测量至少在两个截面内测量六个点。两截面间距离应尽量大，且在截面上的点一一对应。

2. 复杂曲面特征的检测

复杂曲面是零件的典型结构，必须通过将其离散成一定的点的形式加以测量。常用的曲面采样如图 6-14 所示，在平行于 Z 平面采取平行两行等间距采样。

三、测量路径规划

由于三坐标测量机进行自动检测的主要方式就是采集坐标点，即在零件上按一定的路径依次测量预设的一组离散采样点，然后利用数学方法对测量数据进行分析计算并与名义公差进行比较得到检测结果。因此路径的好坏将直接影响检测效率的高低，甚至影响检测的进行。在最短的时间内完成测量，同时保证一定的测量精度，这是

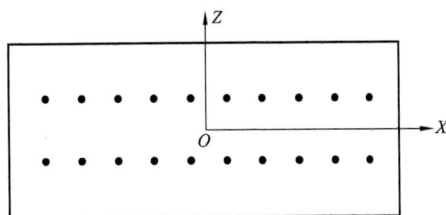

图 6-14 典型曲面采样

坐标测量机检测追求的最终目标。为了缩短检测时间，除了提高机器移动速度外，便是对路径进行规划。检测路径规划作为提高坐标测量机工作效率的重要一环，其目标就是要生成一

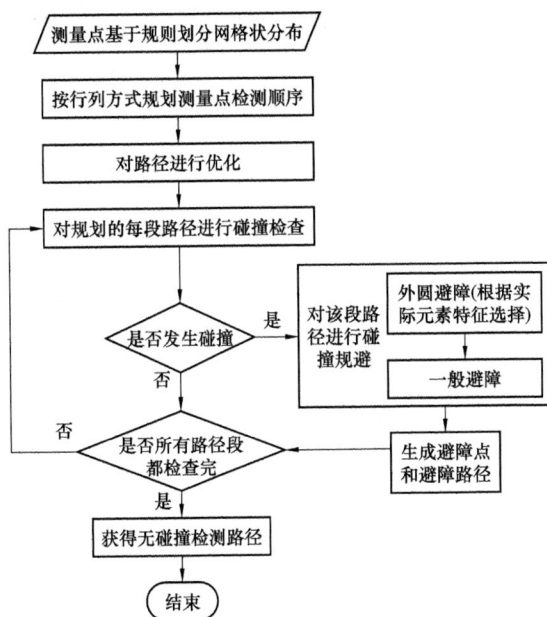

图 6-15 测量路径优化和碰撞检测流程

个最优的无碰撞检测路径以使在最短的时间内完成测量，具体涉及最优化测量点检测顺序问题及保证其检测过程安全性的碰撞检查和碰撞规避问题。具体的测量路径优化和碰撞检测如图 6-15 所示。

在具体的测量工艺规划中，测量路径优化可分为两种情形：

第一种是测面的测量顺序优化，以减少测头在测面间移动的路径长度。

第二种是同一测面上测点的测量顺序优化，以减少测头在测点间移动的路径长度。

对于第一种情形，在计算两测面间移动距离时，如果只考虑退出点和进入点间移动的距离，则简化为测点的测量顺序的优化，即与第一种情况完全类似。

测量路径优化的数学模型为

$$\min(L) = \sum_{i=1}^{n}(l_i + 2m_i) \tag{6-1}$$

式中　L——测量路径长度；

　　n——测量点数目；

　　l_i——测头从当前点到接近点的距离；

　　m_i——接近点到工件表面的距离。

四、测量程序的编制

测量机程序的编制有下列几种方式。

1. 图示及窗口编程方式

图示及窗口编程是最简单的方式，它是通过图形菜单选择被测元素，建立坐标系，并通过窗口提示选择操作过程及输入参数，编制测量程序。该方式仅适用于比较简单的单项几何元素测量的程序编制。

2. 自学习编程方式

自学习编程方式是在坐标测量机上由操作者引导测量过程，并键入相应指令，直到完成测量，而由计算机自动记录下操作者手动操作的过程及相关信息，并自动生成相应的测量程序，若要重复测量同种零件，只需调用该测量程序，便可自动完成以前记录的全部测量过程。该方式适合于批量检测，也属于比较简单的编程方式。

3. 脱机编程

脱机编程是采用三坐标测量机生产厂家提供的专用测量机语言在其他通用计算机上预先编制好测量程序，而后再到测量机上试运行，若发现错误则进行修改。其优点是能解决很复杂的测量工作，编程时不占用测量时间。

4. 自动编程

在计算机集成制造系统中，通常由 CAD/CAM 系统自动生成测量程序。三坐标测量机一方面读取由 CAD/CAM 系统生成的设计图纸数据文件，自动构造虚拟工件，另一方面接受由 CAM 加工出的实际工件，并根据虚拟工件自动生成测量路径，实现无人自动测量。这一过程中的测量程序是完全由系统自动生成的。

五、测量机数据处理

（一）测头标定

测量机通过测头系统对被测表面进行瞄准获得被测点的空间位置，测头系统是测量机的关键部件，对测量精度影响很大。

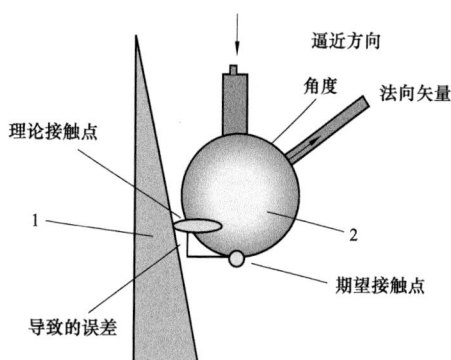

图 6 - 16　矢量误差
1—被测零件；2—测头

在测量过程中，当测球与被测表面接触时，测头系统会发出信号，进而通知计算机进行数据的采集，以得到被测点的坐标值。使用机械测头进行接触测量时，会产生测球中心的位移与测杆变形，从而影响了瞄准的精度。此外测量机得到的点位坐标值是测球中心的坐标值，为了获得被测工件的实际尺寸，还需考虑测球的动态直径值。因此，必须对测头进行标定，也就是说测头必须经过校准后才能使用。

在三坐标测量中需要指明被测量点的矢量数据，即用矢量精确指明测头垂直触测被测特征的方向，即测头触测后的回退方向。如图 6 - 16 所示，不正确的矢量测量产生余弦误差。

（二）零件测量坐标系建立

1. 坐标变换

三坐标测量机的机械系统有一个固定的坐标系统，被称为机器坐标系。开机前，测量机按照机器坐标进行测量，但按机器坐标测量往往不方便，需要根据被测量建立不同的坐标系，称为工件坐标。坐标测量机最大的优点就是它不使用专用夹具，工件在测量台上的放置没有特殊的要求。而是通过坐标系统的转换，建立工件坐标系，并在此坐标系上进行测量和数据处理。坐标系统转换是测量机中不可缺少的部分。通过窗口设置，可以完成坐标的清零、预置、直角坐标与极坐标转换、公制与英制转换等，包括坐标平移和坐标旋转等。

如图 6-17 所示，在三坐标测量机上，工件可任意放置。一旦工件的基准坐标 x'、y' 与测量机坐标 x、y 方向不一致，可进行修正。测量机测得工件上 A 点坐标 $(x_a，y_a)$，计算机计算出工件相对于测量机轴线的倾角 θ，从而求出在工件坐标系下的坐标值 $(x_n，y_n)$。在工件以后的测量中，可据此修正，从而提高测量效率，即

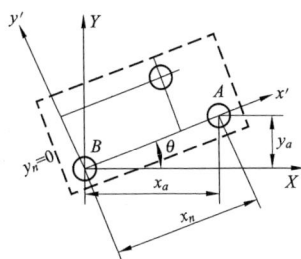

图 6-17　坐标变换

$$\cos\theta = \frac{x_a}{\sqrt{x_a^2 + y_a^2}} \qquad (6-2)$$

$$\sin\theta = \frac{y_a}{\sqrt{x_a^2 + y_a^2}} \qquad (6-3)$$

$$x_n = x_a\cos\theta + y_a\sin\theta \qquad (6-4)$$

$$y_n = -x_a\sin\theta + y_a\cos\theta \qquad (6-5)$$

2. 测量坐标系建立

零件坐标系的建立最广泛的方法有"3-2-1"法和迭代法等。如图 6-18 所示，"3-2-1"法指首先测量 3 点确立一个平面，而后测量 2 点确定一条直线，最后在侧平面测量一点确定工件坐标系。

图 6-18　"3-2-1"法建立测量坐标系

（1）"3"指不在同一直线上的三个点能确定一个平面，利用此平面的法线矢量确定一个坐标轴方向，称为找正；

（2）"2"指两个点可确定一条直线，此直线可以围绕已确定的第一个轴向进行旋转，以此确定第二个轴向，称为旋转；

（3）"1"指一个点，用于确立坐标系某一轴向的原点；利用平面、直线、点分别确定三个轴向的零点（零点），称为"平移"。

迭代法建立零件坐标系主要应用于测量原点不在工件本身或无法找到相应的基准元素（如面、孔、线等）来确定轴向或原点，多为曲面类零件（汽车、飞机的配件，这类零件的坐标系多在车身或机身上）。采用迭代法建立坐标系必须有数模，通过多组特征建立测量坐标系。找正第一组特征将使平面拟合特征的质心，以建立当前工作平面法线轴的方位。要求至少使用三个特征。使用第二组特征将使直线拟合特征，从而将工作平面的定义轴旋转到特征上。此部分必须至少使用两个特征。如果未标记任何特征，坐标系将使用"找平"部分中的特征。利用最后一组特征将零件原点平移到指定位置。

3. 特征数据计算

在圆的内外直径及圆心坐标的测量中，测出圆周的 3 个数据点 $P_1(x_1，y_1，z_1)$、$P_2(x_2，y_2，z_2)$、$P_3(x_3，y_3，z_3)$，如图 6-19 所示。

$$R = \sqrt{\frac{[(x_1-x_2)^2-(y_1-y_2)^2][(x_2-x_3)^2+(y_2-y_3)^2][(x_3-x_1)^2-(y_3-y_1)^2]}{2\,|\,x_1(y_2-y_3)+x_2(y_3-y_1)+x_3(y_1-y_2)\,|}} \pm r$$

$$(6-6)$$

$$x_c = \frac{x_1^2(y_2 - y_3) + x_2^2(y_3 - y_1) + x_3^2(y_1 - y_2) - (y_1 - y_2)(y_2 - y_3)(y_3 - y_1)}{2|x_1(y_2 - y_3) + x_2(y_3 - y_1) + x_3(y_1 - y_2)|}$$

$$(6 - 7)$$

$$y_c = \frac{y_1^2(x_2 - x_3) + y_2^2(x_3 - x_1) + y_3^2(x_1 - x_2) - (x_1 - x_2)(x_2 - x_3)(x_3 - x_1)}{2|x_1(y_2 - y_3) + x_2(y_3 - y_1) + x_3(y_1 - y_2)|}$$

$$(6 - 8)$$

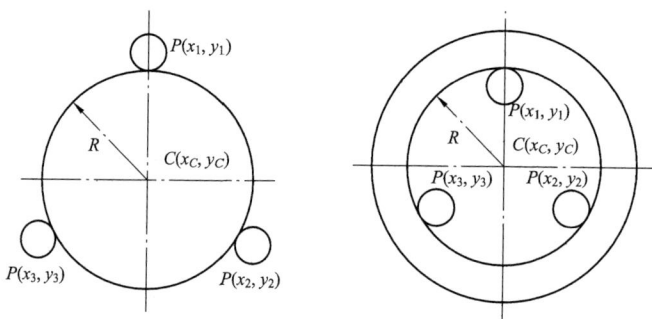

图 6 - 19   连续扫描测量

六、精度评定

（一）意义

三坐标测量机由于被测工件形状千变万化，测量时工件的定位和装夹方式也多种多样，所以精度的评定是很复杂的问题。其评定必须依据一定的技术条件，主要目的如下：

（1）为用户确定一个有实际意义的精度值。

（2）给出实用可行的测试方法，使用户可以有效地验收制造厂给定的精度值。

（3）规定验收测试条件，保证给定精度值的有效测试环境和条件。

三坐标测量机的精度不像单坐标测量机那样便于检定和给定指标大小。三坐标测量机的精度表示方法既不好规定，也不好检定，至今尚无统一的方法和标准。三坐标测量机的精度分为机器精度和测量精度。机器精度是指测量机本身的精度，即测量头中心在测量空间内任意位置的精度，为点的位置精度。测量精度即测量值与实际值之差，受测量方法、测头、工件状态如测量定位面、测量表面以及温度等因素的影响。

（二）误差来源

三坐标测量机的误差一般由下列几方面产生。

（1）几何误差。由于加工误差、调整精度及使用中磨损等原因，引起导轨运动的直线度和垂直度及工作台面的平面度等误差。

（2）机构的刚度变形误差。由于动载和工件质量的变化引起机构变形，从而产生误差。

（3）测量系统的误差。由基准尺误差、电子系统误差和量化误差等组成。

（4）测头的误差。

（5）温度误差。

（三）几何误差

几何精度对测量机总精度起着主要影响作用，所以应予以重视。几何精度有以下几项：

（1）工作台面与 X、Y 移动平面的平行度；

（2）X、Y、Z 向移动的直线度（每个坐标轴都有两个方向的直线度）；

（3）X、Y、Z 方向移动的角度变化（每个坐标轴有 3 个方向的角度变化）；

（4）X、Y、Z 方向移动的相互垂直度，总共有 3 个垂直度。

（四）精度评定

1. 示值精度

示值精度是沿各坐标轴测得的三坐标测量机位置读数与基准长度测量系统读数的差值，主要为坐标位置的点位精度，包括 X、Y、Z 各轴的位置精度，不包括测头和被测工件表面状况及温度的影响等，一般以激光干涉仪或刻线尺的读数为基准进行比对。

三坐标测量机的示值精度按国际标准 ISO 10360‐02 和 GB/T 16857.2—2006《产品几何技术规范（GPS）坐标测量机的验收检测和复检检测　第 2 部分：用于测量尺寸的坐标测量机》的规定，分为三类。

（1）A 类：$0.8+L/1500$（μm）。

（2）B 类：$1.6+L/250$（μm）。

（3）C 类：$4.0+L/125$。

2. 重复精度

对同一位置重复测量，求出标准差 σ，通常以 $\pm3\sigma$ 表示重复精度。也可对量块在每个位置上重复测量 10 个测量值时，以测量机读数的最小和最大数值之差作为长度测量重复性。重复性标准如下。

（1）A 类：$0.7\mu m$。

（2）B 类：$1.4\mu m$。

（3）C 类：$3.5\mu m$。

3. 动态误差

动态误差主要来源于测量部件运动过程中由于加速度造成的变形，特别当测量面是曲面时，测量头作向心加速度运动，将产生动态误差，动态误差一般不超过静态误差的 $10\%\sim30\%$。

第三节　测量程序编制

一、基于 DMIS 的数据集成

各厂家测量机如采用的编程语言不同将影响测量的效率，对不同的系统需要进行程序转换，而且，在人工转换过程中，难免发生错误，这将给生产带来极大的危害。为此，自 20 世纪 70 年代起，就开始研究 CAD 和测量机系统之间的数据和信息的自动化传递与转换问题，即 CAD/DME 集成技术，尤其希望出现集成工具的即插即用。为了能及时准确地把同一检测程序应用在不同的检测设备上，1986 年 3 月 IIT 研究所在国际计算机辅助制造公司（CAM‐I）质量保证计划资助下开发了尺寸测量接口规范 DMIS1.0 版，目前已经开发了DMIS4.0 版。现在基于 DMIS 规范的信息集成技术已有很大的发展，成为测量机领域的规范标准。

1. DMIS 数据结构

DMIS 的数据结构与实际设计和检测时所使用的数据是一致的，是由特征和公差组成。

特征是零件上的或空间存在（不在零件上）的几何元素，包括基本特征和实际特征。基本特征指的是理论特征，是设计出来的尺寸，用"F"来标记，如：

```
F(CIRCLE-1)=FEAT/CIRCLE/INNER,CART,7,9,2,0,1,1,6
```

表示定义一个圆，它的圆心位置是直角坐标 7，9，2。此圆所在平面的方向向量为 0，1，1；圆的直径是 6。

DMIS 支持的特征有直线（LINE）、圆（CIRCLE）、圆锥（CONE）、圆柱（CYLIDR）、球（SPHERE）、点（POINT）、面（PLANE）等，几乎包含了所有的几何元素。DMIS 支持 ANSI Y14.5M-1982 尺寸与公差标准。支持的公差有角度、平面度、平行度、直径、直线度、垂直度、半径、线轮廓度、同轴度、圆度、全跳动、圆柱度、倾斜度。公差包括基本公差与实际偏差，基本公差是 CAD 模型或零件图上给出的，即理论公差，以"T"标记。实际偏差是测量出来的，以"TA"标记。下面是一个特征与公差联系例子。

```
F(CIRCLE-1)=FEAT/CIRCLE.INNER,CART,9,7,6,0,1,0,30
T(DIAM-1)=TOL/ DIMA,0.002,0.0004
T (POS-1)=TOL/ POS,2D,0.002
MODE/MAN
MEAS/CIRCLE,F(CIRCLE-1)
ENDMES
OUTPUT/FA(CIRCLE-1),TA(POS-1)
```

上例第一行是定义一个圆。第二行是定义直径公差，下偏差是 0.002，上偏差是 0.000 4，标号是 DIAM-1。第三行是定义位置公差，2D 表示它是在基本特征向量的方向两维平面内计算的公差，公差为 0.002。第四行 MODE 表示机械的测量方式，有自动（AUTO）和手动（MAN）两种，本例表示机器是手动测量的。第五行是测量命令。第六行表示测量程序结束。第七行是输出测量结果，有三个参数：直径的实际特征、直径的实际偏差及位置的实际偏差。

2. DMIS 语句

DMIS 程序由面向过程的命令语句、面向几何学的命令语句及程序子单元组成。命令语句命令 DME 或接受系统实现它们的功能。DMIS 文件提供了很多基本命令，其中最为关键的是实体元素定义命令（FEAT）和输出命令（OUTPUT）。定义语句描述各种事物，包括几何尺寸、公差、坐标系统及可能包括在 CAD 系统数据库中的其他形式的数据。DMIS 程序以 DMISMN 作为开始标志，以 ENDFIL 作为结束标志。下面是 DMIS 程序的例子。

```
DMISMN
FINPOS/ON
F( C4)FEAT/CIRCLE,INNER,CART 9,5,7,0,1,1,5
MEAS/CIRCLE,F( CIRCLE-1),3
GOTO/9,5,7
PTMEAS/CART,10,5,7,-1,0,0
PTMEAS/CART,9,4,7,0,-1,0
PTMEAS/CART,9,5,8,0,-1,0
OUTPUT/FA(C4)
```

```
ENDM ES
ENDFIL
```

程序子单元是逻辑上合成一组用来实现一定功能的一串语句。DMIS 有 5 种类型程序子单元。每种类型由它的起始和结束语句来识别。

(1) 标准程序。

CALIB（起始）

⋮

ENDMES「（结束）

(2) 测量程序。

MEAS：

⋮

ENDMES

(3) 运动程序。

GOTARS

⋮

ENDGO

(4) IF 块。

程序 IF（比较语句）

⋮

ENDIF

(5) 宏。

动程序 MACRO

⋮

ENDMAC

程序子单元可由命令及定义等语句组合而成。

3. DMIS 的集成

基于 DMIS 规范的集成测量系统如图 6-20 所示，此系统以 DMIS 语言为信息交换的基础，主要采用面向对象技术，以模块化和标准化方式实现了 DMIS 语言核心和各个系统之间的通信，它的接口设计主要包括检测仪器（DME）控制、三维（3D）分析、统计过程控制（SPC）、制造设备控制、过程监视等，系统之间的接口可以通过基于 CORBA 组件技术的中间件来实现。DME 中之所以包含多种检测设备，是因为有些数据是不能或不适合用坐标测量机进行测量，所以必须使检测任务进一步细化。数值计算主要是为 3D 分析和 SPC 提供数据，用户也可以拓展数值算法接口来满足特殊的算法需要。采用计算机仿真检测则可以在计算机上进行模拟检测，避免实际检测过程中可能出现的碰撞，如果出现碰撞，则检测程序不合理，须进行修改，直至模拟检测通过为止。最后的检测结果再通过 DMIS 格式转换送至质量信息系统或其他系统进行存储或分析。

二、测量程序编制实例

1. 测量数据准备

某测量机测量曲面类零件，采样点为文本文件，格式为曲面点的 X、Y、Z 坐标和法向

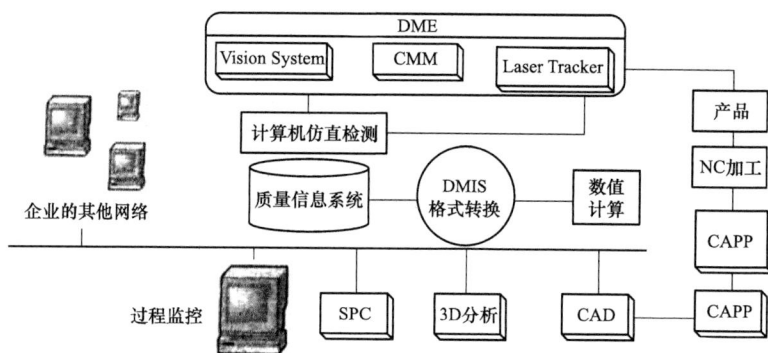

图 6-20　基于 DMIS 的集成测量系统

矢量。

```
"V","Point 1"
-1001.747,-159.839,49.805,0.528,- 0.848,0.000
"V","Point 2"
-990.046,-152.544,36.869,0.529,-0.848,0.000
"V","Point 3"
-990.046,-152.544,36.869,0.529,-0.848,0.000
```

2. PC-DMIS 测量

PC-DMIS 测量主界面如图 6-21 所示。

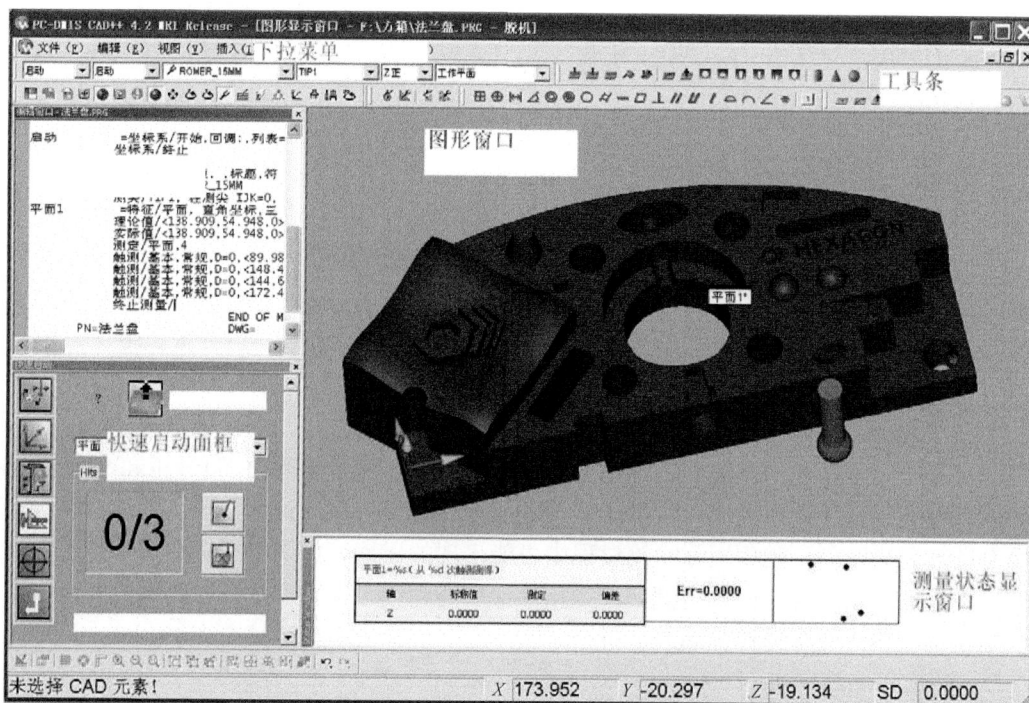

图 6-21　PC-DMIS 测量主界面

测量结果打印如下。

CMM Inspection Report

——————————— Actual Measured Data ———————————

```
       MEAS      THEO      DEV       UT     LT    OOT
1 SHOULD
X   -72.967   -73.008   -0.040    0.200  -0.200
Y    14.639    14.556    0.083    0.200  -0.200
Z    -8.900    -8.901   -0.000    0.200  -0.200
```

其中，MEAS 表示实际测量值，THEO 表示理论值，DEV 表示误差，DEV＝MEAS－THEO，UT 表示上偏差，LT 表示下偏差，OOT 表示公差。

零件的图形测量输出界面如图 6-22 所示。

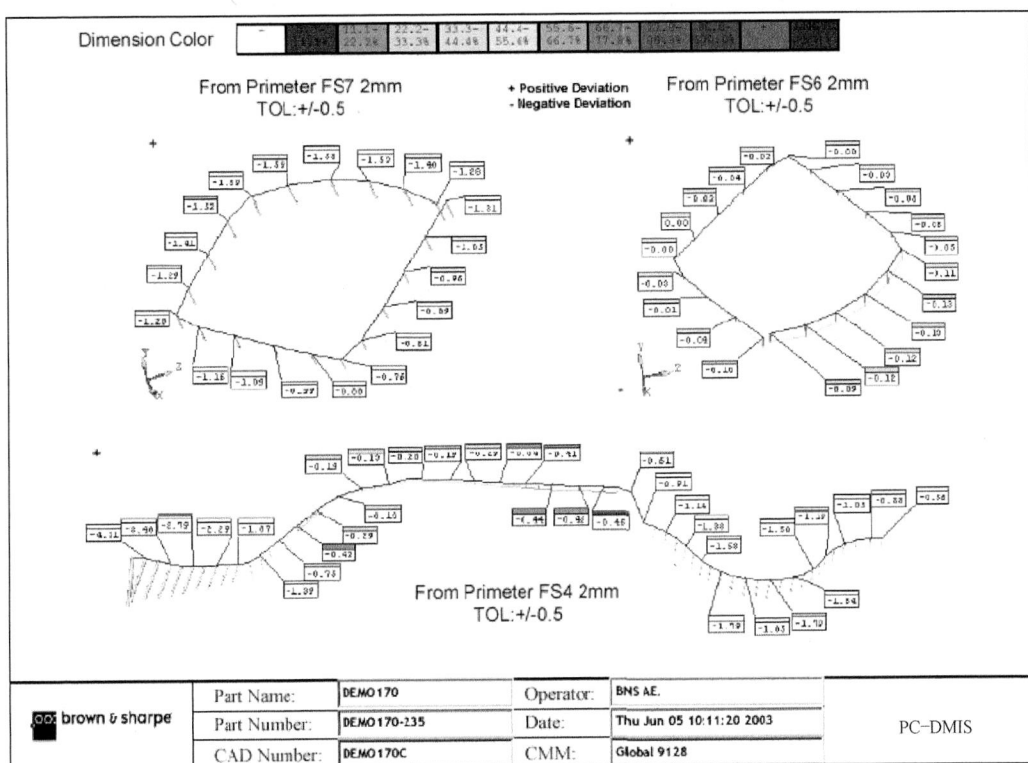

图 6-22　零件的图形测量输出界面

思 考 与 练 习

1. 测量机有哪几大类？
2. 数控坐标测量机测量的流程是什么？
3. 测量数据采样方式有哪些？

第七章　其 他 数 控 加 工 技 术

第一节　数 控 高 速 切 削 技 术

一、数控高速切削原理

1. 原理

高速切削与传统的数控切削加工方法没有本质的区别，两者同样涉及工艺参数（切削速度、进给速度和切削深度）、切削刀具及数控加工程序等，只是对它们的要求有所不同。然而与传统切削方法相比较，当切削速度达到相当高的区域时，会使加工过程中的切削力下降，工件温升变低，工件热变形减小，刀具耐用度提高。因此，高速切削除了能够大幅度提高单位时间材料切除率外，还带来了一系列无可比拟的优越性。

2. 特点

（1）具有极高的切削效率。随着切削速度的大幅度提高，进给速度也相应提高，单位时间内材料切除率可达到常规切削的 3～6 倍，甚至更高。此外，高速切削机床快速空行程速度的提高缩短了零件加工辅助时间，也极大地提高了切削加工的效率。

（2）切削力降低，切削热对工件的影响小。高速切削中在切削速度达到一定值后，切削力可降低 30% 以上，尤其是径向切削力大幅度减小。同时，95%～98% 以上的切削热被切屑飞速带走，仅有少量切削热传给了工件，工件基本上保持冷态。因此，特别适合加工薄壁、细长等刚性差的零件和易于热变形的零件。如航空航天部门常见的铝、铝合金整体构件，这些构件具有结构复杂、壁薄等特点，采用高速切削后切削力的降低可使薄壁的机械变形大大减小，而切削时产生的热量由切屑带走，避免了构件的热应力变形，可稳定地完成整体构件的薄壁加工。目前，航空航天制造业大力推广高速切削技术，已可精确地加工出壁厚为 0.1mm，高度为数十毫米的成形曲面。

（3）机床激振频率高。高速切削时，机床的激振频率特别高，该频率远离"机床—刀具—工件"工艺系统的低阶固有频率，工作平稳振动小，从而降低零件表面粗糙度，可加工出极精密、光洁、表面残余应力很小的零件，因此采用高速切削常可省去车、铣切削后的精加工工序。例如，传统的高硬度模具型面加工方法是在材料退火后进行热处理、磨削或电火花加工，最后手工打磨、抛光，加工周期很长。而在高淬硬钢件（HRC45－65）模具的加工过程中，采用高速切削可以取代电火花加工和磨削，甚至取代抛光的工序，并同样能达到模具加工的精度要求，而且可以提高模具寿命。

（4）可切削钛合金、高温合金等各种难加工材料。航空航天等尖端部门的零件制造大量采用难加工材料。例如钛合金，这种材料化学活性大、导热系数小、弹性模量小，因此刚性差，加工时易变形，而且切削温度高，单位面积上的切削力大，零件表面的冷硬现象严重，刀具后刀面磨损剧烈。若采用涂层整体硬质合金刀具高速切削钛合金，切削速度可达 200m/min 以上（比传统切削加工速度高 10 倍左右），加工效率和零件表面的加工质量都能获得大幅度的提高。

目前，国内外汽车、航空航天、模具、轻工和信息产业等部门高速切削加工技术已得到广泛的推广与应用，并取得了巨大的技术与经济效益。高速切削技术已成为当今先进加工技术的一个重要发展方向。

二、数控高速切削工艺

1. 高速机床

高速切削机床在整体结构和传动机构设计上都要确保机床有优良的静、动态特性和热稳定性。高速切削机床的整体结构有龙门式立柱型对称结构、箱型结构、防尘密封型结构等，其中龙门式立柱型对称结构最为常见。这种结构可提高机床的承载能力和刚性，增强机床的耐冲击性和抗振性，降低机床的固有振动频率，减少机床因热变形所造成的几何误差。近年出现的并联轴机床结构简单、质量轻，具有极高的主轴转速、进给运动速度和加速度，带来了高速机床的革命。

目前，高速切削机床的主轴单元通常采用内装式电主轴的结构形式。进给单元采用直线电机提高动态性能。

2. 高速刀具

高速刀具刀柄采用 1∶10 锥度的中空短锥双面定位结构的新型高速刀柄。这类刀柄主要有德国的 HSK 系列与美国的 KM 系列两大系列。HSK 是由德国阿亨大学机床研究所专门为高转速机床开发的新型刀—机接口，并形成了用于自动换刀和手动换刀、中心冷却和端面冷却、普通型和紧凑型等 6 种形式。HSK 已于 1996 年列入德国 DIN 标准，并于 2001 年 12 月成为国际标准 ISO 12164。

为了避免事故的发生，高速机床必须设有透明、抗冲击的安全防护装置，而高速切削刀具则要提高刀体强度及工件、刀片夹紧的可靠性。例如机夹可转位铣刀，高速下夹紧刀片的螺钉极可能被剪断，导致刀片或其他夹紧件甩飞。高速铣刀刀片不允许采用通常的靠摩擦力夹紧的方式，而要采用带中心孔的刀片，用螺钉夹紧。

对于高速切削的回转刀具（高速旋转的铣刀、锉刀等），还应经过动平衡测试进行调整，以消除高速下因刀具不平衡对刀具主轴系统产生附加径向载荷而带来的安全隐患。

3. 高速铣切夹具

高速铣机床一个典型的应用是铣削预拉伸板材零件，其典型装夹方式如下。

（1）使用压板直接将零件压紧在工作台面上。此方法适用于零件的外廓尺寸较小、加工量适中的小型件。这种方法要求零件有较好的结构性，其腹板和筋条尺寸较大，并且槽腔的面积较小；否则，零件容易变形，不易保证加工后尺寸。此种方法适用于加工批量小、易于改型的零件，这样，就可以节省工装的制造费用。采用这种方法，在加工中需要经常更改压板的位置，对于被加工零件的表面质量有一定影响，同时，加工的辅助时间较长。

（2）零件周边预留工艺凸台。如图 7-1 所示，在凸台上使用压板或者沉头螺钉将零件夹紧在平台或简易垫板上。此方法要求零件的结构性较好。此种装夹的优点是零件在加工中不需要改变装夹状态，节省了辅助时间，并且降低了装夹难度。但是这种方式相对浪费材料。此种装夹方法主要适合于以板料、方型材、自由煅等作为毛坯来加工的零件。

（3）使用专用工装装夹零件。如图 7-2 所示，这种方式常用于一些两面都需要加工的零件，或者零件的形状较为复杂，第一面加工完成后，在零件的表面形成了不同的型面，翻面后加工无法采用上述两种方法装夹。使用专用的工装夹具，适合生产批量较大的零件，相对来说，其加工成本较高。

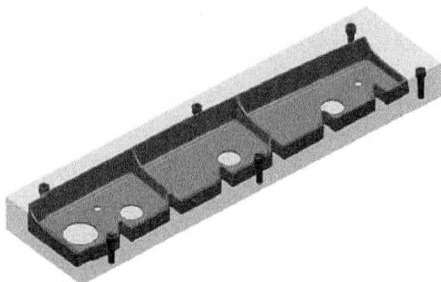

图 7-1　周边预留工艺凸台装夹　　　　图 7-2　专用工装装夹

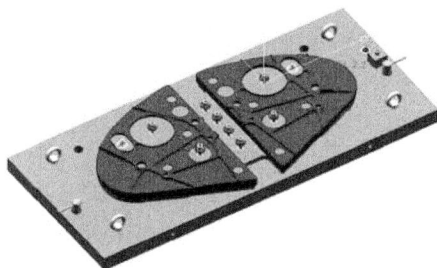

(4) 采用真空吸附的装夹方式。此种方式是在加工零件的平面面积比较大时，经常使用的一种装夹方式。采用这种方法，可以不使用其他的装夹设施，只要零件的平面面积足够大，产生的真空吸力就可以将零件压紧在真空平台上。这种方式主要用于其毛坯是板材的零件的加工，其定位面是平面，并且面积很大。真空吸附的方式还可以作为其他夹紧方式的补充，对于很多零件都适用，尤其对于薄腹板零件，真空吸附可以很好地将零件腹板与支承面吸附贴合在一起，这样，在零件的加工过程中，腹板不会产生变形、振动，使得加工后的零件尺寸易于保证，同时，真空平台是一种通用工装，不需要更换即可加工很多零件，节省了辅助时间，提高了加工效率。为保证零件装夹的可靠性，也可在零件的毛坯边缘增加辅助压板。

(5) 使用反螺钉锁紧的装夹方式。此种装夹方式与沉头螺钉夹紧的方式类似，同样使用沉头螺钉，只不过是反向的螺钉，而沉头的阶梯孔也开在夹具上，在夹具垫板的背面钻一些阶梯孔，其孔位与大小需要同螺钉相配合。一般情况下，螺钉可以选择 M10 或 M12（针对不同大小的零件），螺钉的高度以拧紧后超出垫板上表面 7～10mm 为宜，阶梯孔的深度以能够容下螺钉、支撑弹簧、挡片为宜。这样，螺钉被压下去时，工装的上表面仍然保持平面状态，方便零件的装夹。装夹零件前，需要在零件的相应位置钻出通孔，并攻丝。装夹零件时，将螺钉拧入零件上的螺纹孔并拧紧。采用这种装夹方式，相对于沉头螺钉夹紧的方式有着以下优点：

1) 由于螺钉是隐藏在夹具中的，因此，在装夹零件时，不需要到处去找螺钉，节省了辅助时间。

2) 由于螺钉的钉头部分比螺杆粗，因此，这种方式相对于沉头螺钉夹紧的方式，螺钉的位置更能够接近零件，因此能够节省零件的毛坯尺寸。

3) 由于螺钉是由零件的下面拧入零件体内的，而拧入的高度可以限定，因此，螺钉拧入的高度一般比沉头螺钉拧紧零件后的高度要小。装夹螺钉的高度越小，越是方便零件的加工。尤其是在高速铣削时，由于加工刀具的高速旋转、机床的高速进给，如果产生刀具与工装发生干涉的现象，则会造成很大的损失及安全事故。

反螺钉锁紧的装夹方式则可以减少上述现象的发生，并且方便在编程中控制刀具的运动轨迹，因此更适合于高速铣削加工。反螺钉锁紧装夹如图 7-3 所示。

4. 高速工艺技术

(1) 基本原则是尽可能选用高切削速度、高进给速度、小切深和小步距。

（2）切削过程中尽量保持金属切除率的稳定性、保持切削载荷的恒定。

（3）尽可能保持稳定的进给运动，减少进给方向和加速度的突然变化，降低进给速度的损失，保证刀具路径的光顺与平滑。

（4）尽量避免垂直下刀，设法从工件外部以适当的路线切入，如采用螺旋进给方法等。

（5）尽量使用同一把刀具精加工零件的临界区域，不同精加工步骤的加工路径不重叠。

（6）刀具尽可能短。

图7-3 反螺钉锁紧装夹

三、程序编制

（一）高速编程技术

（1）精加工内轮廓，如图7-4所示，刀具半径小于形腔最小转角半径，利于转角处成圆滑的过渡曲线，避免切削力突然增大，刀具折断。

（2）在转角处提前减速，离开拐角时缓慢加速，如图7-5所示。

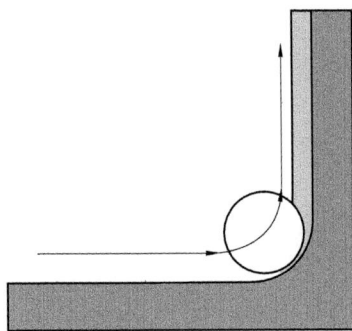

图7-4 刀具半径小于内转角半径

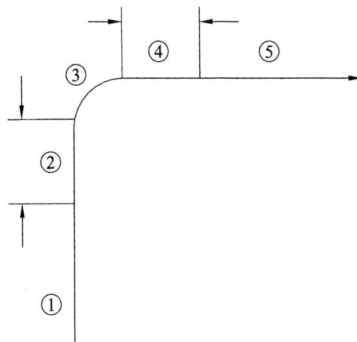

图7-5 转角减速
①—正常进给路线；②—减速区；③—拐角区；
④—升速区；⑤—正常进给区

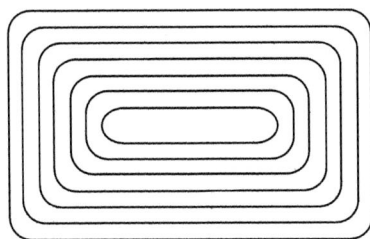

图7-6 圆弧过渡

（3）内型腔铣削转角强制圆弧过渡，如图7-6所示，所有路线光滑过渡。

（二）高速加工零件

1. 航空航天工业中的高速切削

现代航空航天器为了减轻重量，其零部件大量采用轻合金（铝合金、镁合金）、合金钢和钛合金、纤维增强树脂基复合材料等轻质材料来制造。

例如，航空和动力部门大量采用镍基合金（如 Income1718）和钛合金（如 TiAl6V4）来制造飞机和发动机零件。这些材料强度大、硬度高、耐冲击、加工中易硬化、切削温度高、刀具磨损严重，是一类难加工的材料，切削效率低。如果采用高速加工可显著提高效率。

过去由几十个甚至几百个零件通过铆接或焊接起来的组合构件，合并成一个带有大量薄壁和细筋的复杂零件，称为整体结构件。如图7-7所示，整体结构件往往结构复杂、壁薄，整体毛坯加工金属切除量又大，从而使得加工周期长，质量难以控制（尤其是薄壁加工）。在高速切削中，由于切削力小，能减轻薄壁的机械变形，切削时产生的热量又由切屑带走，可避免工件因升温而产生的热应力变形，实现稳定的加工。例如，高强度铝合金整体件加工，材料切除率往往可高达 $100\sim180cm^3/min$，为常规加工的3倍以上，提高了效率，加工精度也满足要求。目前，大型复杂整体构件高速加工已是航空航天业中加工技术发展的一种趋势。

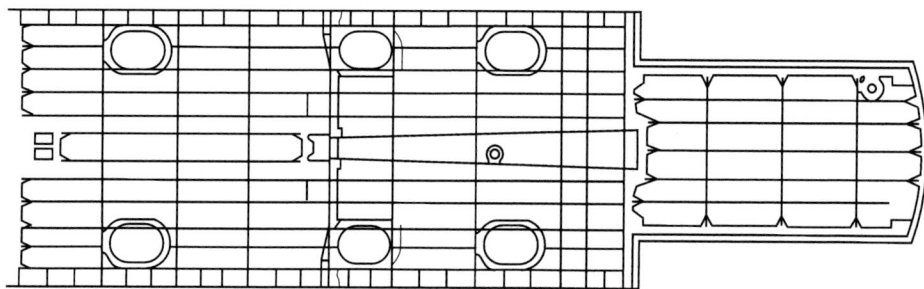

图7-7　高速铣零件

蜂窝为一种典型结构件，质量轻，可承受较大的压力载荷，结构如图7-8所示，机床纸蜂窝的加工参数见表7-1。

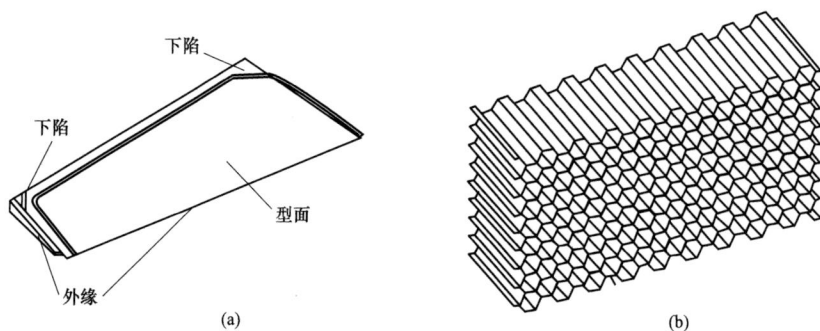

图7-8　蜂窝典型结构图
（a）零件；（b）剖面结构示意

表7-1　　　　　　　　　　　　蜂窝零件加工参数一览表

特征	刀具直径（mm）	主轴转数（r/min）	进给速度（mm/min）	切削深度（mm）	切削宽度（mm）
型面	φ45	15 000	12 000	10	20
外形	φ45	12 000	10 000	10	45

2. 汽车工业中的高速切削

2009年，我国汽车产量与销量跃居世界第一。伴随着几年来汽车工业的持续增长，与汽车制造相关的机械加工及金属切削工作量激增，汽车及其零部件制造业已成为机床和刀具行业最大、最重要的用户。而随着市场竞争的日益加剧，提高生产效率、缩短产品交付时间、降低成本已成为企业生存和发展的关键，而高速切削无疑是解决这些问题的一条重要途径。目前，高速铣削在汽车发动机缸体、缸盖等零件的加工中已经得到普遍应用。

3. 模具工业中的高速切削

模具型面是十分复杂的自由曲面，又都是由高硬度、耐磨性好的合金材料制造，因此传统的模具切削加工一般只能在淬火之前进行，由淬火引起的变形则通过磨削、电火花加工或手工修磨等方法最终经过精加工成形。而高速切削加工模具，不仅提高了加工速度，而且获得较高的表面质量。

第二节 数控车铣复合加工技术

一、车铣复合机床

车铣复合加工是近几年数控加工技术的研究热点。以全功能数控车床为主体，配置动力刀架、ABC轴控制、自动上下料装置等，从而可以实现多工序集中复合加工的数控车床称为车铣复合中心，如图7-9所示。所谓动力刀架，刀架具有自驱电动机。可以驱动其上的钻头、镗刀和铣刀等刀具实现回转主运动，进行加工。可以实现在车铣复合中心上，工件一次装夹后，可完成回转类零件的车、铣、钻、镗、铰、螺纹加工等多种工序，可以在工件径向和轴向进行上述加工。车铣复合中心功能全面而强大，加工质量和效率高，但价格较贵。

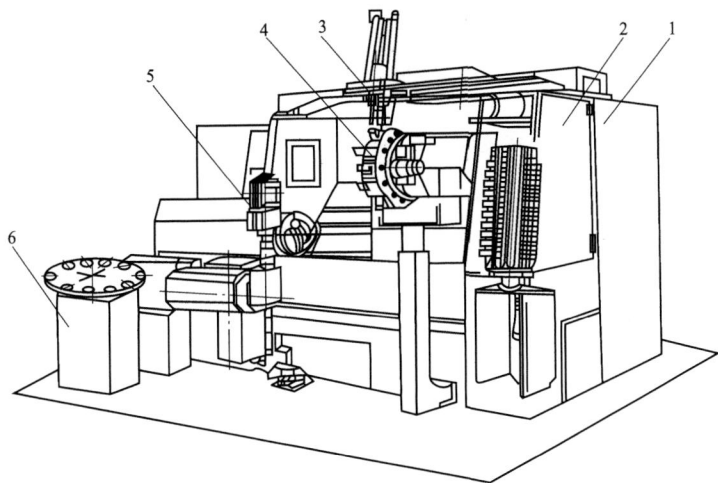

图7-9 车铣复合中心
1—主机；2—刀库；3—换刀机械手；4—刀架；5—装卸料机械手；6—载料机

车铣复合中心通常具有双主轴和双刀架，能够双面加工，制动完成工件的装夹，提高生产效率。

二、适应零件

车铣复合中心适合加工主要结构为回转体特征，同时含有铣削特征的零件。图7-10所示为典型的加工零件。

（1）为圆柱径向钻孔；

（2）为圆柱端面钻孔；

（3）为圆柱面上铣键槽；

（4）为圆柱的断面铣正方体。

复杂的叶轮、发动机曲轴等零件也适合车铣复合加工。

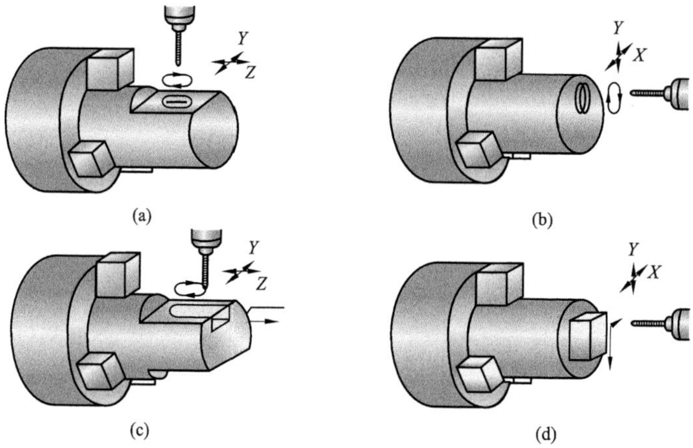

图 7 - 10　车铣复合中心加工零件

（a）径向钻孔；（b）端面钻偏心孔；（c）径向铣内槽；（d）端面铣凸台

三、编程策略

1. 车铣编程的复合

利用普通车削功能和铣削功能分别编制程序，手工或利用编辑软件合并程序于一体。

2. 端面铣削

如图 7 - 11 所示的端面铣削中，即可以使用 Y 轴插补也可以使用 C 轴插补。

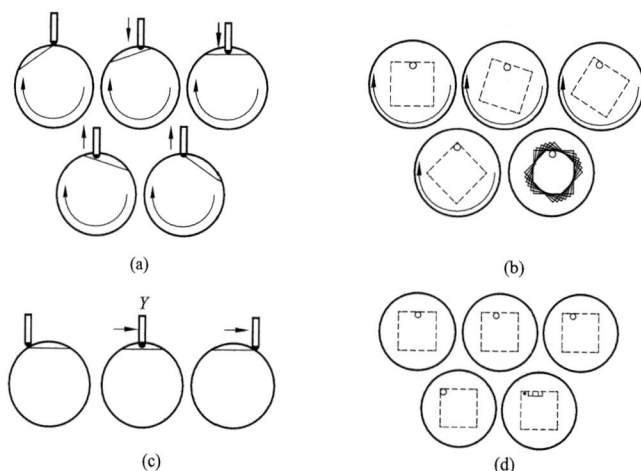

图 7 - 11　零件端面铣削运动

（a）C 轴插补运动；（b）C 轴插补运动轨迹；（c）Y 轴插补运动；（d）Y 轴插补运动轨迹

3. 缠绕加工

如图 7-12 所示，圆柱上有一条螺旋槽，槽的截面积如图 7-12 (a) 所示，A 点为截面下底面半径最小处中点，加工时首先将螺旋槽展开成 $Y=0$ 平面的一条曲（直）线，而后利用 C 轴的转动和 Y 轴的铣削功能进行加工。

4. 多主轴多刀塔

车铣复合加工配合多主轴可提高加工效率，上下刀塔同时车削可提高工件的刚性，副主轴可以充当机械手，从第 1 主轴上装夹零件。

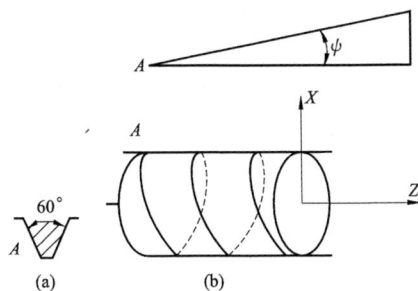

图 7-12　缠绕加工
(a) 槽的 $Y=0$ 面展开线；(b) 圆柱

第三节　数控电火花加工

一、数控电火花成形加工

1. 原理

数控电火花成形加工是一种通过工件和工具电极之间的脉冲放电而有控制地去除工件材料的加工方法。工件和工具电极间通常充有液体的电介质（工作液）。利用这种方法进行成形和穿孔。

如图 7-13 所示，工件与工具电极（简称电极）分别与脉冲电源的两个不同极性的输出端相接，伺服进给系统使工件和电极间保持恰当的放电间隙，两电极间加上脉冲电压后，在间隙最小处或绝缘强度最低处把工作液介质击穿，形成火花放电。放电通道中的等离子体瞬时升温使工件和电极表面都被蚀除掉一小部分材料，各自形成一个微小的放电坑。脉冲放电结束后，经过一段时间间隔，使工作液恢复绝缘，下一个脉冲电压又加到两极上，同样进行另一个循环，形成另一个小凹坑。当这种过程以相当高的频率重复进行时，工具电极应不断调整与工件的相对位置，以加工出所需的零件。从微观上看，加工表面显然由极多的脉冲放电小坑所组成。

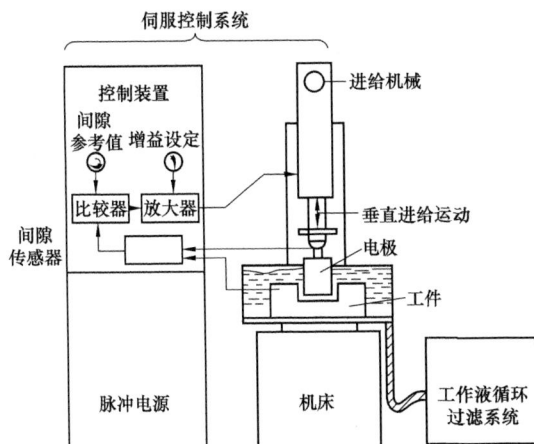

图 7-13　电火花成形加工

基于上述原理，进行电火花加工应具备下列条件：

（1）在脉冲放电点必须有足够大的能量密度，能使金属局部熔化和气化，并在放电爆炸力的作用下，把熔化的金属抛出来。为了使能量集中，放电过程通常在液体介质（常用煤油为工作液）中进行。

（2）放电形式应是脉冲的，放电时间很短，一般为 $10^{-7} \sim 10^{-4}$ s，使放电时产生的绝大部分热量来不及从微小的加工区中传输出去。

（3）必须把加工过程中所产生的电蚀产物（包括加工屑和焦油、气体之类的介质分解产物）和余热，及时地从加工间隙中排除出去，使加工能正常地连续进行。但非常小的粒子（<0.01mm）污染，反而有利于火花通道的迅速形成。

（4）在相邻两次脉冲放电的间隔时间内，电极间的介质必须来得及削除电离，避免在同一点上持续放电而形成集中的稳定电弧。

（5）在加工过程中，工件和工具电极之间应保持一定的距离（通常为几微米到几百微米），以维持适宜的放电状态。

2. 加工特点

（1）适合于用传统机械加工方法难于加工的材料加工。因为材料的去除是靠放电热蚀作用实现的，材料的加工性主要取决于材料的热学性质，如熔点、比热容、导热系数（热导率）等，而几乎与其机械性质（硬度、韧性、抗拉强度等）无关。这样，工具电极材料不必比工件硬，故使电极制造比较容易。

（2）可加工特殊及复杂形状的零件。由于电极和工件之间没有接触式相对切削运动，不存在机械加工时的切削力，故适宜加工低刚度工件和进行微细加工。当脉冲放电时间短时，材料被加工表面受热影响的范围小，适宜于加工热敏材料。此外还可实现仿形加工，例如半圆形内孔等。

（3）直接利用电能加工，适于实现过程的自动化。加上条件中起重要作用的电参数容易调节，能方便地进行粗、半精、精加工各工序，简化工艺过程。

3. 局限性

（1）主要用于金属材料加工，但在一定的条件下，也可以加工半导体和非导体的材料。

（2）加工效率较低。一般情况下，单位加工电流的加工速度不超过十几毫米^3/（安·秒）。此外，加工速度和表面质量之间存在着突出的矛盾，即精加工时加工速度很低，粗加工时常受到表面质量的限制。

（3）存在电极损耗。虽然有的机床可把电极相对于工件的体积损耗降低到 0.1％以下，但问题在于损耗一般都集中在电极的一部分（如底面、角部等处），影响成形精度。精加工时的电极低损耗问题仍有待深入研究。

（4）最小角部半径有限制。电火花加工可达到的最小角部半径等于加工间隙。当电极有损耗或采用平动方式加工时，角部半径要增大。

（5）加工表面的"光泽"问题。一般精加工后的表面，如粗糙度已达 $Ra0.2\mu m$，仍无机械加工后的那种"光泽"，需经抛光后才能发"亮"。

4. 应用

应用领域日益扩大，已在机械（特别是模具制造）、宇航、航空、电子、核能、仪器、轻工等部门用来解决各种难加工材料和复杂形状零件的加工问题。加工范围可从几微米的孔、槽到几米大的超大型模具和零件。主要的应用范围如图 7-14 所示。

（1）加工模具。如冲模、锻模、塑料模、拉伸模、压铸模、挤压模、玻璃模、胶木模、陶土模、粉末冶金烧结模、花纹模等。电火花加工可在淬火后进行，免去了热处理变形的修正问题。多种型腔可整体加工，避免了常规机械加工方法因需拼装而带来的误差。

（2）在航空、宇航、机械等部门中加工高温合金等难加工材料。如喷气发动机的涡轮叶片和一些环形件，火箭发动机的内部零件等。

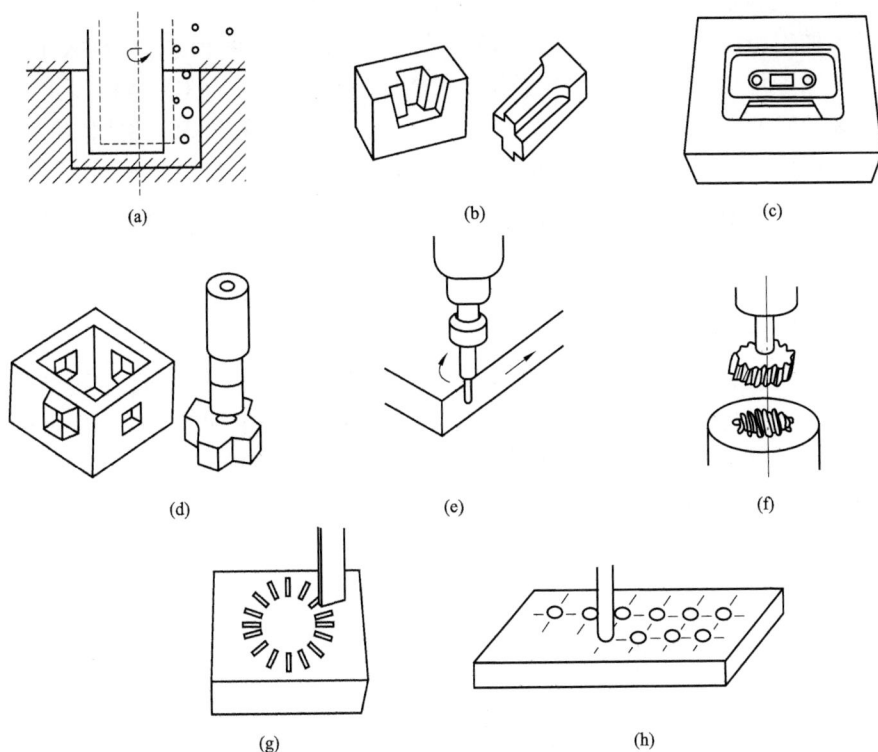

图 7-14 数控电火花加工示例

(a) 摇动加工；(b) 锥度加工（可用直电极）；(c) 多电极组合加工；(d) 横向加工；

(e) 修行加工（修整电极）；(f) C 轴加工（可转动，螺纹加工）；(g) 分度；(h) NC 定位加工

（3）微细精密加工。通常可用于 0.01～1mm 范围内的型孔加工，如化纤异型喷丝孔、发动机喷油嘴、电子显微镜栅孔、激光器件、人工标准缺陷的窄缝加工（是指在工艺试件上故意加工出一个小窄缝，以模拟工艺缺陷，进行强度试验）等。

（4）加工各种成形刀具、样板、工具、螺纹等成形零件。

（5）利用数控功能可显著扩大应用范围。如水平加工、锥度加工、多型腔加工，采用简单电极进行三维型面加工，利用旋转主轴进行螺旋面加工等。

5. 加工工艺

（1）电加工工艺参数选择。工具电极极性一般选择原则如下：

1）铜电极对钢，选"＋"极性；

2）铜电极对铜，选"－"极性；

3）铜电极对硬质合金，"＋""－"极性都可以；

4）石墨电极对铜，选"－"极；

5）石墨电极对硬质合金，选"－"极性；

6）石墨电极对钢，加工粗糙度为 $15\mu m$ 以下孔，为"－"；加工粗糙度为 $15\mu m$ 以上孔，为"＋"极性；

7）铜电极对钢，选"＋"极性。

加工峰值电流和脉冲宽度主要影响加工表面粗糙度、加工宽度。选择好这一对参数很重

要，主要靠加工经验及机床的电源特性。一般来说机床制造厂家会提供一个比较粗糙的电源指标，如最大加工峰值电流、最小加工峰值电流、最大加工脉冲宽度、最小脉冲宽度，这样就可以把这些加工峰值电流及脉冲宽度分为三个区域，即粗加工区、半精加工区、精加工区，精加工区的峰值电流及加工脉冲宽度都最小。加工时，操作者可以根据实际加工情况加以修正。为达到最终加工要求精度，粗糙度值较低，则最终加工峰值电流和脉冲宽度选择时要偏下限一些。对粗加工，因为后面还有半精、精加工，所以其加工峰值电流及脉冲宽度可以偏大些，以获得大的加工速度。对半精加工，主要是为了去除粗加工留下的加工痕迹及去除少量余量，所以，峰值电流及脉冲宽度一般取中间值。脉冲间隔时间影响加工效率，但过短的间隔时间会引起放电异常，所以选择时重点考虑排屑情况，以保证正常加工。

（2）预加工。为提高加工效率，在电火花加工前进行工件预加工去除金属量，电加工余量越少越好，只要能保证加工成形就行。一般来说，电火花成形加工前的余量，对型腔的侧面单边余量为 0.1～0.5mm，底面余量 0.2～0.7mm，如果是盲孔或台阶型腔，一般侧面单边余量为 0.1～0.3mm，底面为 0.1～0.5mm。

（3）电加工中产生的蚀出物的去除影响加工的质量，需保证有良好的排屑环境，方法有三，如图 7－15 所示。

1）冲液法。在工件或电极上开加工液孔，让工作液从中流过。

2）抽液法。和冲液方法相反。

3）喷射法。在工件或电极不能开加工液孔时使用。

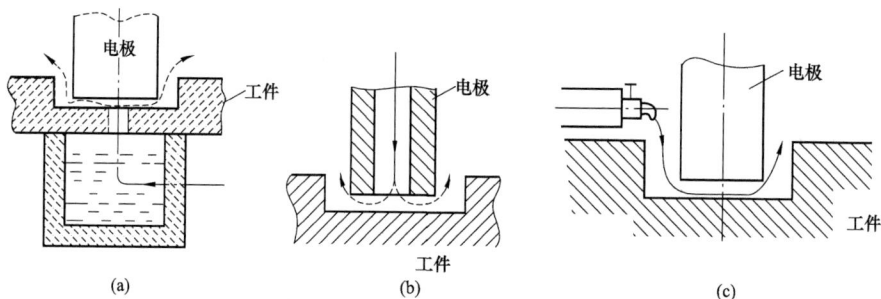

图 7－15　蚀出物去除方式
(a) 冲液法；(b) 抽液法；(c) 喷射法

（4）加工方式选定。加工方式的选定是指用什么方式来加工，是用多电极多次加工，还是用单电极加工，是否采用摇动加工等。加工方式的选择要视具体情况而定，一般来说多电极多次加工的加工时间较长，需要电极定位正确，但这种方法工艺参数选择比较简单。单电极加工一般用于型腔要求比较简单的加工。对于一些型腔粗糙度、形状精度要求较高的零件，可以采用摇动加工方式。如图 7－16 所示，数控电火花加工机床的摇动方式一般有如下几种。

1）放射运动从中心向外作半径为 R 的扩展运动，边扩展边加工。

2）多边形运动从中心向外扩展至 R 位置后，作多边形运动加工。

3）任意轨迹运动用各点坐标值，需先编程，以后再动作。

4）圆弧运动从中心向半径 R 方向作圆弧运动，同时加工。

5）自动扩大加工对以上 4 种运动方式，顺序增加 R 值，同时移动进行加工。

6）螺旋式从中心向外作半径 R 的扩展运动，并以螺旋线形式下降。

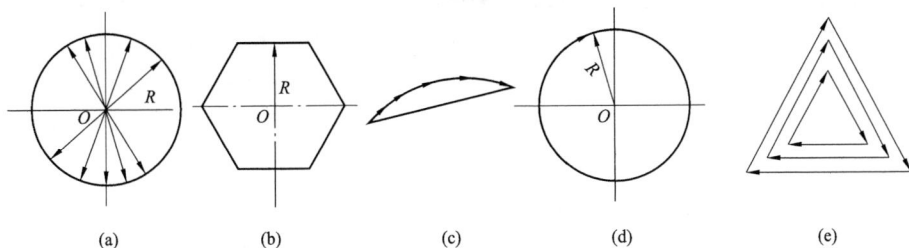

图 7-16 摇动加工方式

(a) 放射运动；(b) 多边形运动；(c) 任意轨迹运动；(d) 圆弧运动；(e) 自动扩大加工

二、数控电火花线切割

(一) 原理

电器开关在闭合或断开的瞬间，在触点处会产生电弧，电弧所产生的高温会在触点处熔化出凹凸不平的小坑，造成开关接触不良，甚至损坏，这是电腐蚀现象所产生的有害的一面，但也可以利用电腐蚀现象对金属进行各种加工，从而发明了电火花加工。图 7-17 所示为数控电火花线切割装置原理，工件接脉冲电源正极，电极丝接电源负极，在加工电源的作用下，工件与电极丝之间产生脉冲放电，在加工过程中，电极丝在储丝筒的作用下，相对工件不断往上（下）移动（慢走丝单向移动，快走丝往复移动）这种运动称为走丝运动。安装工件的工作台在机床数控系统的控制下，在水平面的两个坐标方向按预定的控制程序实现切割进给，切割出需要的工件形状。电极丝的走丝运动可减少电极损耗，且不被电火花烧断，同时又可将工作液带入加工缝隙，有利于电蚀产物的排除。

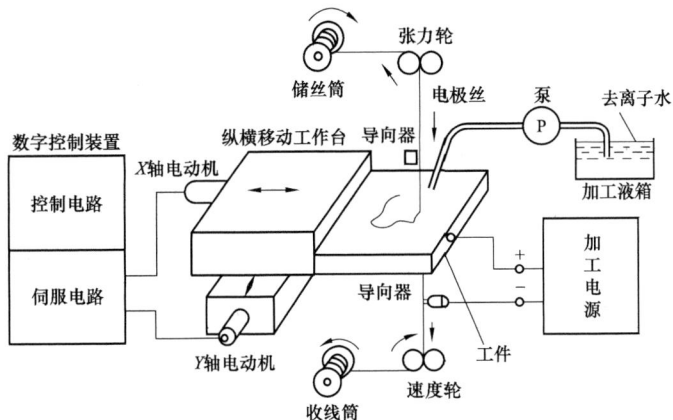

图 7-17 数控电火花线切割原理

(二) 加工特点

(1) 不需要制造特定形状电极，可节约电极制造费用，缩短生产周期。

(2) 可加工用一般切削加工方法难以加工或无法加工的形状复杂的工件。

(3) 加工过程中工具电极和工件电极不直接接触，不产生切削力，工件的变形小，工具电极不需要太高强度。且电极材料不必比工件材料硬，可加工一般切削加工方法无法加工的高硬度金属材料和半导体材料。

（4）通过对电参数的调节就可实现粗、半精、精加工，操作方便，自动化程度高。

（5）电极丝移动加工，单位长度电极的损耗很小，对加工精度影响小。

（6）切削过程中金属去除量很少，材料利用率很高，可有效节约贵重材料。

（7）同传统切削加工比，线切割加工材料去除率低，不适合形状简单、大批量零件加工。

（三）应用

数控线切割加工是一种重要的高精度自动化加工方法，在新产品试制、精密零件及模具加工中应用广泛。可加工挤压模、粉末冶金模、弯曲模、塑压模等各种类型模具；可加工电火花成形加工用的电极；新产品试制及难加工零件在试制新产品时，用线切割在坯料上直接切割出零件。由于不需另行制造模具，可大大缩短制造周期，降低成本。加工薄件时可多片叠加在一起加工。可用于加工品种多、数量少的零件，还可加工特殊难加工材料的零件，如凸轮、样板、成形刀具、异形槽、窄缝等。

（四）机床

数控电火花线切割机床可以按照控制方式、脉冲电源形式、加工特点和走丝速度进行分类。从控制方式上有靠模仿形控制、光电跟踪控制、数字程序控制和微机控制线切割机床等。从脉冲电源形式上有 RC 电源、晶体管电源、分组脉冲电源和自适应控制电源线切割机床等。从加工特点上有大、中、小型以及普通直壁切割型与锥度切割型，还有切割上下异形的线切割机床。从走丝速度上，根据电极丝运行速度的不同，电火花线切割机床通常分为快速走丝电火花线切割机床和慢速走丝电火花线切割机床两大类。

快速走丝电火花线切割机床的电极丝一般采用钼或钨钼合金制作，电极丝做往复循环运动，走丝速度快，为 $8\sim12\text{m/s}$。机床振动较大，电极丝在往复循环运动中有损耗，能达到的加工精度为（$\pm0.02\sim\pm0.005$）mm，表面粗糙度 $Ra=3.2\sim1.6\mu\text{m}$，切割速度为 $20\sim160\text{mm}^2/\text{min}$，快速走丝电火花线切割机床结构简单，价格低廉，加工效率较高，精度能满足一般生产要求，目前在国内使用较广泛。

慢速走丝电火花线切割机床的电极一般采用黄铜、钨、钼等材料制作，电极丝做单向运动，不重复使用，避免了电极丝损耗，走丝速度为 $1\sim15\text{m/min}$，加工精度可达（$\pm0.005\sim\pm0.002\text{mm}$，表面粗糙度 $Ra=1.6-0.1\mu\text{m}$，切割速率为 $20\sim240\text{mm}^2/\text{min}$，这类机床是国外生产和使用的主要类型。

如图 7-18 所示，数控电火花线切割机床本体由机床本体、工作台、走丝机构、高频脉冲电源、数控装置及工作液循环系统等几部分组成。

（1）机床本体。是机床的支撑和固定基础，一般为铸件，通常采用箱体式结构。

（2）工作台。由伺服电动机、滚珠丝杠、导轨组成，伺服电动机通过滚珠丝杠副传动驱动 X 向拖板和 Y 向拖板带动工作台移动。

（3）走丝机构。通过电极丝的驱动电动机的正、反旋转运动使电极丝往复运行并保持一定张力。

（4）高频脉冲电源。它是数控电火花线切割机床的最重要组成部分之一，提供工件和电极丝间的放电加工能量，对加工质量和加工效率有直接影响。

（5）数控装置。控制电极丝相对工件的运动轨迹和进给速度，实现对工件形状和尺寸的加工。

（6）工作液循环系统。保证放电区域正常稳定地工作，对加工工艺指标的影响较大。

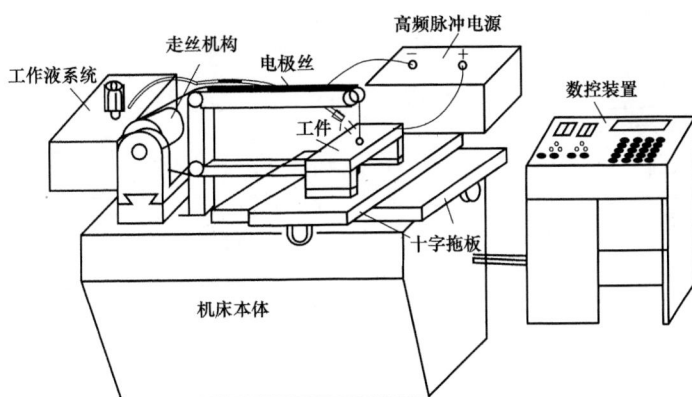

图 7-18 数控电火花线切割机床组成

（五）加工工艺

1. 工件的装夹

装夹工件时，必须保证工件的切割部位位于机床工作台纵向、横向进给的允许范围之内，避免超出极限。同时应考虑切割时电极丝运动空间。夹具应尽可能选择通用（或标准）件，所选夹具应便于装夹，便于协调工件和机床的尺寸关系。加工大型工件时，要特别注意工件的定位方式，尤其在加工快结束时，工件的变形、重力的作用会使电极丝被夹紧，影响加工。

图 7-19 所示为悬臂方式装夹，这种方式装夹方便、通用性强。但由于工件一端悬伸，易出现切割表面与工件上、下平面间的垂直度误差。适用于加工要求不高或悬臂较短的情况。

图 7-20 所示为两端支撑方式装夹，此种方式装夹方便、稳定，定位精度高，但不适于装夹较大的零件。

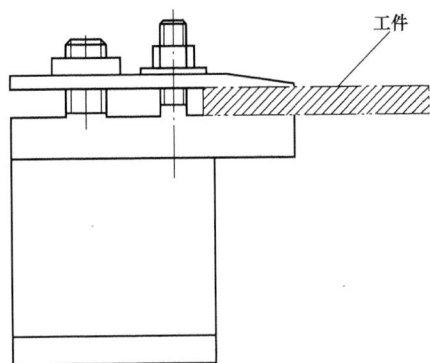

图 7-19 悬臂式装夹

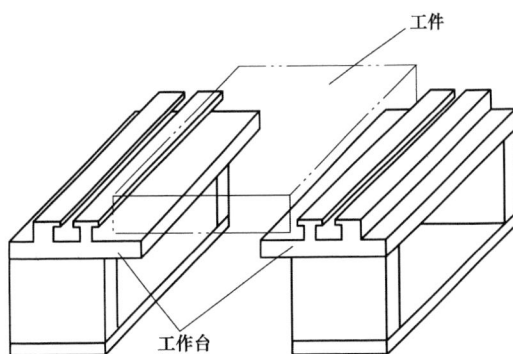

图 7-20 两端支撑方式装夹

桥式支撑方式装夹如图 7-21 所示，此种方式是在通用夹具上放置垫铁后再装夹工件，方式装夹方便，对大、中、小型工件都能采用。

板式支撑方式装夹如图 7-22 所示。根据常用的工件形状和尺寸，采用有通孔的支撑板装夹工件。这种方式装夹精度高，但通用性差。

图 7-21 桥式支撑方式装夹

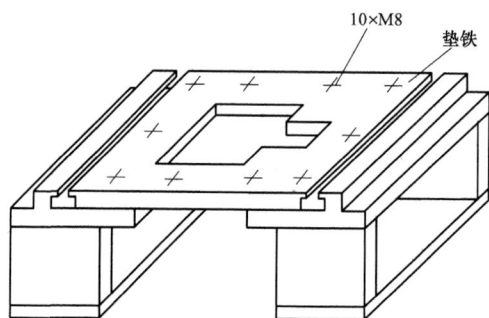

图 7-22 板式支撑方式装夹

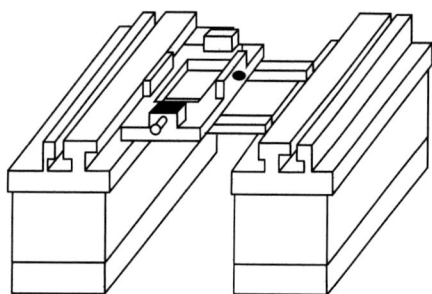

图 7-23 复式支撑方式装夹

图 7-23 所示为复式支撑方式装夹，在桥式夹具上，再装上专用夹具组合而成。装夹方便，特别适合于成批零件加工。可节省工件找正和调整电极丝相对位置等辅助工时，易保证工件加工的一致性。

2. 工件的找正

采用以上方式装夹工件，还必须配合找正法进行调整，方能使工件的定位基准面分别与机床的工作台面和工作台的进给方向 X、Y 保持平行，以保证所切割的表面与基准面之间的相对位置精度。常用的找正方法有百分表找正法和划线找正法。

如图 7-24 所示，用磁力表架将百分表固定在丝架或其他位置上，百分表的测量头与工件基面接触，往复移动工作台，按百分表指示值调整工件的位置，直至百分表指针的偏摆范围达到所要求的数值。找正应在相互垂直的三个方向上进行。

如图 7-25 所示，工件的切割图形与定位基准之间的相互位置精度要求不高时，可采用划线法找正。利用固定在丝架上的划针对准工件上划出的基准线，往复移动工作台，目测划针、基准间的偏离情况，将工件调整到正确位置。

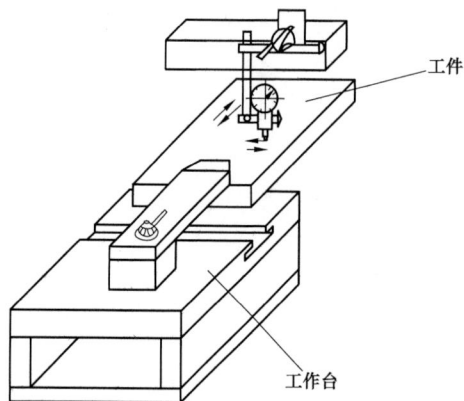

图 7-24 用百分表找正

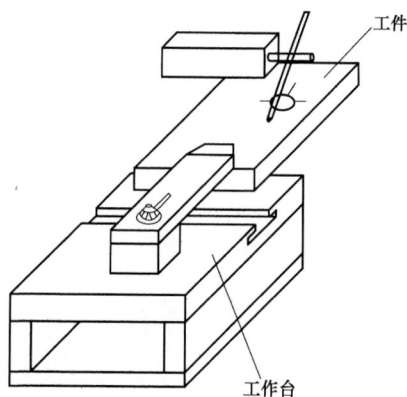

图 7-25 划线法找正

3. 电极丝的选择

电极丝应具有良好的导电性和抗电蚀性，抗拉强度高、材质均匀。常用电极丝有钼丝、钨丝、黄铜丝和包芯丝等。钨丝抗拉强度高，直径在 0.03～0.1mm 范围内，一般用于各种窄缝的精加工，但价格昂贵。黄铜丝适合于慢速加工，加工表面粗糙度和平直度较好，蚀屑附着少，但抗拉强度差，损耗大，直径在 0.1～0.3mm 范围内，一般用于慢速单向走丝加工。钼丝抗拉强度高，适于快速走丝加工，所以我国快速走丝机床大都选用钼丝作电极丝，直径在 0.08～0.2mm 范围内。

电极丝直径的选择应根据切缝宽窄、工件厚度和拐角尺寸大小来选择。若加工带尖角、窄缝的小型模具宜选用较细的电极丝；若加工大厚度工件或大电流切割时应选较粗的电极丝。电极丝的主要类型、规格如下：

(1) 钼丝直径：0.08～0.2mm。

(2) 钨丝直径：0.03～0.1mm。

(3) 黄铜丝直径：0.1～0.3mm 。

(4) 包芯丝直径：0.1～0.3mm 。

4. 穿丝孔和电极丝切入位置的选择

穿丝孔是电极丝相对工件运动的起点，同时也是程序执行的起点，一般选在工件上的基准点处。为缩短开始切割时的切入长度，穿丝孔也可选在距离型孔边缘 2～5mm 处，如图 7-26 (a) 所示。加工凸模时，为减小变形，电极丝切割时的运动轨迹与边缘的距离应大于 5mm，如图 7-26 (b) 所示。

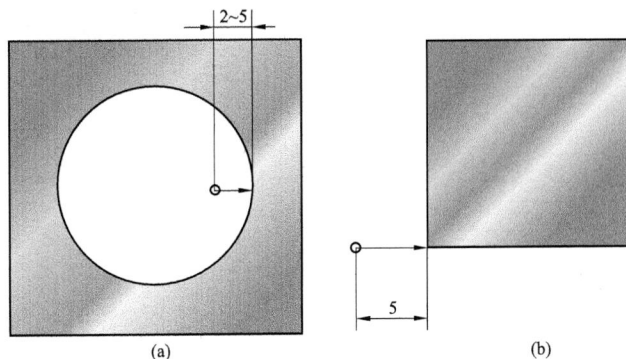

图 7-26　模具切入位置的选择
(a) 凹模；(b) 凸模

应将工件与其夹持的部分安排在切割路线的末端，如图 7-27 所示。图 7-27 (a) 所示为先切割靠近夹持的部分，余下材料与夹持部分连接较少，工件刚性下降，易变形，影响加工精度，应采用图 7-27 (b) 所示的切割路线。

尽量避免从工件外侧端面开始向内切割，以防止材料变形，可在工件上预制穿丝孔，再从穿丝孔开始加工，如图 7-28 所示。

切割孔类零件为减少变形可采用多次切割法保证精度，如图 7-29 所示，第一次粗加工型孔时留 0.1～0.5mm 精加工余量，以补偿材料被切割后由于内应力重新分布而产生的变形，第二次切割为精加工以达到精度要求。

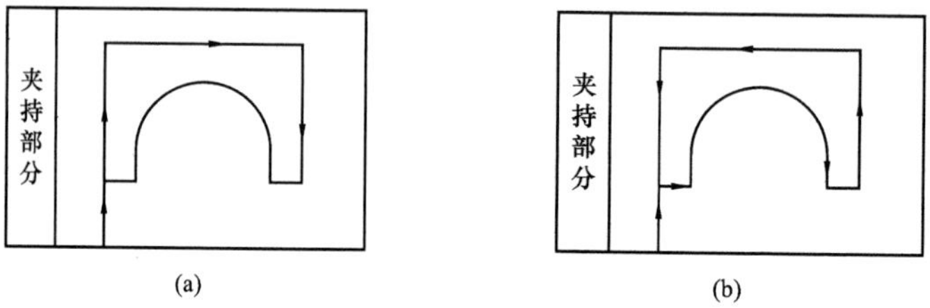

图 7-27　切割路线的选择

（a）错误方法；（b）正确方法

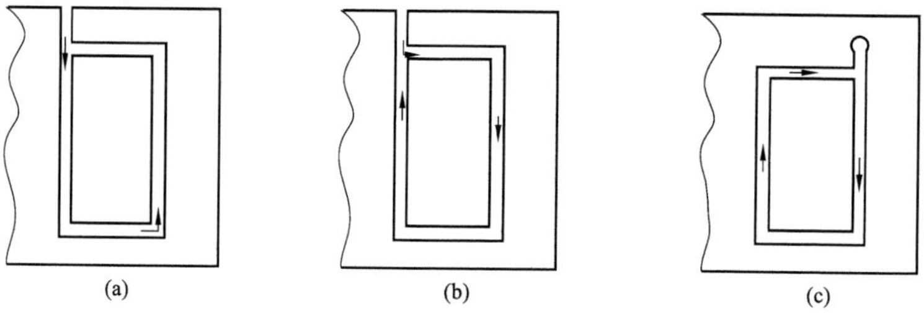

图 7-28　切割路线的选择

（a）外侧向内切割方式 1；（b）外侧向内切割方式 2；（c）内部预制穿丝孔切割

同一块毛坯上切出多个零件，不应一次连续切割出来，而应从不同的穿丝孔开始加工，如图 7-30 所示。

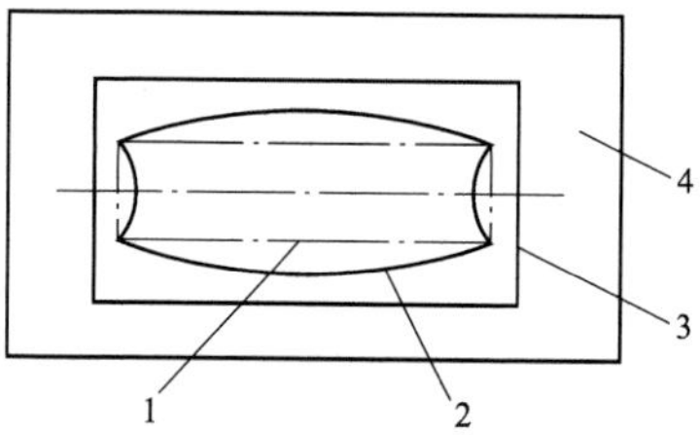

图 7-29　切割路线的选择

1—第一次切割后理论图形；2—第一次切割后实际图形；

3—第二次切割后的图形；4—被切割的工件

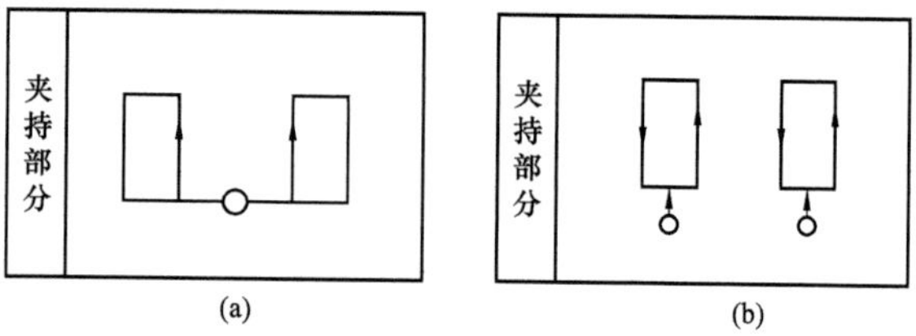

图 7-30　切割路线的选择

（a）错误方法；（b）正确方法

如图 7-31 所示，进刀点选择易于锉修处。

5. 电极丝位置的调整

线切割加工之前，应将电极丝调整到切割的起始坐标位置上，其调整方法有以下几种：

（1）目测法。对于加工要求较低的工件，在确定电极丝与工件基准间的相对位置时，可以直接利用目测或借助 2~8 倍的放大镜来进行观察。如图 7-32 所示，利用穿丝处划出的十字基准线，分别沿划线方向观察电极丝与基准线的相对位置，根据两者的偏离情况移动工作台，当电极丝中心分别与纵、横方向基准线重合时，工作台纵、横方向上的读数就确定了电极丝中心的位置。

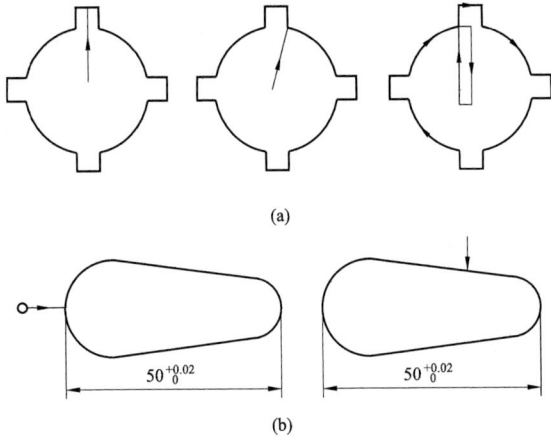

图 7-31 切割路线的选择
(a) 避免留接刀痕；(b) 接刀点易于锉修

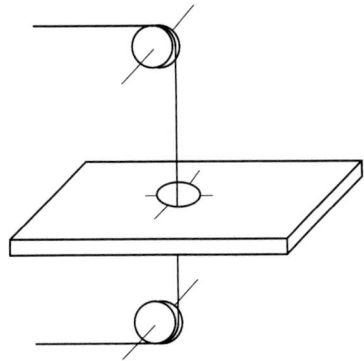

图 7-32 目测法调整电极丝位置

(2) 火花法。如图 7-33 所示，移动工作台使工件的基准面逐渐靠近电极丝，在出现火花的瞬时，记下工作台的相应坐标值，再根据放电间隙推算电极丝中心的坐标。此法简单易行，但会因电极丝靠近基准面时产生的放电间隙与正常切割条件下的放电间隙不完全相同而产生误差。

(3) 自动找中心法。所谓自动找中心，就是让电极丝在工件孔的中心自动定位。此法根据线电极与工件的短路信号来确定电极丝的中心位置。数控功能较强的线切割机床常用这种方法。如图 7-34 所示，首先让线电极在 X 轴方向移动至与孔壁接触，则此时当前点 X 坐标为 X_1，接着线电极往反方向移动与孔壁接触，此时当前点 X 坐标为 X_2，然后系统自动计算 X 方向中点坐标 $X_0[X_0=(X_1+X_2)/2]$，并使线电极到达 X 方向中点 X_0；接着在 Y 轴方向进行上述过程，线电极到达 Y 方向中点坐标 $Y_0[Y_0=(Y_1+Y_2)/2]$。这样经过几次重复就可找到孔的中心位置。当精度达到所要求的允许值之后，就确定了孔的中心。

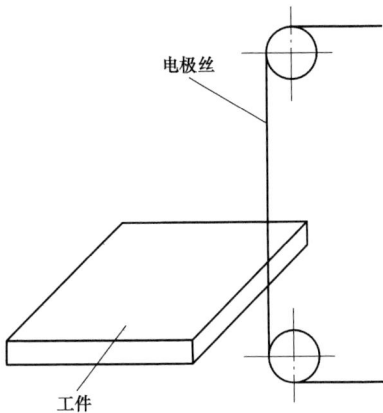

图 7-33 火花法调整电极丝位置

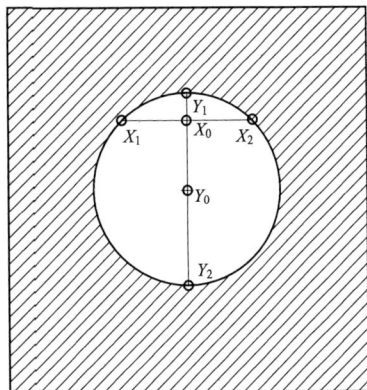

图 7-34 自动找中心

6. 工作液的选配

工作液对切割速度、表面粗糙度、加工精度等都有较大影响，加工时必须正确选配。常用的工作液主要有乳化液和去离子水。

对于慢速走丝线切割加工,目前普遍使用去离子水。为了提高切割速度,在加工时还要加进有利于提高切割速度的导电液,以增加工作液的电阻率。加工淬火钢,使电阻率在 $2 \times 10^4 \Omega \cdot cm$ 左右;加工硬质合金电阻率在 $30 \times 10^4 \Omega \cdot cm$ 左右。

对于快速走丝线切割加工,目前最常用的是乳化液,乳化液是由乳化油和工作介质配制(浓度为 $5\% \sim 10\%$)而成的。工作介质可用自来水,也可用蒸馏水、高纯水和磁化水。

7. 工艺参数的选择

线切割加工一般都采用晶体管高频脉冲电源,用单个脉冲能量小、脉宽窄、频率高的脉冲参数进行正极性加工。加工时,可改变的脉冲参数主要有电流峰值、脉冲宽度、脉冲间隔、空载电压、放电电流。要求获得较好的表面粗糙度时,所选用的电参数要小;若要求获得较高的切割速度,脉冲参数要选大一些,但加工电流的增大受排屑条件及电极丝截面积的限制,过大的电流易引起断丝,快速走丝线切割加工脉冲参数的选择见表 7-2。

表 7-2   快速走丝线切割加工脉冲参数的选择

应 用	脉冲宽度 $t_i(\mu S)$	电流峰值 $I_e(A)$	脉冲间隔 $t_0(\mu S)$	空载电压(V)
快速切割或加大厚度工件 $Ra > 2.5\mu m$	$20 \sim 40$	大于 12	为实现稳定加工,一般选择 $t_0/t_i = 3 \sim 4$ 以上	一般为 $70 \sim 90$
半精加工 $Ra = 1.25 \sim 2.5\mu m$	$6 \sim 20$	$6 \sim 12$		
精加工 $Ra < 1.25\mu m$	$2 \sim 6$	4.8 以下		

慢速走丝线切割加工脉冲参数的选择见表 7-3。

表 7-3   慢速走丝线切割加工脉冲参数的选择

工件材料:WC   加工液电导率:$10 \times 10^4 \Omega$
电极丝直径:$\phi 0.2$ 加工液压力:第一次切割 1.2MPa
电极丝张力:0.2A (1.2kg)   第二次切割:$0.1 \sim 0.2$MPa
电极丝速度:6-10   加工液流量:上/下 $5 \sim 6$L/min(第一次切割)
                                          上/下 $1 \sim 2$L/min(第二次切割)

工件厚度(mm)		加工条件编号	偏移量编号	电压(V)	电流(A)	速度(mm/min)
20	1st	C423	H175	32	7.0	$2.0 \sim 2.6$
	2nd	C722	H125	60	1.0	$7.0 \sim 8.0$
	3rd	C752	H115	65	0.5	$9.0 \sim 10.0$
	4th	C782	H110	60	0.3	$9.0 \sim 10.0$
30	1st	C433	H174	32	7.2	$1.5 \sim 1.8$
	2nd	C722	H124	60	1.0	$6.0 \sim 7.0$
	3rd	C752	H114	60	0.7	$9.0 \sim 10.0$
	4th	C782	H109	60	0.3	$9.0 \sim 10.0$
40	1st	C433	H178	34	7.5	$1.2 \sim 1.5$
	2nd	C723	H128	60	1.5	$5.0 \sim 6.0$
	3rd	C753	H113	65	1.1	$9.0 \sim 10.0$
	4th	C783	H108	30	0.7	$9.0 \sim 10.0$

续表

工件厚度（mm）	加工条件编号	偏移量编号	电压（V）	电流（A）	速度（mm/min）
50	1st C453	H178	35	7.0	0.9～1.1
	2nd C723	H128	58	1.5	4.0～50
	3rd C753	H113	42	1.3	6.0～7.0
	4th C783	H108	30	0.7	9.0～10.0
60	1st C463	H179	35	7.0	0.8～0.9
	2nd C724	H129	58	1.5	4.0～5.0
	3rd C754	H114	42	1.3	6.0～7.0
	4th C784	H109	30	0.7	9.0～10.0
70	1st C473	H185	33	6.8	0.6～0.8
	2nd C724	H135	55	1.5	3.5～4.5
	3rd C754	H115	35	1.5	4.0～5.0
	4th C784	H110	30	1.0	7.0～8.0
80	1st C483	H185	33	6.5	0.5～0.6
	2nd C725	H135	55	1.5	3.5～4.5
	3rd C755	H115	35	1.5	4.0～5.0
	4th C785	H110	30	1.0	7.0～8.0
90	1st C493	H185	34	6.5	0.5～0.6
	2nd C725	H135	52	1.5	3.0～4.0
	3rd C755	H115	30	1.5	3.5～4.5
	4th C785	H110	30	1.5	7.0～8.0
100	1st C493	H185	34	6.3	0.4～0.5
	2nd C725	H135	52	1.5	3.0～4.0
	3rd C755	H115	30	1.5	3.0～4.0
	4th C785	H110	30	1.0	7.0～8.0

8. 工艺尺寸补偿计算

线切割加工时，为了获得所要求的加工尺寸，电极丝和加工图形之间必须保持一定的距离，如图 7-35 所示。图中双点划线表示电极丝中心的轨迹，实线表示型孔或凸模轮廓。编程时首先要求出电极丝中心轨迹与加工图形之间的垂直距离 ΔR（间隙补偿距离），并将电极丝中心轨迹分割成单一的直线或圆弧段，求出各线段的交点坐标后，逐步进行编程。

按选定的电极丝半径 r，放电间隙 δ 和凸、凹模的单面配合间隙 $Z/2$，则加工凹模的补偿距离 $\Delta R_1 = r + \delta$，如图 7-35（a）所

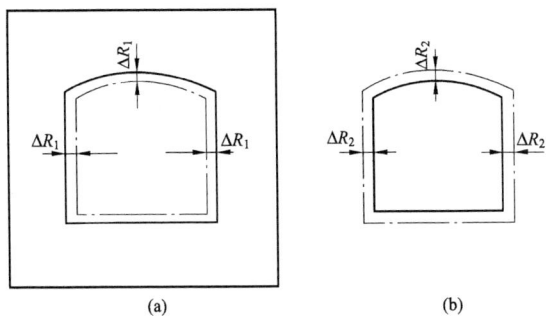

图 7-35 电极丝中心轨迹
(a) 凹模；(b) 凸模

示。加工凸模的补偿距离 $\Delta R_2 = r + \delta - Z/2$，如图 7 - 35（b）所示。将电极丝中心轨迹分割成平滑的直线和单一的圆弧线，按型孔或凸模的平均尺寸计算出各线段交点的坐标值。

（六）数控程序编制

数控电火花线切割机床的程序段格式主要有 3B、4B 和 ISO 代码三种格式。

目前，我国数控线切割机床常用 3B 程序格式编程，其格式见表 7 - 4。

表 7 - 4   无间隙补偿的程序格式（3B）

B	X	B	Y	B	J	G	Z
分隔符号	X 坐标值	分隔符号	Y 坐标值	分隔符号	计数长度	计数方向	加工指令

1. 分隔符号 B

因为 X、Y、J 均为数字，用分隔符号（B）将其隔开，以免混淆。

2. 坐标值（X、Y）

（1）一般规定只输入坐标的绝对值，其单位为 μm，μm 以下应四舍五入。

（2）对于圆弧，坐标原点移至圆心，X、Y 为圆弧起点的坐标值。

（3）对于直线（斜线），坐标原点移至直线起点，X、Y 为终点坐标值。允许将 X 和 Y 的值按相同的比例放大或缩小。

（4）对于平行于 X 轴或 Y 轴的直线，即当 X 或 Y 为零时，X 或 Y 值可不写，只保留分隔符号。

3. 计数方向 G

选取 X 方向进给总长度进行计数，称为计 X，用 G_X 表示；选取 Y 方向进给总长度进行计数，称为计 Y，用 G_Y 表示。

（1）加工直线可按图 7 - 36 选取：

1）$|Y_e| > |X_e|$ 时，取 G_Y；

2）$|X_e| > |Y_e|$ 时，取 G_X；

3）$|X_e| = |Y_e|$ 时，取 G_X 或 G_Y 均可。

（2）对于圆弧，当圆弧终点坐标在图 7 - 37 所示的各个区域时：

1）$|X_e| > |Y_e|$ 时，取 G_Y；

2）$|Y_e| > |X_e|$ 时，取 G_X；

3）$|X_e| = |Y_e|$ 时，取 G_X 或 G_Y 均可。

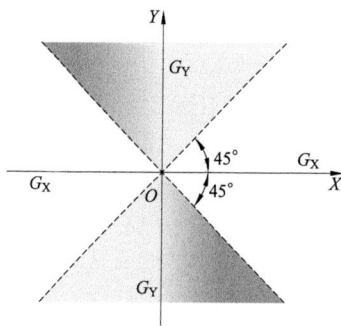

图 7 - 36 斜线的计数方向

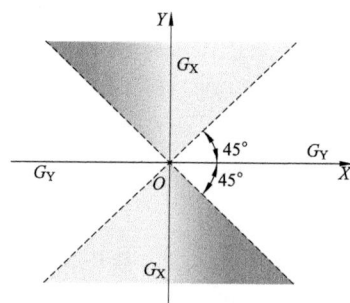

图 7 - 37 圆弧的计数方向

4. 计数长度 J

计数长度是指被加工图形在计数方向上的投影长度（即绝对值）的总和，以 μm 为单位。

【例 7-1】 加工如图 7-38 所示斜线 OA，其终点为 $A(X_e，Y_e)$，且 $Y_e > X_e$，试确定 G 和 J。

因为 $|Y_e| > |X_e|$，OA 斜线与 X 轴夹角大于 $45°$时，计数方向取 G_y，斜线 OA 在 Y 轴上的投影长度为 Y_e，故 $J = Y_e$。

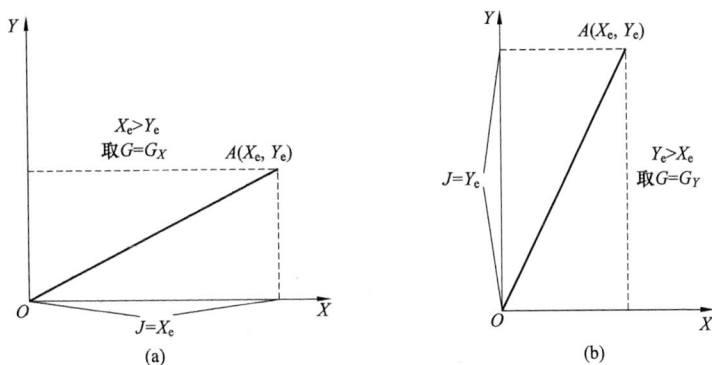

图 7-38 斜线的计数长度
(a) $X_e > Y_e$；(b) $Y_e > X_e$

【例 7-2】 加工如图 7-39 所示圆弧，加工起点 A 在第四象限，终点 $B(X_e，Y_e)$ 在第一象限，试确定 G 和 J。

因为加工终点靠近 Y 轴，$|Y_e| > |X_e|$，计数方向取 G_x；计数长度为各象限中的圆弧段在 X 轴上投影长度的总和，即 $J = J_{X1} + J_{X2}$。

【例 7-3】 加工如图 7-40 所示圆弧，加工终点 $B(X_e，Y_e)$，试确定 G 和 J。

因加工终点 B 靠近 X 轴，$|X_e| > |Y_e|$，故计数方向取 G_y，J 为各象限的圆弧段在 Y 轴上投影长度的总和，即 $J = J_{Y1} + J_{Y2} + J_{Y3}$。

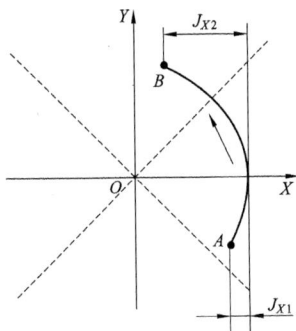

图 7-39 ［例 7-2］圆弧的 G 和 J

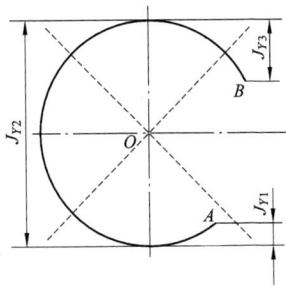

图 7-40 ［例 7-3］圆弧的 G 和 J

5. 加工指令 Z

加工指令 Z 是用来表达被加工图形的形状、所在象限和加工方向等信息的。控制系统根据这些指令，正确选择偏差公式，进行偏差计算，控制工作台的进给方向，从而实现机床的自动化加工。加工指令共 12 种，如图 7-41 所示。

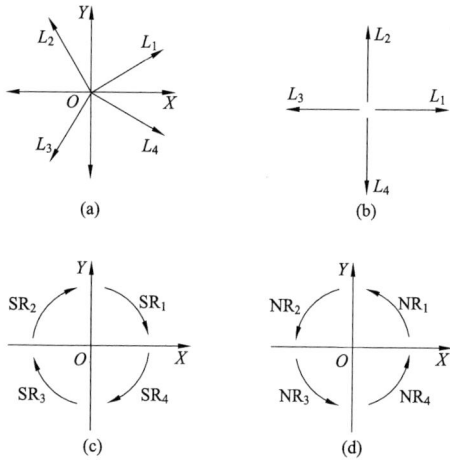

图 7-41　加工指令

(a) 直线加工指令；(b) 坐标轴上直线加工指令；
(c) 顺时针圆弧指令；(d) 逆时针圆弧指令

位于四个象限中的直线段称为斜线，加工斜线的加工指令分别用 L_1、L_2、L_3、L_4 表示，如图 7-41（a）所示。根据进给方向，与坐标轴重合的直线加工指令可按图 7-41（b）选取。

加工圆弧时，若被加工圆弧的加工起点分别在坐标系的四个象限中，并按顺时针插补，如图 7-41（c）所示，加工指令分别用 SR_1、SR_2、SR_3、SR_4 表示；按逆时针方向插补时，分别用 NR_1、NR_2、NR_3、NR_4 表示，如图 7-41（d）所示。如加工起点刚好在坐标轴上，其指令可选相邻两象限中的任何一个。

6. 应用举例

【例 7-4】　加工如图 7-42 所示斜线 OA，终点 A 的坐标为 $X_e = 17\text{mm}$，$Y_e = 5\text{mm}$，写出加工程序。

其程序为：

B17000 B5000 B017000GxL₁

【例 7-5】　加工如图 7-43 所示直线，其长度为 21.5mm，写出其程序。

相应的程序为：

BBB021500GyL₂

【例 7-6】　加工如图 7-44 所示圆弧，加工起点的坐标为 $A(-5，0)$，试编制程序。

其程序为：

B5000 BB010000GySR₂

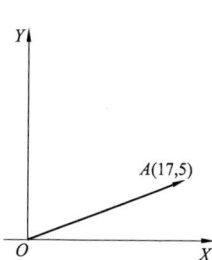

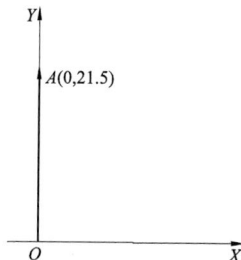

图 7-42　加工斜线　　　图 7-43　加工与 Y 轴正方向重合的直线　　　图 7-44　加工半圆弧

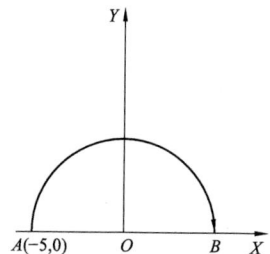

【例 7-7】　加工如图 7-45 所示的 1/4 圆弧，加工起点 $A(0.707，0.707)$，终点为 B

$(-0.707，0.707)$，试编制程序。

相应的程序为：

B707 B707 B001414GxNR₁

由于终点恰好在 45°线上，故也可取 G_y，则：

B707 B707 B000586GyNR₁

【例 7-8】 加工如图 7-46 所示圆弧，加工起点为 $A(-2，9)$，终点为 $B(9，-2)$，编制程序。

圆弧半径 $R=\mu m=9220\mu m$

计数长度 $J_{YAC}=9000\mu m$，$J_{YCD}=9220\mu m$；$J_{YDB}=R-2000\mu m=7200\mu m$。则

$$J_Y=J_{YAC}+J_{YCD}+J_{YDB}=(9000+9220+7200)\mu m=25\,440\mu m$$

其程序为：

B2000 B9000 B025440GyNR₂

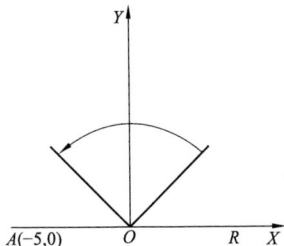

图 7-45 加工 1/4 圆弧　　　　图 7-46 加工圆弧段

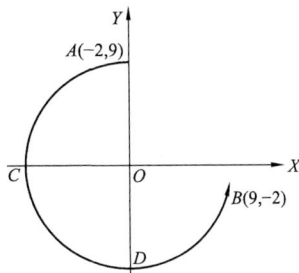

7. ISO 指令

ISO 指令与前述的字地址格式指令完全相同，特殊指令有如下模式。

G25—无条件跳转

格式：

N×× G25 N××;

N 表示要跳转的目标程序段号。

在加工形状对称的工件时，可以利用原来的程序再加上镜像加工指令进行加工，从而简化程序。

G05——X 轴镜像，函数关系式 $X=-X$。

G06——Y 轴镜像，函数关系式 $Y=-Y$。

G07——X、Y 轴交换，函数关系式 $X=Y$、$Y=X$。

G08——X 轴镜像，Y 轴镜像，函数关系式 $X=-X$、$Y=-Y$。

G09——X 轴镜像，X、Y 轴交换，函数关系式先 $X=-X$，然后 $X=Y$、$Y=X$。

G10——Y 轴镜像，X、Y 轴交换，函数关系式先 $Y=-Y$，然后 $X=Y$、$Y=X$。

G11——X 轴镜像，Y 轴镜像，X、Y 轴交换，函数关系式先 $X=-X$、$Y=-Y$，然后

$X＝Y$、$Y＝X$。

　　G12——消除镜像，每个程序镜像结束后要加上该指令。

　　锥度指令格式：

　　G50——消除锥度。

　　G51——锥度左偏，α 为角度值。

　　G52——锥度右偏，α 为角度值。

　　加工带锥度工件须使用锥度加工指令。

　　加工锥度时，以工作台面为编程基准，顺时针方向切割加工时，采用 G51 切出的工件上大下小，采用 G52 切出的工件上小下大，如图 7-47 所示。逆时针方向切割加工时，则刚好相反，采用 G51 切出工件上小下大，采用 G52 切出的工件上大下小。

　　锥度加工时还需要输入工作台参数，如图 7-48 所示。

　　W——下导轮中心到工作台面的高度。

　　S——工作台面到上导轮中心高度。

　　H——工件厚度。

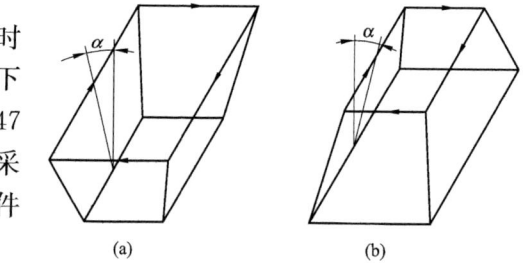

图 7-47　加工的两种锥度
(a) G51；(b) G52

三、加工实例

【例 7-9】　如图 7-49 所示，圆台底圆直径为 40mm，高为 80mm，电极丝直径为 0.15mm，倾斜角为 6°，放电间隙为 0.01mm，沿顺时针方向切削，编写 ISO 格式的圆台加工程序。

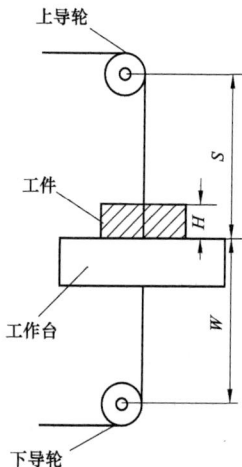

图 7-48　工作台参数

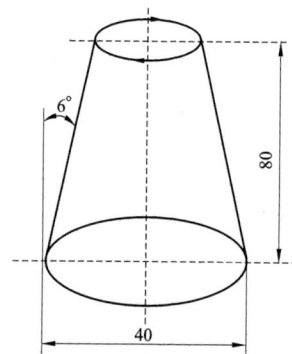

图 7-49　圆台

程序为：

N10 G92 X-30 Y0;　　　　　　确定加工起点

N20 W50;　　　　　　下导轮中心到工作台基准而的距离为 50mm

N30 H80;	工件厚度为 80mm
N40 S120;	上导轮中心到工作台基准面的距离为 120mm
N50 G52 A5;	锥度右偏,切削形状为上小下大
N60 G41 D0.085;	左偏刀具半径补偿
N70 G01 X-20 Y0;	进刀线,建立锥度加工
N80 G02 X20 Y0 I20 J0;	工件下表面的实际加工路径
N90 G02 X-20 Y0 I-20 J0;	另半圆的圆弧插补
N100 G50;	取消锥度补偿
N110 G40;	取消刀具间隙补偿
N120 G01 X-30000 Y0;	退刀线
N130 M02;	程序结束

【例 7-10】　编制如图 7-50 所示零件的凹模和凸模线切割程序。已知该模具为落料模,$r_丝=0.065$,$\delta_电=0.01$,$\delta_配=0.01$。

1. 凹模程序编制

模具为落料模,冲下的零件尺寸由凹模决定,模具配合间隙在凸模上扣除,故凹模的间隙补偿量为

$$f_凹 = r_丝 + \delta_电 = 0.065 + 0.01 = 0.075 \text{（mm）}$$

图 7-51 中点画线表示电极丝中心轨迹。

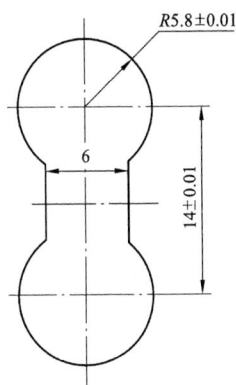

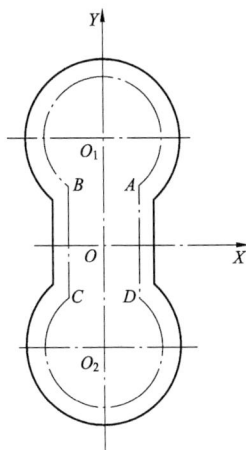

图 7-50　冲裁零件　　　　　　　图 7-51　凹模坐标系和中心轨迹

假设将穿丝孔钻在 O 处,程序编制如下:

B2925B2079B2925GXL1	(O-A)
B2925B4921 B17050GXNR4	(A-B)
BBB4158GYL4	(B-C)
B2925B4921 B17050GXNR2	(C-D)
BBB4158GYL2	(D-A)
B2925B2079B2925GXL3	(A-O)

2. 凸模程序编制（省略）

第四节　数 控 激 光 加 工

一、数控激光加工原理

（一）原理

由于激光强度高、方向性好、颜色单纯，就有可能用一系列光学系统把激光束聚集成一个直径仅有数微米到数十微米的极小光斑，从而获得 $10^7 \sim 10^{11}\,\mathrm{w/cm^2}$ 的能量密度，以及摄氏上万度的高温，并能在 0.001s 或更短的时间内使一些难熔材料急剧熔化以致汽化蒸发，以达到加工的目的。

（二）特点

（1）功率密度高，几乎可以加工所有的材料，包括绝大多数金属、非金属和普通方法难以加工的高硬度、脆性大、难熔的金刚石、陶瓷等材料。

（2）加热速度快、效率高，热影响区小，材料变形小，不影响基体材料的性能。

（3）属于无接触加工，无刀具磨损。它甚至可以透过透明材料对内部进行加工而不损坏透明材料。

（4）激光束的电调制方便，易于实现计算机数字控制自动化操作，可以精确加工各种复杂形状的工件。

（三）应用

数控激光加工形成的工件尺寸精度可达 0.1mm、粗糙度可达 0.16～0.32μm。

1. 激光打孔

利用激光在非透明材料上打孔和切割，已广泛应用于金刚石拉丝模、钟表宝石轴承、陶瓷、玻璃等非金属材料和硬质合金、不锈钢等金属材料的小孔加工和多种材料成型切割加工。此外还可以用于动态平衡、刻线、录像和金属处理等。

激光打孔后，被蚀除的材料要重新凝固，除大部分变为小颗粒飞溅出去外，还有一部分黏附在孔壁，有的甚至还会黏附到聚焦物镜及工件表面。因此，大多数激光加工设备都采用吸气或吹气措施，以帮助排除激光烧蚀下的物体。还可以在聚焦物镜上安装一块透明的保护膜，以防止聚焦物镜损坏。

2. 激光切割

激光切割一般采用大功率二氧化碳激光器。对于精细切割，也可采用 YAG 固体激光器。激光切割不仅具有缝窄、速度快、热影响区小、节省材料、成本低等优点，而且可以在任何方向上切割。目前已成功地应用于切割钢板、不锈钢、铁、镍、铅、铜、锌、铝、石英、陶瓷、半导体，以及布匹、木材、纸张、塑料等各种金属和非金属材料。

3. 激光焊接

激光焊接和激光打孔的原理稍有不同，焊接时不需要那么高的能量密度使工件材料气化蚀除，而只要将工件的焊接区烧熔使其黏合在一起。因此，激光焊接所需能量密度相对于打孔和切割要低，通常可采用减小激光输出来实现。

4. 激光表面处理

激光表面处理用大功率激光进行表面处理，其实质是把激光作为热源，照射到金属表面，被金属表层吸收，使金属原子迅速熔化、蒸发，产生微冲击波，并导致大量晶格缺陷形成，从而实现表面强化处理。具体应用情况如下：

（1）进行耐磨零件的强化。如拖拉机铸铁汽缸套和内燃机车发动机缸套等。经过激光处理后，耐磨性比中频淬火或氮化处理和电接触处理均有明显提高，加工速度快，操作方便，成本低。

（2）激光表面合金化。用激光束加热金属表面至熔点以上，并附加合金元素进入表层，生成双层复合材料，以改进表面化学成分和性能。如对灰铸铁阀座密封件进行激光合金化处断，可获得 HRC55 以上的硬度，大大提高了使用寿命。

（3）激光动平衡。利用激光去除高速旋转零件上不平衡的过重部分，使惯性轴和旋转轴相重合，达到动平衡。

二、数控激光切割工艺

1. 影响激光切割质量的工艺参数

影响激光切割质量的工艺参数有喷嘴结构、气流、辅助气体、切割速度、焦点位置及功率等。

2. 焦点位置与切割面关系

焦点位置与切割面的关系见表7-5。

表7-5　　　　　　　　　　　　　　焦点位置与切割面的关系

焦点位置	示意图	特征
零焦距：焦点在工件表面	喷嘴　　切幅	（1）适用于 5mm 以下薄碳钢等。（切断面） （2）焦点在工件上表面，切割光滑，下表面则不光滑
负焦距：焦点在工件表面下	喷嘴　　切幅	（1）铝材、不锈钢等工件采用这种方式（一般焦点位于板材的下表面，即焦点为 $-X$，X 为板厚）。（切断面） （2）焦点在中央，平滑面范围较大，切幅比零焦距的切幅宽，切割气体流量较大，穿孔时间比零焦距长
正焦距：焦点在工件表面上	喷嘴　　切幅	（1）切割厚钢板或模切板时采用。 （2）切割厚钢板焦点一般在板上的值为板厚的 $1/4 \sim 1/3$。 （3）厚钢板切断时，切断用氧气的氧化作用必须从上面到底面。因厚板之故切幅要宽，这样的设定可得较宽的切幅。切割面和瓦斯切断类似，可以说是用氧气吹断，因此断面较粗糙

切割质量与焦点位置的关系如图7-52所示。

3. 激光功率对切割过程和质量的影响

（1）功率太小无法切割，如图7-53（a）所示。

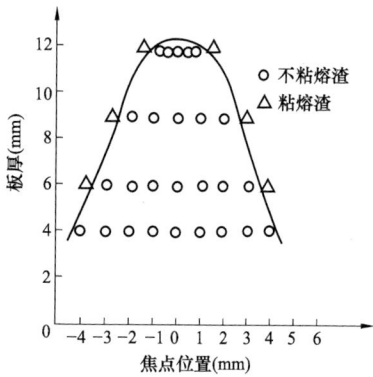

图 7-52　切割质量和
焦点位置关系

（2）功率过大，整个切割面熔化，如图 7-53（b）所示。

（3）功率不足，切割后产生熔渍，如图 7-53（c）所示。

（4）功率适当，切割面良好，无熔渍，如图 7-53（d）所示。

整体焊缝宽度和激光功率的关系如图 7-54 所示。

4. 喷嘴影响

喷嘴形状、喷嘴孔径、喷嘴高度（喷嘴出口与工件表面之间的距离）等，均会影响切割的效果。喷嘴可防止熔渍等杂物往上反弹，穿过喷嘴，污染聚焦镜片；可控制气体扩散面积及大小，从而控制切割质量。

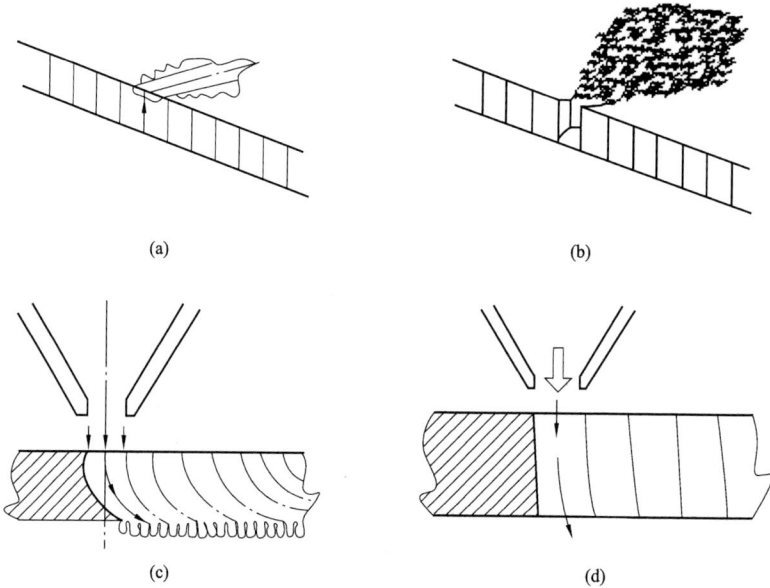

(a)　　　　　　　　　　　　　(b)

(c)　　　　　　　　　　　　　(d)

图 7-53　功率对切割过程和质量的影响
(a) 功率太小；(b) 功率过大；(c) 功率不足；(d) 功率适当

喷嘴出口孔中心与激光束的同轴度是影响切割质量优劣的重要因素之一，工件越厚，影响越大。当喷嘴发生变形或有熔渍时，将直接影响同轴度。

如图 7-55 所示，当辅助气体从喷嘴吹出时，气量不均匀，出现一边有熔渍，另一边没有的现象。切割 3mm 以下薄板时，它的影响较小；切割 3mm 以上时，影响较严重，有时无法切透。

喷嘴孔径大小对切割质量和穿孔质量有关键性的影响。如果喷嘴孔径过大，切割时四处飞溅的熔化物，

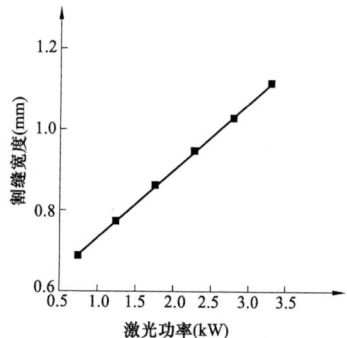

图 7-54　割缝宽度和激光功率关系

可能穿过喷嘴孔，从而溅污镜片。孔径越大，几率越高，对聚焦镜保护就越差，镜片寿命也就越差。

选择切割辅助气体的种类和压力时，宜从以下几方面进行考虑。

(1) 一般使用氧气切割普通碳钢，低压打孔，高压切割。

(2) 一般使用空气切割非金属，低压和高压的压力可调为一样，打孔时间设为0。

(3) 一般使用氮气切割不锈钢等，低压氧气打孔。

(4) 气体纯度越高，切割质量越好。切割低碳钢板纯度至少99.6%以上，切割12mm以上碳钢板建议氧气纯度在99.9%以上。切割不锈钢板氮气纯度应达到99.6%以上。氮气纯度越高，切割断面质量越好。如果切割用气体纯度不够，不但影响切割的质量，而且会造成镜片的污染。

5. 辅助气体影响

(1) 辅助气体压力过低时，穿孔不易穿透，时间增长，如图7-56 (a) 所示。

(2) 辅助气体压力太高时，造成穿透点熔化，形成大的熔化点，如图7-56 (b) 所示。薄板穿孔的压力较高，厚板则较低。

(3) 辅助气体对碳钢切割时气体有助于散热及助燃，吹掉熔渍，改善切割面品质。

(4) 气体压力不足时，切割面易产生熔渍，切割速度无法增快，影响效率。

(5) 气体压力过高时，气流过大，切割面较粗，切缝较宽，造成切断部分熔化，无法形成良好的切割质量。

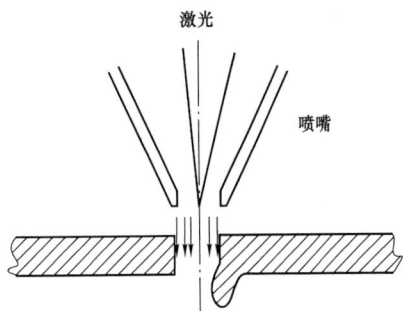

图7-55 气量不均匀的影响

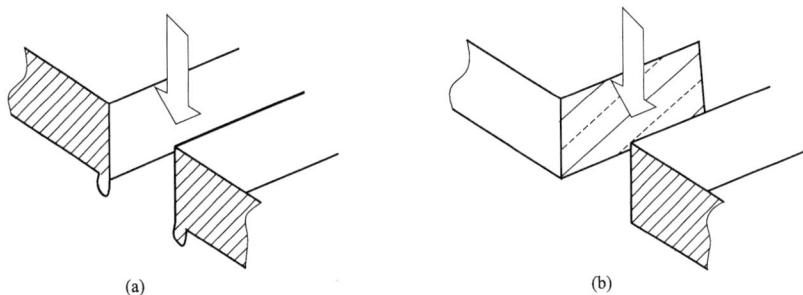

图7-56 气体压力影响
(a) 气体压力不足；(b) 气体压力过高

在切割有机玻璃时，有机玻璃属于易燃物，为了得到透明光亮的切割面，选用氮气或空气阻燃。如果选用氧气，则切割质量差。必须在切割时根据实际情况进行选择合适的压力。气体压力越小，切割光亮度越高，产生的毛断面越窄。但气体压力过低，造成切割速度慢，板面下出现火苗，影响表面质量。

6. 切割速度

如果切割速度过快，可能无法切透，火花乱喷；整个断面较粗，但不产生熔渍；切割断面呈斜条纹路，且下半部产生熔渍。如果速度太慢，造成过熔，切断面较粗糙；切缝变宽，尖角部位整个溶化，影响切割效率。切割速度过快，如图7-57所示。

从切割火花可判断进给速度的快慢,如图 7-58(a)所示,火花由上往下扩散,切割速度正常;如图 7-58(b)所示,火花倾斜,切割速度太快;如图 7-58(c)所示,火花呈现不扩散且少,聚集在一起,速度太慢。进给速度适当时,如图 7-58(d)所示,切割面呈现较平稳线条,且下半部无熔渣产生。

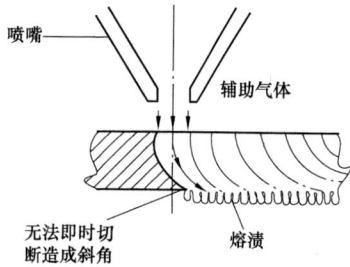

图 7-57　切割速度过快

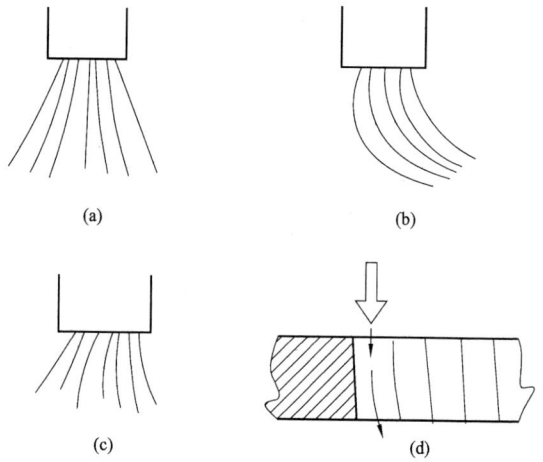

图 7-58　切割速度的影响
(a)切割速度正常;(b)切割速度过快;
(c)切割速度过慢;(d)切割速度正常断面

7. 板材材质和表面质量

板材的质量对激光切割来说是至关重要的,切割碳钢材料一般要求为低碳钢、黑皮、材质均匀,表面不能有锈。因为锈不能燃烧。

8. PRC 激光器切割低碳钢

低碳钢厚度-切割速度曲线如图 7-59 所示,PRC 激光器切割低碳钢切割参数见表 7-6。

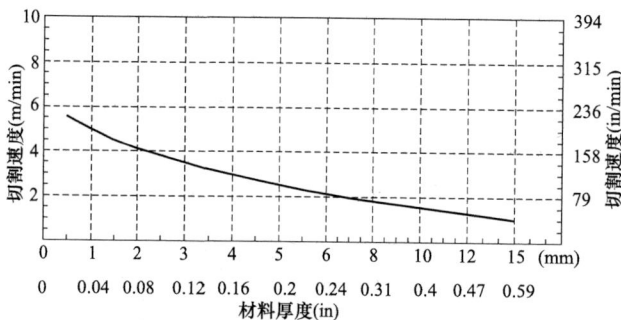

图 7-59　低碳钢厚度—速度曲线

表 7-6　　　　　　　　　　　　　　PRC 激光器低碳钢切割参数表

项　目	参　　　数									
低碳钢厚度(mm)	1	2	3	4	5	6	8	10	12	15
光束直径(mm)	19	19	19	19	19	19	19	19	19	19
辅助气体/压力(MPa)	15	20	10	8	8	7	7	6	6	6

续表

项 目		参 数									
透镜焦距 (″)		5	5	5	5	5	5	5	5	5	5
喷嘴直径 (mm)		1.5	1.5	1.5	1.8	1.8	1.8	1.8	2	2	2
喷嘴高度 (mm)		1	1	1	1	1	1	1	1.7	2	2
割缝宽度 (mm)		0.1	0.12	0.12	0.12	0.12	0.12	0.15	0.15	0.15	0.15
焦点位置 (mm)		0	0	0	0	1	1	1	1.7	2	2
穿孔	激光模式										
	频率 (Hz)							150	150	150	150
	功率 (W)							1400	1400	1450	1600
	起始占空比 (%)							15	15	17	20
	结束占空比 (%)							35	35	40	50
	脉冲时间 (s)							1	0.5	0.6	0.5
	辅助 O₂ 压力 (MPa)							7	7	7	7
穿孔	激光模式	GP	GP	GP	GP	GP	GP	GP	GP	GP	GP
	频率 (Hz)	100	200	200	200	250	250	400	350	150	150
	功率 (W)	600	1000	1000	1300	1500	1500	1600	1300	1700	1800
	占空比 (%)	10	20	35	35	30	35	35	35	35	40
	上升时间 (s)				0.5	0.5	0.5	2.5	5	7	8
	停延时间 (s)	0.1	0.3	0.5	0.8	0.8	1	4	7	10	12
	辅助 O₂ 压力 (MPa)	10	10	8	8	8	8	7	7	7	7
小孔	激光模式	GP	GP	GP	GP	GP	GP	GP	GP	GP	GP
	频率 (Hz)	100	100	100	100	50	50	30	30	30	30
	功率 (W)	500	800	800	1000	1000	1000	1350	1450	1450	650
	占空比 (%)	25	35	40	35	30	35	35	35	35	35
	速度 (mm/min)	500	500	500	500	200	200	125	100	70	70
中孔	激光模式	GP	GP	GP	GP	GP	GP	CW	GP	GP	GP
	频率 (Hz)	900	900	1000	300	250	250		150	150	150
	功率 (W)	600	850	1000	1300	1000	1300	1250	1500	1500	1800
	占空比 (%)	70	90	90	90	90	90		97	97	97
	速度 (mm/min)	3000	3000	2300	1900	1400	1500	1150	900	700	700
切割	激光模式	GP	CW	GP	GP	GP	GP	CW	CW	CW	CW
	频率 (Hz)	1000		1000	500	250	300				
	功率 (W)	900	900	1100	1400	1300	1400	1450	1500	1500	1800
	占空比 (%)	85		95	98	95	98				
	速度 (mm/min)	4000	3600	2800	2500	1800	1700	1150	1000	750	750
	激光模式	GP	GP	CW	GP	GP	GP	GP/CW	GP/CW	GP/CW	CW
	频率 (Hz)	1500	1000		500	250	300	150/-	150/-	150/-	

项　目		参　　数									
切割	功率（W）	1000	900	1300	1800	1500	1500	1800	1800	1800	2200
	占空比（%）	90	90		98	98	98	97/-	97/-	97/-	
	速度（mm/min）	5000	3600	3200	3000	2000	1800	1400	1200	900	850
	激光模式	CW	CW	CW/GP	GP	GP	GP	CW	CW	CW	
	频率（Hz）			-/1000	500	300	300				
	功率（W）	1100	1000	1800	2000	1800	1800	2000	2000	2000	
	占空比（%）			-/95	98	98	98				
	速度（mm/min）	5500	4000	3500	3200	2400	2100	1600	1300	1000	
	激光模式		CW	CW/GP		GP	GP				
	频率（Hz）			-/1000		300	300				
	功率（W）		1200	2000		2000	2000				
	占空比（%）			-/95		98	98				
	速度（mm/min）		4400	3700		2600	2300				
拐角	激光模式	GP	GP	GP	GP	GP	GP	GP	GP	GP	GP
	频率（Hz）	600	300	250	300	150	300	150	30	20	30
	功率（W）	500	800	900	1100	1000	1100	1150	1450	1300	1650
	占空比（%）	70	75	90	90	90	90	65	35	30	35
	速度（mm/min）	2500	1500	2000	1400	1300	1100	600	100	150	70

注　CW—连续波；SP—超强脉冲；GP—门脉冲。

9. 编程时尖角的处理

激光切割在加工零件过程中遇到有尖角，默认的处理方式是进行修圆处理，即经过修圆的角不再具有尖角，而是具有圆角弧段。当有些零件对尖角尺寸要求比较严格时，就要对尖角部分进行回圆切割以达到零件的精度要求。所谓回圆切割就是激光切割头沿着尖角点的一边直线驶出，转个圈后重新沿角点的另一边直线驶入。经过这样处理可达到零件的尺寸精度，如图 7 - 60 所示。

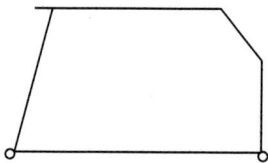

图 7 - 60　尖角回圆处理

10. 使用微连接

微连接指零件内或零件间原本不存在的连接，为提高刚性而辅助增加的零件结构，其间距短。存在微连接时轮廓不会从板料上完全分离出来，而是通过一个或多个搭边与板料连在一起。板料加工完全后，手动将轮廓折断取出。微连接适合于外轮廓很小的零件使用。使用微连接可以避免激光切割头与被切割零件轮廓之间产生碰撞，损坏喷嘴。

11. 合理使用共边切割

灵活运用共边切割是节省材料、降低切割成本的最有效办法。在编程套料时，零件之间的间隙一般取板厚的两倍，而使用共边切割时零件之间的间隙可以很小（几乎不到 1mm），从一定程度上节约了材料。同时，两个零件之间的共用边只进行一次切割就可以，大大减少了切割路径，降低了切割耗材的损耗。

三、程序编制

1. 常用指令

常用 G 代码见表 7-7。

表 7-7　　常 用 G 代 码

序　号	代　码	功　用
1	G00	机床快速移动
2	G01	直线插补移动
3	G02	顺时针圆弧
4	G03	逆时针圆弧
5	G04	暂停，时间为 K（单位：10ms）
6	G05	平滑过渡
7	G07	精确过渡，拐角停顿
8	G73	坐标旋转
9	G90	绝对坐标编程
10	G91	相对坐标编程

常用的 M 代码见表 7-8。

表 7-8　　常 用 M 代 码

序　号	代　码	功　用
1	M10	随动下降
2	M11	随动解除，同时 Z 轴提升，高度由 P101 决定
3	M16	随动解除
4	M14	打孔自动检测（是否透）
5	M12	机械光闸开
6	M13	机械光闸关
7	M15	打孔延时（时间由 PLCR1 设定，可通过 MDI 方式设定，在编程软件中可以生成的，单位：ms）
8	M20	打开电子光闸
9	M21	电子光闸关
10	M22	转入连续波切割
11	M23	转入门脉冲打孔或切割
12	M24	转入强脉冲打孔或切割
13	M25	转入超强脉冲打孔或切割
14	M50	低压气开（氧气或空气）
15	M51	低压气关（氧气或空气）
16	M52	高压气开（氧气或空气）
17	M53	高压气关（氧气或空气）
18	M54	选择空气

序　号	代码	功　用
19	M55	选择氧气
20	M56	选择氮气
21	M30	程序结束，并且光标返回第一行
22	M95	自动寻找最后一个打孔点〔如程序中有故障停机现象，请记住所停位置的程序行号，编辑此程序，向上找到离停止程序行号最近的打孔程序段号。将程序头部第一个 G00 空行程程序段前加"；"。在第一个打孔程序段前插入一行"（GOTO N××××）"，此处程序段号为上面所找的停止位打孔程序段号。在"MDI"下执行"M95"，机器自动运行到最后一个打孔点。执行此程序〕
23	M100	手动增益
24	M101	5～10m 速度时的增益
25	M102	3～5m 速度时的增益
26	M103	0～3m 速度时的增益

2. 编程方法

一般利用激光加工机床自带的编程软件，也可以利用专业的编程软件，如 CNCKAD、PRONEST 等编制程序。

2mm 碳钢板程序图形如图 7-61 所示。切割 100mm×100mm 的正方形，里面为直径为 50mm 的图。

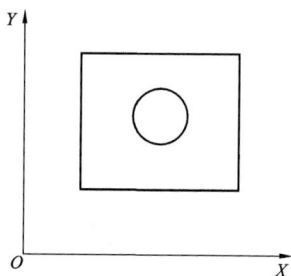

图 7-61　零件

G92 X0 Y0	定义当前点为坐标原点
G91	相对坐标编程
F5000	切割速度 5000mm/min
(P111=1000)	切割功率 1000W
(PLCR1=300)	打孔时间 0.3s
G00 X50 Y50	空程由左下角点走到圆心点
(CALL 9000)	程序开始子程序
(CALL 9001)	打孔子程序
G01 X25	引入线从圆心到圆弧四分圆点
G02 X0 Y0 I-25 J0	切 50mm 圆
G01X-1	引出线
(CALL 9011)	结束切割子程序

```
G00 X26 Y-55          空程走到下一起点
(CALL 9001)           打孔子程序
G01 Y105
X-100
Y-100
X105
(CALL 9011)           结束切割子程序
(CALL 9010)           程序结束子程序
M30                   程序结束
```

第五节 数控冲压技术

一、数控冲床

冲压加工是利用压力机、剪板机和折弯机等设备，通过模具（冲压模、剪切模和折弯模）对材料（板材或卷材）进行冲压、剪切和折弯等工序，改变工件形状和尺寸，完成工件的加工过程。冲压工艺系统包括加工设备、模具和材料三大要素。数控压力机是完成冲压工艺的设备，是对传统冲压的变革，特别是近年广泛发展的数控转塔冲压机床，节约了模具成本，提高了加工效率。

数控转塔冲床由机械传动系统、气动和润滑系统，以及再定位、模座和模具等装置组成。其中机械传动主要由主传动系统、转盘选模系统和进给传动系统三部分组成。转盘选模系统是实现冲压工艺的核心，它由转盘减速器和转盘装置组成。常用的转盘减速器是一个多级齿轮减速器，再通过上下一对链条带动上下转盘同步转动，进行选模。伺服电动机通过三级齿轮减速器带动上下链传动，从而带动上转盘和下转盘转动。转盘上装有若干套模具，冲孔时，所需冲孔的模具转到打击器下，当转盘定位锥销插入后，才能进行冲压。进给传动系统使夹在夹钳上的板件在 X、Y 方向上高速运动来完成工件的定位，并实现冲压。典型的机床如图 7-62 所示。

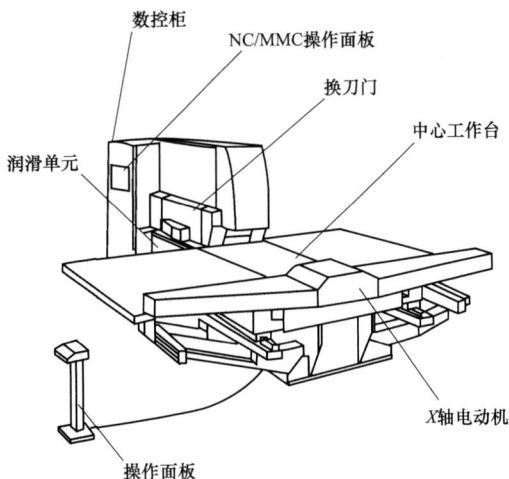

图 7-62 数控转塔冲床

转塔的模具模座数及其规格的推荐值因不同型号规格的数控压力机而异，一般为 9～72 个模座，即可以装 9～72 套模具。模具在机床上的安装如图 7-63 所示。

二、数控冲床工艺

1. 合理地选择换模次序及走刀路线

在数控冲床的程序设计中，应当选择合理的换模次序，其一般原则是：

先圆孔后方孔，先小孔后大孔、先中间后外形。一套模具在选用以后，出于缩短加工时

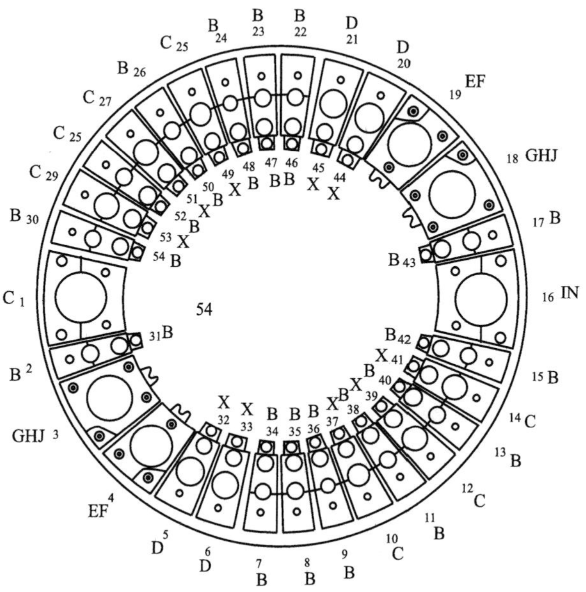

图 7-63 转塔冲床模座

间的考虑，应该完成其在这个零件上的所有需要加工的型孔。在合理选择换模次序的同时也应该选取模具的最佳走刀路线，以减少空行程，提高生产效率，并保证机床安全可靠的运行。

2. 合理的夹钳位置及移位方式

数控冲床每一次夹钳定位都有一定的加工范围，在 X 方向超过这个行程时，就必须通过夹钳移位来完成其余的加工。夹钳移位时，压料块压住钣金毛坯料，夹钳松开，夹钳移动到指定的位置，再次夹紧，继续加工。

第一次的夹钳位置应尽可能的大，以使夹钳夹持得更加平稳、可靠；可在不移位的情况下加工的孔，应尽可能地一次加工完；有相关尺寸的孔，应尽量在一次移位中加工完；为使钣金毛坯料有良好的刚性，应适当地多留一些微连按；压料块的位置在 Y 方向应压在钣料的中心位置，而在 X 方向应压在偏向夹钳要移动的位置。

3. 冲压力计算

如果冲压厚板，所冲孔径又比较大，就需要精确计算所需要的冲裁力。否则，超过机器的额定吨位，容易造成机器和模具的损坏。因此，在大工位上冲压加工比较厚的板料时，需要采用式（7-1）来计算冲压力，即

$$F=0.345LTfS \qquad (7-1)$$

式中 F——冲压力，kN；

L——冲压孔的周长，mm；

T——材料厚度，mm；

f——材料因数，见表 7-9；

S——剪切因数。

表 7-9   材 料 因 数

材料	材料因数	材料	材料因数
铝（软）	0.30	紫铜	0.57
铝（半硬）	0.38	普通低碳钢	1.00
铝（硬）	0.50	冷轧钢板	1.20
黄铜	0.70	不锈钢板	1.40

4. 大孔处理

生产过程中冲大直径的孔超出机器公称力上限时，特别对于高剪切强度材料。通过多次

冲孔的方法冲出大尺寸孔可以解决这一问题。使用小尺寸模具沿大圆周长剪切可以降低一半或更多的冲压力，在拥有的模具中可能大部分模具都能做到。如图 7 - 64 所示，分别使用圆形、双 D、带圆角矩形、凸透镜形模具都可冲出大孔径圆形。

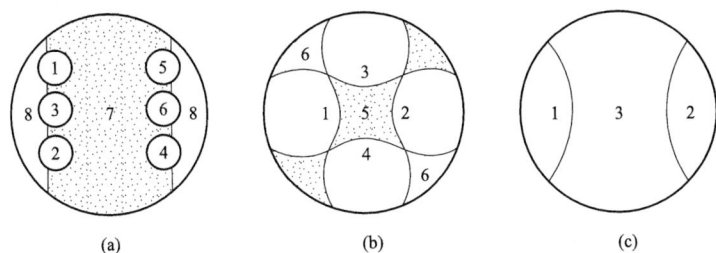

图 7 - 64　冲孔方式

(a) 异形模具冲孔；(b) 异形模具冲孔；(c) 异形模具冲孔

　　可以使用如图 7 - 65 所示的凸透镜的模具冲压，如果孔径超出冲床公称力，推荐使用图 7 - 65 (a) 方案，用此模具冲出圆形的周边。如果孔径能在冲床公称力范围内冲成，那么一个放射形模具和一凸透镜模具就能在四次之内冲压出所需的孔而，无须旋转模具，如图 7 - 65 (b)所示。

　　5. 最后向下成形

　　当选用成形模具时，应避免进行向下成形操作，因为会占用太多垂直空间和导致额外的平整或弯曲板材工序。向下成形也可能陷入下模，然后被拉出转塔，因此，应该把它作为对板材的最后一步处理工序。

　　6. 防止材料扭曲

　　如果你需要在板材上冲切大量孔而板材又不能保持平整，成因可能是冲压

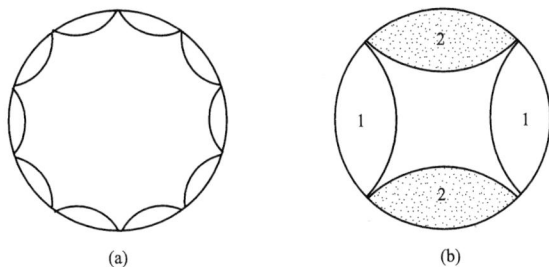

图 7 - 65　冲孔方式

(a) 多次冲孔；(b) 四次冲孔

应力累积。冲切一个孔时，孔周边材料被向下拉伸，令板材上表面拉应力增大；下冲运动也导致板材下表面压应力增大。冲少量的孔，结果不明显，但随着冲孔数目的增加，拉应力和压应力也成倍增加，直到板材变形。

　　消除这种变形的方法之一是每隔一个孔进行冲切，然后返回冲切剩余的孔。这虽然在板材上产生相同的应力，但消除了因同向连续一个紧接一个地冲切而产生拉应力/压应力积聚。因此也使第一批孔分担了第二批孔的部变形效应。

　　三、程序编制

　　1. 程序编制软件

　　数控转塔冲床程序编制可以使用冲床自带软件和专用的编程软件两种方式。专用编程软件有 CNCKAD、PROCAM 和 PRONEST 等。

　　2. 典型机床指令

　　数控冲床典型指令见表 7 - 10。

表 7 - 10　　　　　　　　　　　数 控 冲 床 典 型 指 令

M 指令	M 指令功能	G 指令	G 指令功能
M00	程序停止	O	程序号
M02	程序结束	N	顺序号
M03	无冲压（只定位）	X	X 轴绝对值
M05	卸料（上料器可选件）	Y	Y 轴绝对值
M06	冲压后停止	DX	X 轴增量值
M08	成形模式启动	DY	Y 轴增量值
M09	成形模式取消	T	转塔分度指令
M12	步冲模式启动	C	C 轴绝对值
M13	步冲模式取消	M	M 功能（辅助功能）
M14	U P/DOW N 成形刀具上模式	FRM/	坐标格式设置
M15	UP/DOW N 成形刀具上模式取消	OFS/	本地坐标格式设置
M30	程序复位和反绕	MOV/	图形功能基点设置
M40	卸掉（上料器可选件）	REP/	自动重新定位
M41	降下 REPO 垫和开启工件夹持器	INC/	增量
M42	关闭工件夹持器并提升 REPO 垫	GRD/	网格
M55	外部减速模式（可选件）	LAA/	角线
M58	外部减速模式取消和工件滑槽打开模式	ARC/	弧度
M59	工件滑槽关闭（与 M58 成对使用）	BHC/	螺栓孔圆
M60	工件卸料 M 代码	RAD/	半径（沿半径切割）
M62	选择外轨	HOL/	孔（切割圆）
M63	选择内轨	OPN/	开孔（开圆孔）
M80	工作台速度 100%	CAA/	角切割（用圆冲头切割角线）
M81	工作台速度 75%	REC/	矩形（切割矩形孔）
M82	工作台速度 50%	OBL/	长方形（开矩形孔）
M83	工作台速度 25%	TGL/	切三角（45°内角切割）
M98	调用子程序	RRC/	可圆矩形（开圆内角矩形孔）
M99	结束子程序	SAA/	角斜度（用分度刀具开角线）
M610	滑枕速度取消	NBL/	步冲
M611	滑枕高速	DWL/	暂停
M613	滑枕中速	PAT/	宏程序功能存储开始
M615	滑枕低速	END	宏程序功能存储结束
M620	滑枕 TDC 取消	MGR/	宏程序网格
M621	移动滑枕 TDC	PTP/	点至点（在 2 点间开线）
M630	以低速步冲（缺省），节距低于 5.0mm	PPA/	点至点弧度（在 2 点间开圆弧线）
M631	以低速步冲，节距低于 1.0mm	MAT/	指定工件材料

第六节 其他技术简介

一、数控水切割

高压水射流切割机，俗称"水刀"，"水切割"工艺与现有机械切割工艺和烧蚀切割工艺相比，具有如下四大优越性。

（1）切割对象可谓"无所不包"，从凝胶体到高硬度或高弹性材料和特殊结构材料，均可一机通切，因而有"万能切割机"之誉。

（2）切割时不会产生机械堑力破坏或热效应，工件无需修补或进行除应力处理。

（3）切缝窄（小至 0.3 mm）、切割光滑（粗糙度可达 3.2），一般不需再加工。

（4）能方便地与微机控制的工作台或机械手结合起来，形成数控加工系统，满足特殊的或复杂的平面加工要求。

（5）费用低，无切削刀具成本。

新一代数控水力切割机床将超高压射流技术与数控机床紧密融合，结合专业的 CAD/CAM 软件技术，其自动化程度达到国际领先水平，可加工复杂形状表面。

二、数控火焰切割

数控火焰切割主要应用于垂直截面和坡口截面切割工作，由于在钢的火焰切割过程中所需的能量主要来源于铁（钢的主要成分是铁）在氧气中燃烧时所产生的热量，故厚度很薄的钢板在氧气中燃烧时产生的热量很少，割口处的熔渣不易被切割氧气流吹走，造成前面切割后面粘连的现象，并且容易发生较大的热变形。因此，火焰切割法在切割薄钢板时有一定的困难。一般来说，火焰切割法的切割厚度范围一般是 6～300mm，300mm 以上的厚度则主要用于钢厂切割钢锭。如果采取某些措施，如使用特制割嘴及用压缩空气或水喷淋等方法，可以降低切割厚度的下限，甚至可切割 1.5mm 厚的钢板。

火焰切割法最适合于厚度在 12mm 以上的低碳钢的切割，在很小的范围内用于钢的表面切割和穿孔切割。

三、数控等离子切割

任何物质随着温度的升高，都可由固态转为液态、气态和等离子态（等离子体），所以，等离子体被称为物质存在的第四种状态。

等离子体是由电子和正离子所组成的混合体，由于正、负电荷数相等，所以从整体上看仍是中性。因为有自由电子和正离子的存在，故有导电性。等离子体流在电、磁场的作用下，也会受到压缩和偏转。

如图 7-66 所示为等离子体加工原理，当对两个电极施加一定的电压时，空气中的微量电子，将得到加速而飞向阳极，途中与中性原子碰撞，使其电离产生更多的电子，这些新生电子又被电场加速而使中性原子电离，如此进行下去，将形成大量电子流高速奔向阳极，而正离子流奔向阴极，并在阴极表面激发二次电子。这种不断发生电离放电的气体区，就是等离子区。在等离子

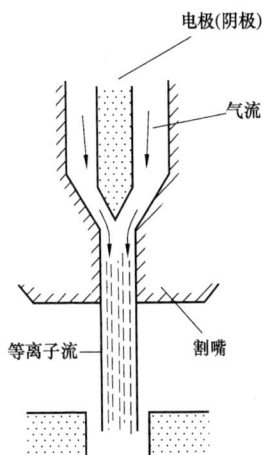

图 7-66 等离子切割

区，由于电子和离子的高速对流，相互碰撞，产生大量的热能。

为进一步提高等离子区温度，可缩小等离子区通道截面积，通常在等离子区的切向喷入具有一定压力的惰性气体（如氩、氢等），形成回旋气流。这种气流不仅使喷枪外壁冷却，而且既能使电弧温度急剧增高，又能将其带出喷嘴口对工件进行加工。

等离子弧切割法是利用等离子弧的超高温、超高速喷射，将金属材料熔化后吹掉而实现切割的。可用于切割铜、铝及其合金，可切割任何高硬度、高熔点的金属或非金属材料，如不锈钢、耐热钢、硬质合金、钛合金、钨合金及花岗石、混凝土、耐火砖、碳化硅等。切割厚度为 20mm 的不锈钢时，速度可达 0.5m/min 以上。目前，切割不锈钢的最大厚度可达180mm，切割铝合金的厚度可达 250mm，而且热影响区域仅为 0.1～0.5mm。

第七节　数 控 加 工 排 料

零件进行数控铣或数控冲压加工时，毛坯尺寸比较大，需要进行下料加工，由于生产批量和毛坯材料原因，需要考虑一张板材如何下料使材料最省，是下一种零件还是几种零件，如何编排下料位置，此类问题称为排料。

排样问题就是将一系列不同形状的规则或不规则零件排放在给定的板材上，选择适当的安排方法，找出零件的最优排布，使得给定板材的利用率最高，以达到节约材料，提高效益的目的。

一、排料要求

排料的工程要求如下：

（1）具有较高的材料利用率。一个排样方案是否最优，通常是根据板料切割的利用率是否最大来判断。因此，排样利用率是评定排样方案的质量。

1）对于一维排样问题，所需零件的总长度为 l，所耗线材的总长度为 L，则排样利用率为

$$\eta = \frac{l}{L} \times 100\% \qquad\qquad (7-2)$$

2）对于二维排样问题，所需零件的总面积为 $area$，所耗板材的总面积为 $AREA$，则板材利用率为

$$\eta = \frac{area}{AREA} \times 100\% \qquad\qquad (7-3)$$

（2）考虑模具结构设计的合理性。

（3）考虑材料的各向异性。对于带弯曲成形的冲压件，要求弯曲线与条料纤维流向在一定的角度范围内，以避免弯角处出现裂纹。如果当前工件旋转角度为 $Ang1$，弯曲线角度为 $Ang2$，若 $Ang1 + Ang2$ 在 30°～150°或 210°～330°为合理区域。

（4）考虑料宽约束（最大/最小料宽给定）或步距约束（最大/最小步距给定）以满足用户特定的材料宽度或送进量要求。

（5）步距与料宽计算应准确（在许用误差范围内）。

二、排料方法

在狭义下料问题中，根据空间划分，排样问题可分为一维排样（线材排样）问题、二维

排样（平面排样）或下料问题、三维排样（三维装填）问题。

（一）排样方法分类

1. 一维排样

一维排样又称为线性排样，给定一定数量和长度规格的管材，要求从管材中切割出一定数量和种类的毛坯（各类毛坯的长度不一，数量要求也不同），目标函数为消耗的管材总长度为最少。一维排样问题的定义较为简单，但是能够反映出排样问题的共同特征，即在给定空间内寻求一种优化组合方式，在满足空间和工艺等约束条件的情况下，使零件占用的空间最小，即浪费的空间最小。

由于线性排样只涉及一个维度变量，一般采用整数规划模型算法，理论上可以求得最优解，然而在排样问题规模较大、零件毛坯种类较多时，整数规划求解的计算量和计算时间相对于毛坯种数将呈指数级迅速上升，无法在合理的时间内完成计算。通常的解决办法是去掉对变量的整数约束，从而将其转化为线性规划模型，用背包算法来求解。对于规模较大的排样，则进一步采用启发式算法或智能算法。

2. 二维排样

二维排样是将若干平面形状的零件放置于板材内部，使得零件之间互不重叠且零件完全包含于板材区域之内，并使排样后的零件占用的总面积最小，即使材料利用率最大化。二维排样问题广泛存在于生产实践中，主要包括平面板材切割，如金属板切割、服装布料裁剪、皮革裁剪等；平面图形填充，如拼图问题；平面布局，如电路板布局问题等。

二维排样问题主要包括矩形、圆形、正多边形等规则形状排样以及不规则形状排样。在生产实践中，其排样优化目标函数一般为材料利用率指标，即零件面积总和除以排样后零件占用面积总和最大或零件排样后占用总高度或总长度最小。

另外一种比较特殊的二维排样问题是卷材排样问题，又称为一维半排样问题，是指被分割的材料宽度较小、长度很大，排样时可以将长度看作无限长。布匹、纸张、塑料、金属薄板等，都可以用卷材的形式供应。典型的应用领域包括服饰、纸制品、塑料制品、电机等制造行业。当金属薄板的厚度在 0.5mm 以下时，经常以卷材的形式供应。在分割过程中，通常先沿着卷材的长度方向将其分割成很长的条带，然后再将条带分割成较小的毛坯。

规则排样中矩形排样问题是研究的重点。矩形件排样问题由于其板材和零件都为矩形，处理起来较为简单，此种排样在实际生产中应用广泛，而且现在在处理不规则排样问题、圆形及三角形排样问题时，都是先将它们包络成矩形或将几种零件拼合成矩形再排样，因此矩形排样问题是目前研究的热点。矩形排样又可细分为同尺寸矩形件排样问题、套裁排样问题、矩形带排样问题。同尺寸矩形排样问题只允许在板材中排入相同尺寸的零件，目前这类问题通过运筹学方法已经得出最优解；套裁排样问题是允许在板材中排入多种尺寸不同的零件，且每种零件可以排放多次；矩形带排样问题则是将一组矩形件排放在定宽无限高的板材上，每种零件只能排放一次，要求使板材高度利用的最少。

3. 三维排样

三维排样由于应用较少，复杂性较高，目前研究不多。三维排样是给定一个有限的三维空间，并给定若干三维形状的零件，要求零件排样于给定空间内，并占用尽量少的体积。目前三维排样主要研究的是集装箱装填问题，主要也是采用启发式算法或智能算法来求解。

（二）少种类多数量矩形排样算法

毛坯的种类比较少，每种毛坯的数量比较大。可以将板材分为不同区域，在各区域中按照单一毛坯排样的方式来设计排样方案。当前的主要排样方式如下。

（1）直切方式排样。将板材平行分割为若干个条带，每个条带上排样一种矩形毛坯，如图 7-67 所示。

（2）T 形排样。排样时用一条分界线将板材分为两段，同一段中所有条带的方向和长度都相同。一段含水平条带，另一段含竖直条带，如图 7-68 所示。

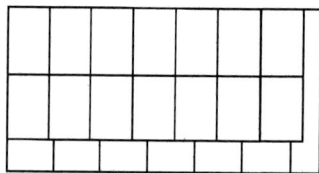

图 7-67 直切方式排样

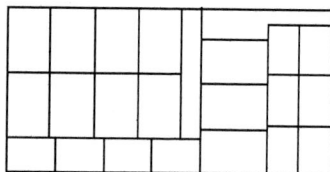

图 7-68 T 形排样

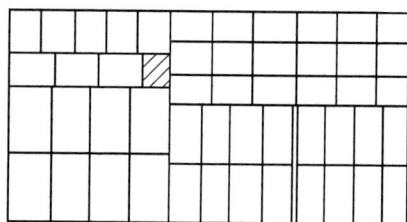

图 7-69 分段方式排样

（3）分段方式。将板材分割成若干段，在每段内按直切方式排样，如图 7-69 所示。

（4）丁字形方式。排样时首先将板材分为两段，再将其中的一段分为两段，分割线与第一次分割垂直，这样就将板材分割为三个部分，在这三个矩形区域内分别按照单一矩形单一方向来排样，如图 7-70 所示。

（5）4 块分割方式。与丁字形排样不同的是，将第一次分开的两段又分别按照垂直于第一次的分割线将两段分为四个部分，然后在每个矩形区域内按照单一矩形单一方向来排样，如图 7-71 所示。

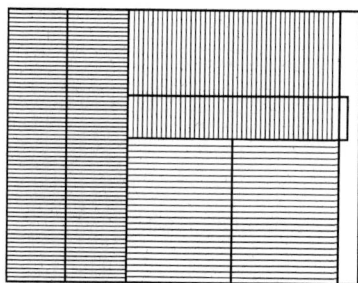

图 7-70 丁字形方式排样

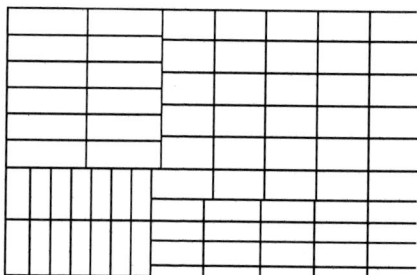

图 7-71 4 块分割排样

三、排料实例

1. 排样求解

一般排样问题求解有手工排样和计算机辅助排样两种方式，手工排样简单，材料的利用率较低；计算机辅助排样必须使用专用软件，常用的排样软件有 RADAN、ProNest 和 SIG-MANEST 等。

2. 基于 ProNest 的钣金排样应用

ProNest 是业内最先进的排样软件，它能带来一流的性能与可靠性。借助 ProNest，能够灵活地同二维、三维 CAD 系统进行整合，并能通过高效、强大的排样功能来节省材料成本。同时，还可以通过特定的设备设置来确保效果始终如一，并对切割品质、生产力和经营成本进行优化。ProNest 可对等离子、激光、火焰、水刀等亟须的应用工艺进行管理。

基于 ProNest 的排样采用的方法为有约束排样，给定尺寸的毛坯材料，给定几种零件，采用混合排样方法，使材料的利用率最大，板材的消耗最小，且整张板材的利用率最大。ProNest 排样流程如图 7-72 所示。

选择的下料板材尺寸为 3000mm×1500mm，计划在一张板材上套裁三个零件，三个零件的示意图如图 7-73 所示。零件 a 的最大外轮廓尺寸为 304.8mm×254mm，需要 30 件；零件 c 的最大外轮廓尺寸为 101.6mm×70mm，需要 80 件；零件 b 的最大外轮廓尺寸为 289.685mm×120.83mm，需要 48 件，在下料时无纤维方向、角度限制。

本实例的三个零件无材料各向异性要求，使用激光切割机床加工，两个零件间距离可以更小，按系统缺省的距离设置即可，则使用典型的排样策略，初级排样结果见表 7-11。

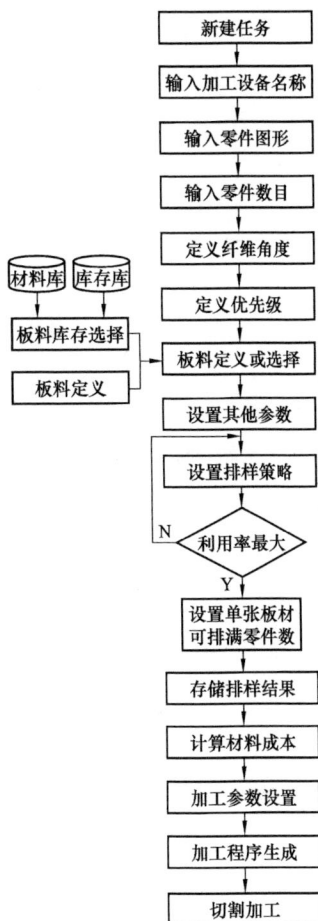

图 7-72 ProNest 排样流程

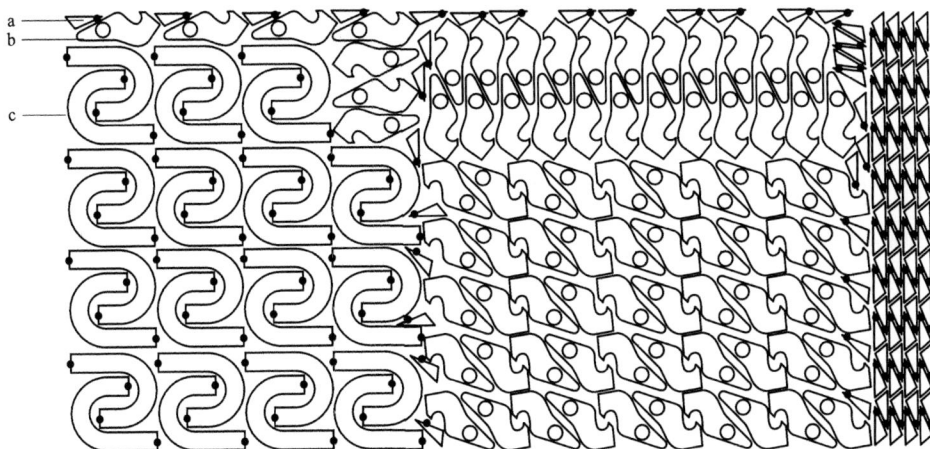

图 7-73 排样零件分布

表 7 - 11　　　　　　　　　　　初 级 排 样 结 果

策略	板数	实际利用率（%）	板材利用率（%）	矩形利用率（%）	所用长度（mm）	所用宽度（mm）
1	1	57.58	57.63	122.61	2997.95	1499.77
2	1	57.58	57.65	122.61	2996.92	1499.81
3	1	57.58	58.30	122.61	2963.86	1499.53
4	1	57.58	57.78	122.61	2990.36	1499.53
5	1	57.58	57.78	122.61	2990.36	1499.53
6	1	57.58	59.39	122.61	2909.51	1499.50
7	1	57.58	59.39	122.61	2909.51	1499.50
8	1	57.58	60.86	122.61	2839.68	1499.17
9	1	57.58	60.86	122.61	2839.68	1499.17

经初步比较分析，排料策略 8 和策略 9 符合利用率高的需求。经过分析，策略 9 比策略 8 排布节约了零件 c 的空间，故选择策略 9。为保证余料一次定位加工一并切割完成，将 a、b 零件的数目不变，增大 c 零件数目使整张板材利用率最大。排料后图形如图 7 - 73 所示。

最终排料结果见表 7 - 12，其中可下料 a 零件 30 个，b 零件 80 个，c 零件 105 个。

表 7 - 12　　　　　　　　　　　最 终 排 样 结 果

板数	实际利用率（%）	板材利用率（%）	矩形利用率（%）	所用长度（mm）	所用宽度（mm）
1	60.85	60.90	132.41	2999.05	1499.17

思 考 与 练 习

1. 高速加工有哪些优点？
2. 高速加工的切削参数同普通加工相比有何不同？
3. 进行高速加工程序编制时有哪些规则？
4. 说明车铣复合适合加工什么样的零件？
5. 电火花成形加工和线切割适合加工什么样的零件？
6. 电火花线切割如何选择穿丝孔？
7. 激光加工有何特点？
8. 激光加工适合加工什么样的零件？
9. 排料方法有哪些？

第八章　数控加工技术的研究热点

第一节　加工基础理论和装备研究

一、并联机床

（一）优点

如图 8-1 所示，并联机床（Parallel Machine Tool）又称虚拟轴机床（Virtual Axis Machine Tool）或并联运动学机器（Parallel Kinematics Machine），实质上是机器人技术与机床技术结合的产物，其原型是并联机构，与实现同样功能的传统五坐标数控机床相比，具有如下优点。

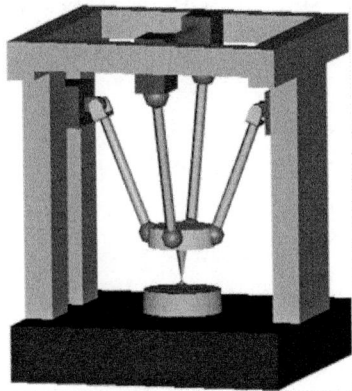

图 8-1　并联机床

（1）刚度、质量比大。因采用并联闭环静定状态或非静定状态杆系结构，且在准静态情况下，传动构件理论上为仅受拉、压载荷的二力杆，故传动机构的单位质量具有很高的承载能力。

（2）响应速度快。运动部件惯性的大幅度降低有效地改善了伺服控制器的动态品质，允许动平台获得很高的进给速度和加速度，因而特别适合于各种高速数控作业。

（3）环境适应性强。便于可重组和模块化设计，且可构成形式多样的布局和自由度组合。在动平台上安装刀具可进行多坐标铣、钻、磨、抛光，以及异型刀具刃磨等加工。装备机械手腕、高能束源或 CCD 摄像机等末端执行器，可完成精密装配、特种加工与测量等作业。

（4）技术附加值高。并联机床具有硬件简单、软件复杂的特点，是一种技术附加值很高的机电一体化产品，因此可望获得高额的经济回报。

（二）发展趋势

并联机床被认为是本世纪最具有革命性的机床设计突破，代表了 21 世纪机床发展的方向。作为高速、高效、高柔性加工设备的一个新的发展方向，并联机床的研究、开发和应用不仅对机床本身的发展具有重要的理论与实际意义，而且对制造及相关学科和产业的发展将产生深远的影响。

并联机床的发展趋势表现为以下几个方面。

（1）商业化步伐加快。在国际上，并联机床的发展是以企业为主进行的，盈利为目的必将加快并联机床商业化的步伐。在国内，早期的并联机床研究和开发主要集中在高等院校和科研院所，近年来不少企业也纷纷介入，这将有力推动国产化并联机床商业化的进程。

（2）向高速高效方向发展。由于并联机床的主轴部件一般为电主轴单元，质量轻、体积小，再加上驱动主轴运动的并联进给机构所具有的高刚度，将非常有利于使刀具运动获得高速和高加速度；另外，并联机床进行加工时，笨重的工件、夹具、工作台等都固定不动，而仅是主轴（刀具）相对于工件作高速多自由度运动，因此发挥好这一重要优势将使并联机床比传统机床更适合高速加工，从而有力推动新一代并联高速和超高速机床的发展。

（3）向复合结构方向发展。高刚度并联结构加高灵活性旋转结构的有机组合所构成的复合结构多坐标并联机床，可有效地克服纯并联机床旋转坐标运动范围小和工作空间小等不足，使并联机床与常规无坐标机床有相同的加工能力。因此，复合结构必将成为并联机床的重要发展方向。

（4）向集成化发展。例如，将并联机床加工中心与立车集成构成的万能加工中心，可实现一次装夹完成全部加工工序，从而大幅度提高加工效率。

（5）向重型装备发展。利用多套并联机构驱动多个主轴头同时运动，在多通道数控系统的控制下，实现对大型和重型工件的并行加工，可构成高效、高柔性的新型重型机床。

（6）向系统化方向发展。将并联机床进行组合构成并联制造系统，也将成为并联机床的一个新的发展方向。

（三）研究方向

1. 并联机床组成原理的研究

研究并联机床自由度计算、运动副类型、支铰类型以及运动学分析、建模与仿真等问题。

2. 并联机床运动空间的研究

并联机床运动空间的研究包括运动空间分析及仿真、可达工作空间求解（如数值求解法、球坐标搜索法等）、机床干涉计算及位置分析等。

3. 并联机床结构设计的研究

并联机床的结构设计包括很多内容，如机床的总体布局、安全机构设计、数控系统设计（包括数控平台建造、数控系统编程、数控加工过程仿真等）。

4. 并联机床刚度、精度、柔度、灵巧度的研究

并联机构封闭回路的特性，使并联机床较传统串联结构机床具有更高的刚度，但这个特性引起的耦合问题，相对的形成在动力分析上有很大的困扰，因此对其研究应予以足够的重视。关于并联机床精度的研究仍是国际难题，包括机床系统硬件研究（机床制造前精度设计和精度描述）和系统输出精度研究（机床制造后输出数据处理和精度评价）。并联机床柔度的研究包括柔度分析、柔度评价指标及其在工作空间内的分布等方面，灵巧度主要研究灵巧度指标及其分布等。

5. 并联机床误差研究

并联机床误差研究包括误差分析、建模及误差精度保证、测量系统设计等问题。

6. 并联机床模块设计与创建

根据工件加工的空间型和平面型，相应地把并联机床分为空间型并联机床和平面型并联机床两大类。并联机床按功能和结构可分为以下几个功能模块：

（1）执行模块；

（2）机座模块（静平台模块）；

（3）动平台模块；

（4）机架模块；

（5）定位模块；

（6）驱动模块；

（7）控制和显示模块；

（8）润滑与冷却模块。

7. 并联机床控制的研究

并联机床控制的研究包括高速、高精度的控制算法，刀具运动轨迹的直接控制，开放式数控系统等。虚拟轴机床的最大特点是机械结构简单而控制复杂，因此这方面的研究在并联机床的研究中具有举足轻重的作用。

二、多坐标多工艺复合机床

多坐标多工艺复合机床简称复合机床，或称多功能加工或完全加工机床。它的含义是在一台机床上实现或尽可能实现从毛坯到成品的全部加工过程，这样可减少在不同机床间进行工序转换而花费的时间（通常这些时间要占 30% 左右）。20 世纪 70 年代研制成功的镗铣加工中心（以旋转刀具做主切削运动）和车削中心（以工件旋转做主运动），对一般零件已能一次装夹完成多工序加工，但对于较复杂的零件其功能范围尚不足以完成从毛坯到成品的全部工序加工。为了提高生产率和加工精度，制造企业对复合化加工的要求越来越高。近年来，美国、日本、德国等工业发达国家投入了大量人力、物力研究开发这种适应多品种变批量生产要求的，能实现跨类别工艺复合和多面多轴联动加工的复合加工机床。已研制成功并投入应用的有加工中心与车削中心复合机床，加工中心与激光加工复合机床，集车、磨、铣、钻、铰、锉、滚齿等工序于一体的车磨复合机床，集平面磨、内圆磨、外圆磨为一体的磨削中心，集各种机床及测量机于一体的虚拟轴机床等。

例如日本 MAZAK 公司研制生产的 INTEGREXe650H-S 五轴车铣复合中心，便是车削中心和加工中心的结合，大大扩展了加工范围（该机床还具有进行滚齿、镗长孔等功能）。瑞士宝美技术（BUMOTEC）公司就是为企业高附加值零件产品提供整体解决方案的机床制造商。如图 8-2 所示，新一代 S-191Linear 车铣复合中心，功能更加强大，结合了插削和磨削的功能，并且可以刀具内冷高压 $80 \times 10^6 Pa$ 进行枪钻深孔加工。

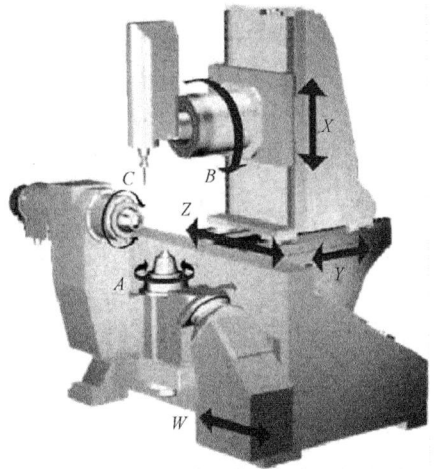

图 8-2　S-191 Linear 机床内部结构

第二节　数控技术的发展趋势

一、网络化

数控机床的网络功能是为了顺应生产线、制造系统、制造企业对信息集成的要求而研究发展起来的。通过赋予机床数控系统网络化功能，可使数控机床的远程通信、远程控制、远程故障排除与维修、远程服务均成为可能。先进的数控系统除带有 RS232C 串行通信接口外，往往还带有远程缓冲功能的 DNC 接口。FANUC210i、Siemens E&A 840D/840Di 等系统都已配置了 Ethernet（以太网）接口。单机强大的网络功能也为实现跨设备间甚至跨网域间的状态实时监控和网络控制加工提供了基础，使制造业的网络协同加工和虚拟网络制造成为现实。

二、智能化

数控系统智能化也是当前研究与发展的热点。智能化渗透到机床数控技术的各个分支，可大大提高机床数控技术的整体水平。对加工过程的自适应控制、工艺参数自动生成、三维刀具补偿、运动参数动态补偿等的研究与应用，可实现加工效率、加工质量的智能化控制；对前馈控制、电动机参数自适应运算、自动识别负载自动选定模型、自整定等的研究与应用，可为提高驱动性能及使用连接方便提供智能化措施、智能化的自动编程、智能化的人机界面等，使得数控加工程序编制与数控机床的操作大大简化。此外，故障诊断专家系统可使数控机床的自诊断和故障监控功能更趋完善。尽管目前智能技术在数控系统中的全面应用远未成熟，但一些智能化专项技术已进入实用阶段。例如，带有人工智能式自动编程功能的7000 系列数控系统（日本大隈公司），带有监控专家系统的 MAKING - MCE20 电火花数控系统（日本牧野公司）等都已商品化。

三、高速化

高速化是数控系统的方向，通过高速加工的发展可提高机床性能和数控技术的水平。

四、高精化

效率、质量是先进制造技术的主体目标，采用高速、高精加工技术能够极大地提高生产效率，提高产品的质量和档次，为此国际生产工程学会（CIRP）将其确定为 21 世纪的中心研究方向之一。而作为评定数控机床及系统效能的基本指标，也将由传统的工作精度和切削能力改为高效柔性（高速化、高柔性、高稳定性）和高精度化的程度。

切削速度大幅度提高的高速切削加工与常规切削加工相比，除了切削加工的生产率提高外，还大幅度减小了切削力，降低了工件热变形，工作平稳、振动小，可加工出极精密、光洁的零件。高速切削改善切屑的形成过程，减少刀齿每转进给量，降低切削力，也是获得高精度的主要措施之一。

当前精密和超精密加工的技术水平，加工所能达到的精度、表面粗糙度、加工尺寸范围和几何形状已是反映一个国家制造技术水平的重要标志之一。高精加工引起了机械制造领域内的许多变革（加工机理、加工机床、加工工具、加工环境、加工中的测量与补偿等都是需要考虑的因素），现代制造领域之所以致力于这种变革，是因为提高零件的加工精度，可提高产品的性能和质量，提高产品的稳定性和可靠性；可促使产品的小型化；可增强零件的互换性，促进自动化装配的应用。这种加工方法是精密元件、计量标准元件和大规模集成电路制造的技术保证，在国防工业、航空航天工业、电子工业、仪器仪表工业、计算机制造、微型机械等领域都有着广阔的应用前景。

五、高可靠性

1. 可靠性是广大机床用户及社会关注的焦点

激烈而残酷的市场竞争就是通过满足顾客要求以直接争夺顾客的竞争。数控机床在对外开放的市场竞争中，必须突出"顾客是上帝"的观念。现代"质量"的含义已不再单纯指产品技术性能或硬件设施，而是成为"顾客满意"的代名词，即质量的最终评定标准是顾客的满意程度。

广大用户选购数控装备时，当然关注产品是否具备所需的性能或功能，但更为关注的是性能或功能的维持性，极为关注产品在使用和运行中的质量，即数控机床的可靠性。顾客满意的最基本的要求首先就是产品使用可靠。

2. 国内数控装备可靠性有待提高

经过"十五"可靠性技术攻关，数控机床可靠性有所提高。纵观国内机床行业整体的可靠性现状，与世界先进水平相比差距仍然明显，还远不能满足广大机床用户的要求。近些年来进口数控机床激增，国产机床市场占有率下滑，加工中心进口量是国产的 2 倍。我国是世界上数控装备消费的大国，近年来高端数控装备进口量急剧上升，国产数控装备产品在全面开放的市场竞争中面临危机。

3. 可靠性是国产数控装备技术发展的"瓶颈"

国内外对高端数控装备的研发，主要面向高档次，追求高精、高速和多轴联动等复杂曲面加工。随着复合功能的增多和密集型技术的引入，故障隐患增多，在运转和使用过程中发生故障或初始性能失效的机会太多，先进性能和功能不能维持，降低或失去了使用价值，要用时不能用，造成资源的浪费。由于数控装备复合功能密集、体积庞大、结构复杂、加工工况多变等，使得可靠性技术的研究成为工程难题之一。产品可用性和可靠性问题已经成为数控装备技术发展的"瓶颈"。数控装备的高水平化和市场竞争的加剧，突出了研究可靠性（可用性）技术的必要性和紧迫感。

六、高柔性和开放性

工业生产中机床设备的种类很多，有许多机床又是直接根据用户的需要而设计的，因此数控机床制造商和最终用户十分希望机床的核心部件——控制器能打破专用、封闭的界限，而具有可移植、可扩展、可互操作、可缩放的功能，这就使数控系统研发者产生了让数控系统开放的设想。

国外的美国 NGC（Next Generation Workstation/Machine Controller），欧共体的 OS-ACA（Open System Architecture for Control within Automation System）计划、日本的 OS-EC（Open System Environment far Controller）计划和我国的 ONC（Open Numerical Control System）计划等。在这些计划中，开放式系统的体系结构规范、通信规范、配置规范、运行平台、数控系统功能库，以及数控系统功能软件开发工具都是研究的核心。

基于多轴控制卡的数控系统也是现代发展的方向。

第三节　基于 STEP 的数控加工

一、STEP 标准

尽管近年来计算机技术的飞速发展给高速、高精度数控加工提供了保证，但目前数控加工过程中应用的编程方式还是基于 50 多年前开发的 ISO6983（G/M 代码）标准。这种标准所规定的代码本质特征是面向加工过程的，而不包括零件几何形状、刀具路径生成、刀具选择等信息，一些数据的确定依然需要人工干预。随着计算机辅助（CAX）技术、计算机集成技术等的飞速发展和广泛应用，该标准已越来越不能满足数控技术高速发展的需要。为此，一种旨在取代目前数控加工中广泛使用的 ISO6983 标准的新型国际标准开始研究与制定。

1995 年 ISO/TC184/SC1/WG7 开始一个面向加工对象的新型 NC 编程接口国际标准的制定活动，新标准为 CNC 控制器的数字模型（Data Model for Computerized Numerical

Controllers，编号 ISO14649）。它基于 STEP 标准（ISO10303），并将该标准延伸到自动化制造的底层设备，称之为"STEP - NC"。

二、基于 STEP 的特征模型

STEP 应用协议 AP224（Mechanical product definition for process planning using machining features）全称应该是基于形状特征而向工艺规划的机械产品信息描述，它描述的不是工艺规划过程，而是工艺规划所需要的产品的设计信息，包括产品的识别、跟踪、形状特征、精度属性、材料属性、技术属性等。信息的描述是基于特征的，而在 STEP - NC 中也是利用这些特征，将特征与特定的操作即某一特定的数控加工过程相对应，这样就可以完成特征的数控加工。整个过程借助特征这一高层次的信息，可描述、可追溯、可操作，为实现机械设计制造系统的集成化、信息化、智能化奠定了基础。建立面向制造的特征模型，如图 8 - 3 所示，从工件层、特征层、几何层三个层次描述，主要包括形状特征、精度特征、属性特征和工艺特征。

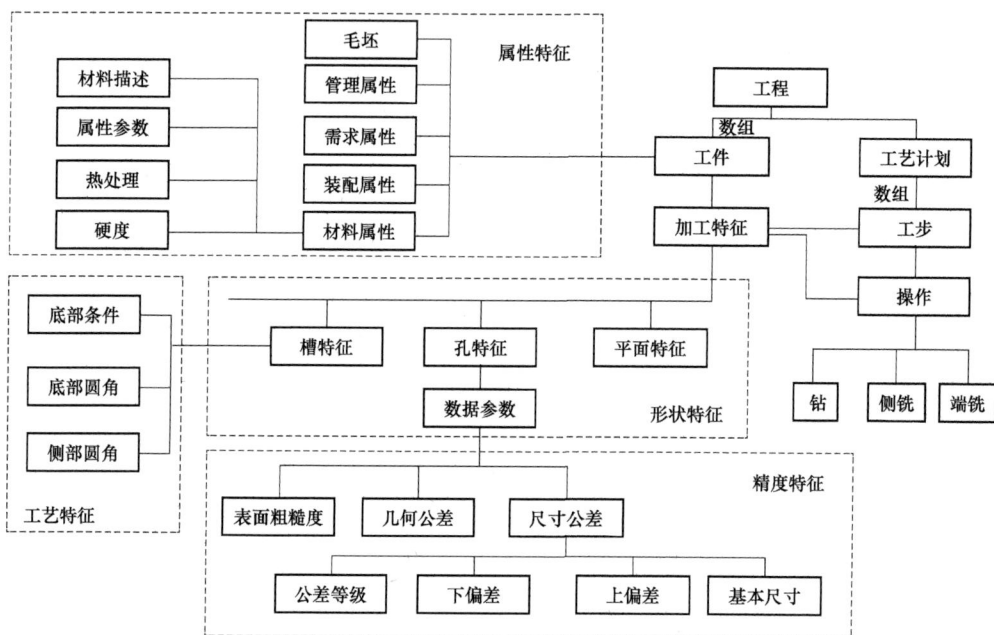

图 8 - 3　特征模型

1. 工件层

工件层主要是属性特征，包括：

（1）材料属性。材料牌号、描述、热处理、硬度等；

（2）装配属性。与其他零件配合、装配信息，质量相关信息的反馈；

（3）需求属性。加工设备的需求信息。如刀具需求信息、夹具需求信息、机床需求信息；

（4）管理属性。零件名称、批量、审批、交货日期等；

（5）毛坯。形状、参数、技术要求等。

2. 特征层

（1）形状特征。根据加工与工艺要求分为基本特征、子特征、辅助特征。子特征附着在基本特征或其他子特征上，先加工基本特征，再加工子特征，最后是辅助特征。形状特征的属性包括类型、定位、参数。

（2）精度特征。尺寸精度、几何公差、表面粗糙度。

（3）工艺特征。加工余景、各种加工约束条件等。约束条件分为几何约束和工程约束。几何约束包括平行、垂直等；工程约束有表面条件、底部条件等。

几何层主要描述形状特征的几何信息，点、线、面及拓扑关系。

三、基于 STEP 和 XML 的集成制造系统构建

基于 STEP 和 XML（eXtensible Markup Language，可扩展标记语言）的集成制造系统如图 8-4 所示，通过网络 Intranet/Internet，同 PDM（Product Management system，产品数据管理）系统、ERP（Enterprise Resource Planning，企业资源计划）系统、CAFD（Computer Aided Fixture Design，计算机辅助夹具设计）系统和 CAE（Computer Aided Engineering）系统交换数据，通过系统集成，提高了数控编程效率。

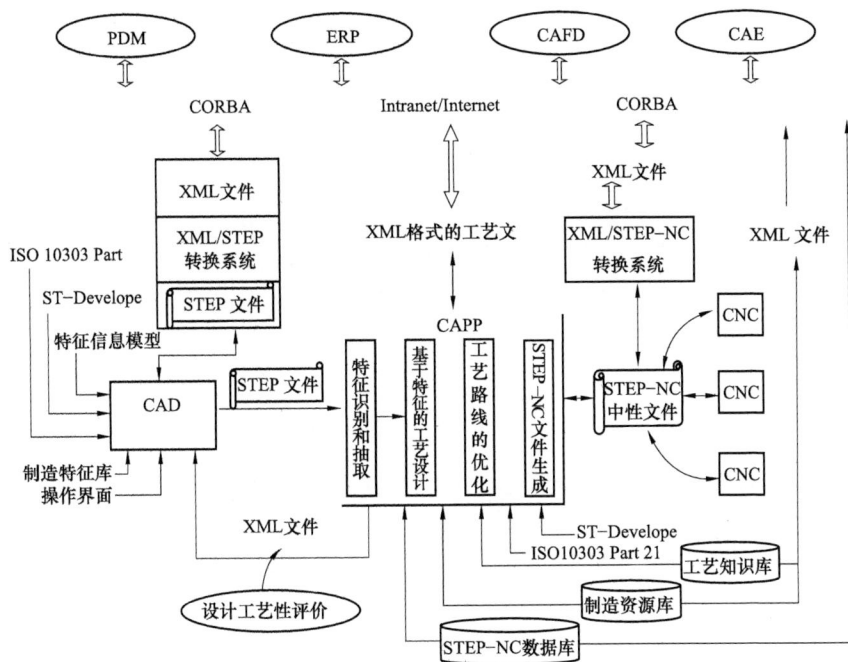

图 8-4　基于 STEP 和 XML 的集成制造系统

思 考 与 练 习

1. 并联机床有何优点？

2. 数控技术的发展趋势有哪些？

3. 基于 STEP 的特征加工有何特点？

附录 A　参 考 实 验

实验一　数控加工工艺规程的编制

一、实验目的

(1) 了解 CAXA 工艺图表软件的使用方法。

(2) 掌握利用 CAXA 工艺图表软件编制数控加工工艺规程。

(3) 编制典型零件的工艺规程。

二、使用设备

计算机、CAXA 工艺图表软件。

三、CAXA 工艺规程编写

(一) 创建文件

1. 创建工艺规程

选择"文件"下拉菜单中的"新建",系统弹出文件类型选择对话框,如图 A - 1 所示。点取标签"工艺规程",系统会列出可使用的工艺规程模板列表,选择一个模板后,按下"确定"按钮,则系统会将过程卡片设置为第一张卡片,并进入填写状态。卡片填写操作界面图形区中显示的是过程卡片,绿色及蓝色的格子用户可用鼠标点取进行所见即所得的填写,其中蓝色的格子还提供知识库的导航。菜单界面右侧为工艺卡片树,加黑显示的为当前卡片,用户可通过鼠标左键双击打开任何一张卡片,也可通过 SHIFT + 方向键进行卡片间的导航切换。当用户选择单元格填写时,卡片树中的内容被知识库的内容替代,用户选择后可直接将选中的内容填写到单元格中。

2. 创建工艺卡片

(1) 选择"文件"下拉菜单中的"新建",系统弹出文件类型选择对话框,如图 A - 2 所示。

图 A-1　新建文件对话框

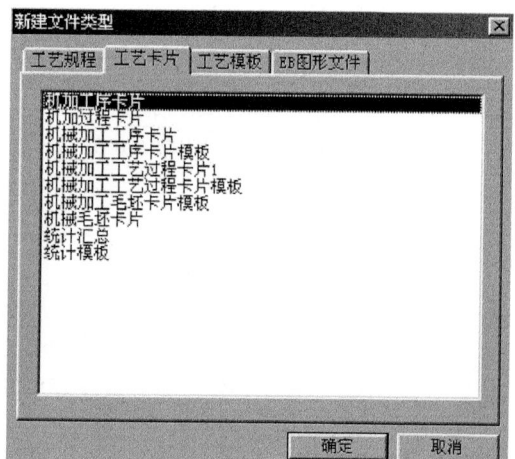

图 A-2　新建工艺卡片对话框

(2) 点取标签"工艺卡片",则系统会列出可以使用的工序卡片模板,选择一张卡片模板，按下"确定"按钮，系统直接进入卡片填写状态，如图 A-3 所示。

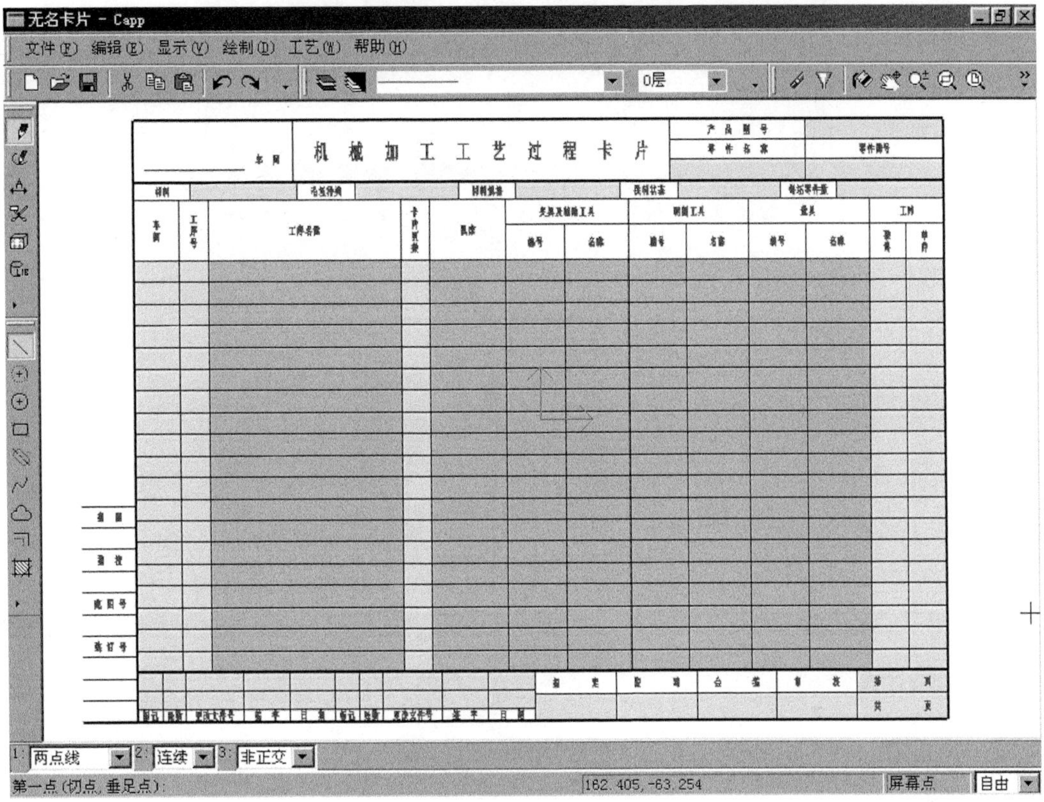

图 A-3 卡片填写操作界面

3. 创建工艺模板

（1）创建工艺规程模板。其是一套工艺规程所用到的所有卡片模板，在工艺规程模板中可以指定工艺过程卡片和工艺规程中的公共信息。点击图标"□"，出现"新建文件类型"对话框。选择"工艺规程模板"，并点击"确定"按钮，如图 A-4 所示。弹出"新建工艺规程::输入工艺规程名称"对话框。填入所要创建的工艺规程名称，并点取"下一步"按钮，则弹出"新建工艺规程::指定卡片模板"对话框。在"工艺卡片模板"中选择需要的模板。在没有选择工艺过程卡片之前，系统会自动提示您是否指定所选卡片为工艺过程卡片，如图 A-5 所示。

图 A-4 新建工艺规程模板

对话框右边的"工艺规程中卡片模板"列出所选定的工艺过程模板和工艺卡片模板，工艺卡片模板可以是一张或多张，由具体工艺决定。指定的工艺过程卡片会有红色的小旗作为标志，以示区分，如图 A-6 所示。

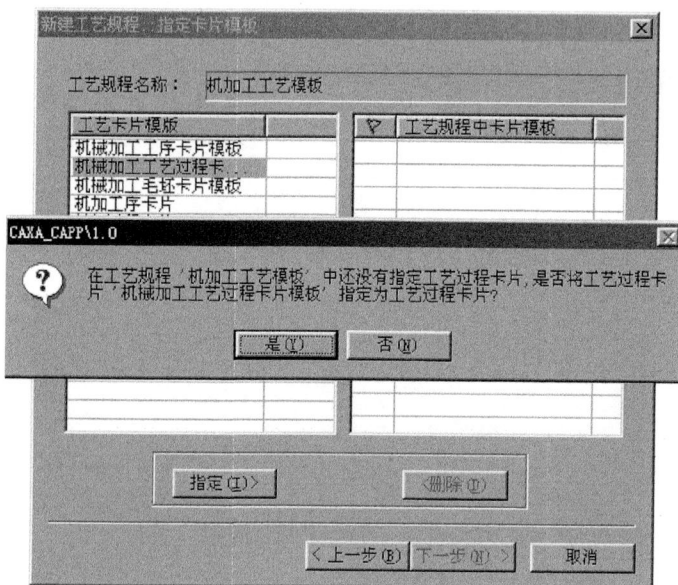

图 A-5 系统提示对话框

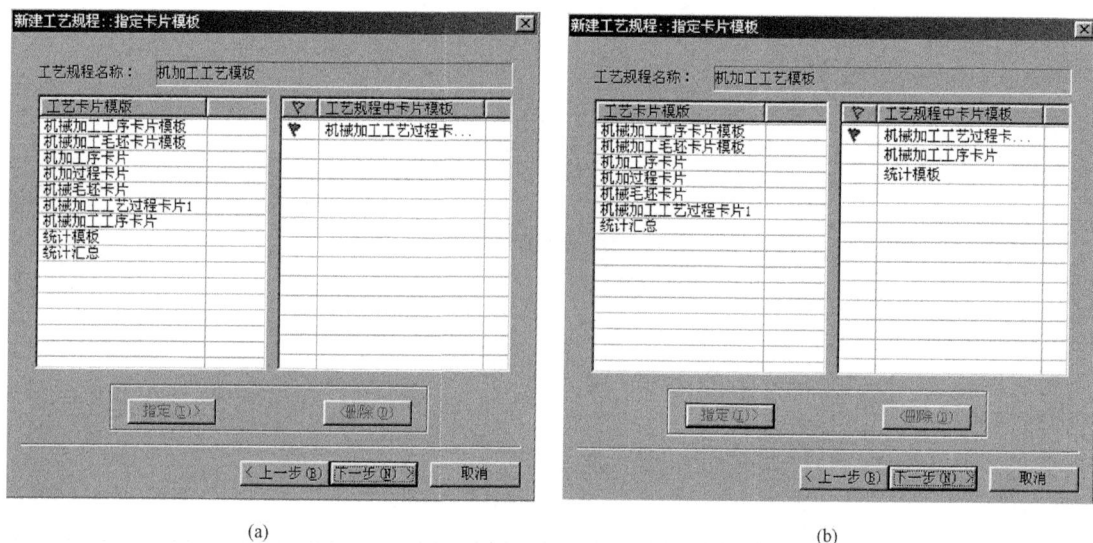

(a)　　　　　　　　　　　　(b)

图 A-6 "新建工艺规程∷指定卡片模板"对话框
(a) 未指定时；(b) 指定后

　　指定了规程模板中所包含的所有卡片后点击"下一步"按钮，弹出"新建工艺规程∷指定公共信息"对话框，这里要指定的是卡片的公共信息，如图 A-7 所示。点击"完成"按钮，即完成了一个新的工艺规程模板的创建。要编辑模板只需点取图标"🗋"，在"工艺规程"中可以看到已有的工艺规程列表，刚创建的工艺规程在列表的顶部。选定并按"确定"即可进入工艺过程卡片的填写状态，如图 A-8 所示。

　　(2) 创建工艺卡片模板。单击图标"🗋"，在标签"工艺模板"中选择"工艺卡片模板"，并单击"确定"按钮，如图 A-9 所示。进入订制模状态，可以打开一个已有的文件进行修改，然后另存为一个新的模板文件；也可以绘制一张新的卡片模板。

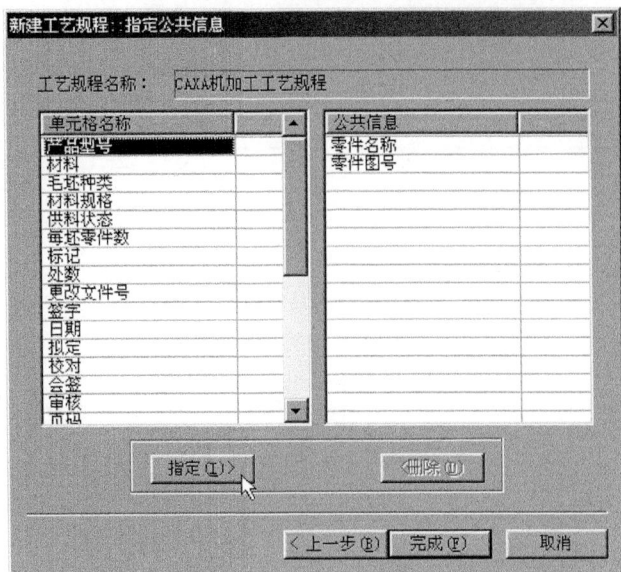

图 A-7 "新建工艺规程∷指定公共信息"对话框

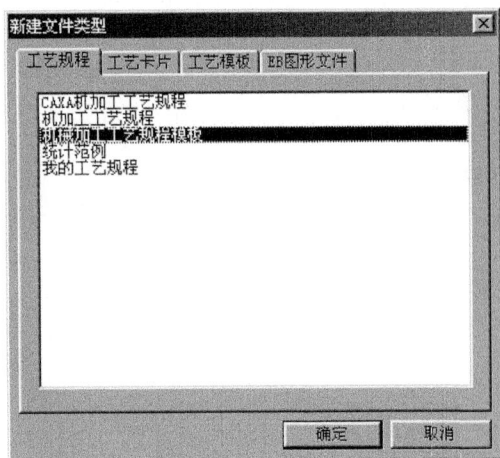

图 A-8 新建工艺规程文件类型对话框

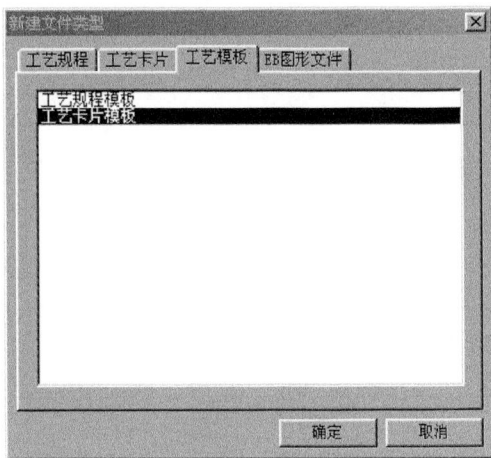

图 A-9 创建工艺卡片模板对话框

(二)订制新模板

1. 绘制卡片

切换到"订制模板"状态,为工程制图界面,利用丰富的绘图工具可以轻松地画出任意复杂的卡片。得到最初的模板框架,如图 A-10 所示。

2. 标注文字

单击图标"△",切换出"工程标注"工具栏,再单击图标"A",即可进行文字标注,具体操作步骤如下。

(1)用鼠标先后单击目标矩形区域的左上角和右下角,弹出"文字标注与编辑"对话框,如图 A-11(a)所示。

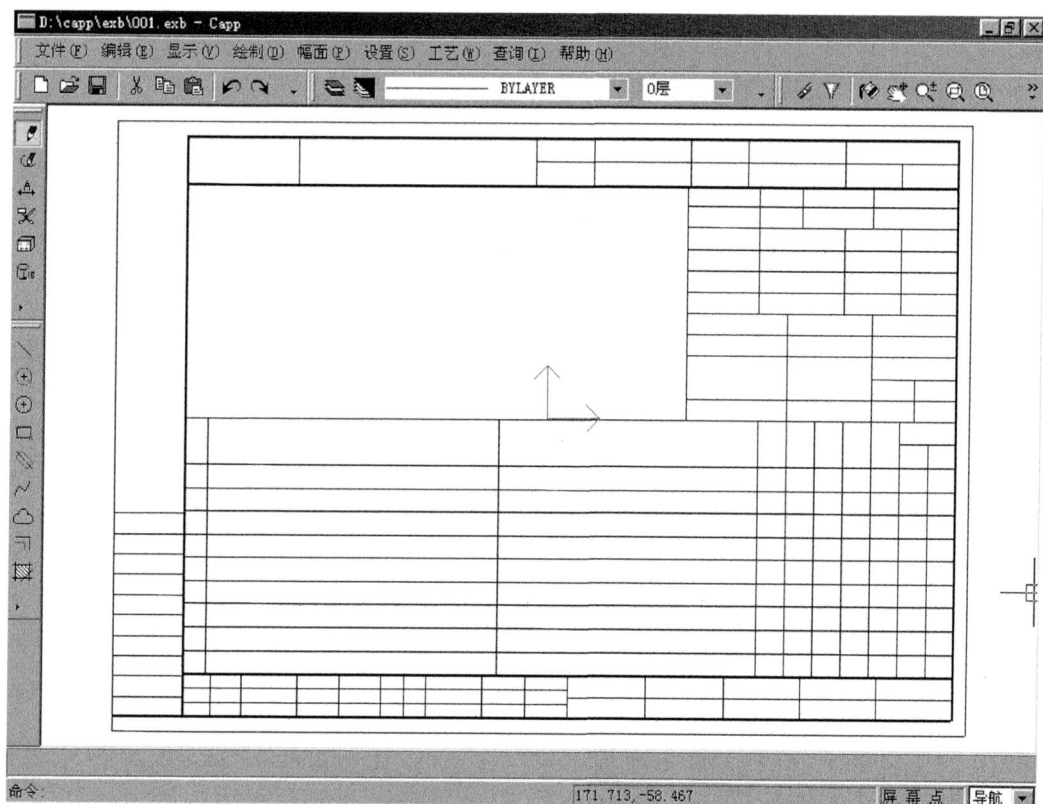

图 A-10 工程制图界面

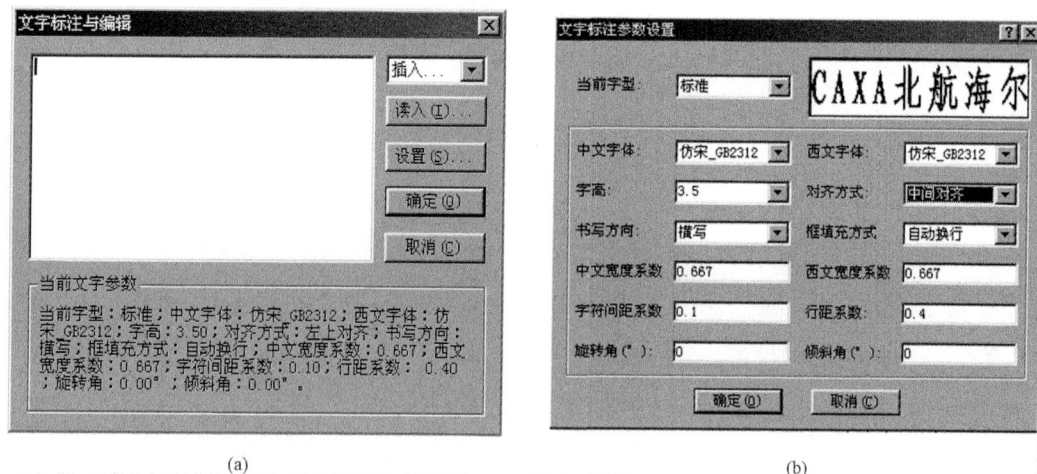

(a)

(b)

图 A-11 文字设置

(a)"文字标注与编辑"对话框；(b) 文字标注参数设置对话框

(2) 单击"设置"按钮，可以对标注文字进行字型、字体、字高、书写方向、对齐方式等属性的设置，要选择合适的字高以符合目标区域的大小，还可以选择自己需要的字体。对齐方式有很多种，建议使用中间对齐方式，如图 A-11（b）所示。

(3) 完成文字属性设置，单击"确定"按钮，在"文字标注与编辑"对话框的空白区域内输入所要标注的文字，确定之后文字即被填入目标区域，重复以上操作完成整张模版的文字标注，如图 A - 12 所示。

| 机械加工工序卡片 | | 产品型号 | | 零件图号 | | 总 页 | 第 页 | |
| | | 产品名称 | | 零件名称 | | 共 页 | 第 页 | |

图 A - 12　完成的模板文字标注

3. 单元格属性定义

在"工艺"下拉菜单中选取"定义单元格属性"有效，如图 A - 13 所示。采用不同的方法将定义不同类型的单元格，其中包括一行一列单元格、多行一列单元格、有续列的单元格、多行多列的单元格。

（1）一行一列单元格。用鼠标左键在单元格的内部单击，系统将高亮显示单元格外框，此时单击鼠标右键，将弹出对话框定义单元格属性。在"单元格名称"中填入单元格的名称。系统有自动记忆功能，只要填入一次，以后再用到相同的名字可以使用系统提供的快速输入法，只需输入单元格名称的首字母即可得到完整的单元格名称，如图 A - 14 所示。

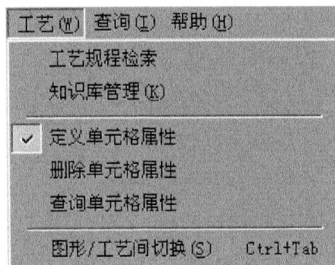

图 A - 13　"工艺"下拉菜单

在"库文件名称"中寻找与单元格名称相同的库文件名，若存在，则在以后的填写表格操作中会有"知识库"出现，点击"知识库"相关内容，系统信息会自动填入表格，如刀具、机床等。在"域名称"中寻找与单元格名称相同的域名，若存在，则在以后的填写表格操作中，系统能够自动完成此单元格的填写，如工序号等。在选择好"填写方式"和"字体"的属性后点击"确定"按钮，完成此单元格的属性设置。如图 A - 15 所示，在"中文字体"选项中前面带有@标志的字体是纵向填写的。

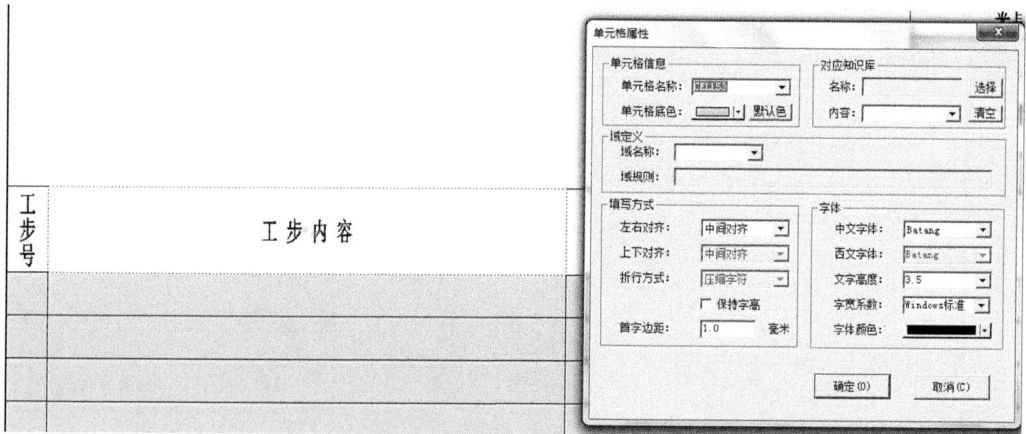

图 A-14 属性定义

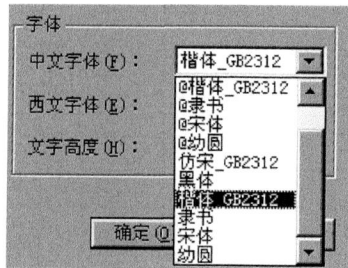

图 A-15 字体

（2）多行一列单元格。用鼠标左键在一个单元格内部单击以后，按下 Ctrl 键，然后拖动鼠标，系统将加亮鼠标所经过的且与第一个单元格同列的全部单元格，如图 A-16 所示。然后单击鼠标左键，确定拾取到的单元格，单击鼠标右键弹出对话框定义单元格属性，属性设置内容和方法同一行一列单元格。

（3）有续列的单元格。在拾取完一列单元格以后，在继续拾取单元格列，即可以定义具有续行的单元格，如图 A-17 所示。单击鼠标右键，弹出对话框定义单元格属性，属性设置内容和方法同一行一列单元格。

（4）多行多列的单元格。用鼠标拾取已经定义好属性的一个单元格，然后按下 CTRL 键，同时拖动鼠标，鼠标所经过的单元格列即被高亮显示，再次单击鼠标左键，如图 A-18 所示，然后单击鼠标右键，弹出属性定义对话框定义属性，属性设置内容和方法同一行一列单元格。

定义完的单元格变为深色，蓝色代表连接有知识库，图 A-19 是一张完成了单元格属性定义的模板。

4. 定义卡片的"表属性"

（1）用鼠标左键单击过程卡片列表左边第一列任意一格；

（2）按下 Ctrl 键，同时拖动鼠标至右边第一列任意一格，在此单击鼠标左键，选中了整个矩形区域；

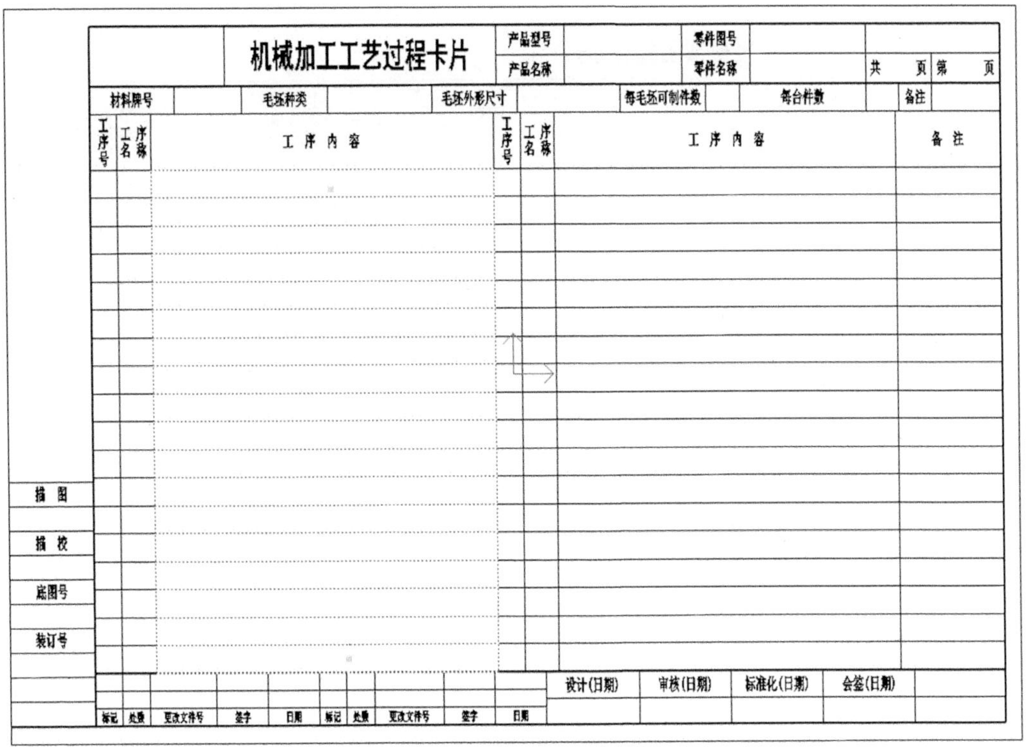

图 A-16 多行一列单元格定义

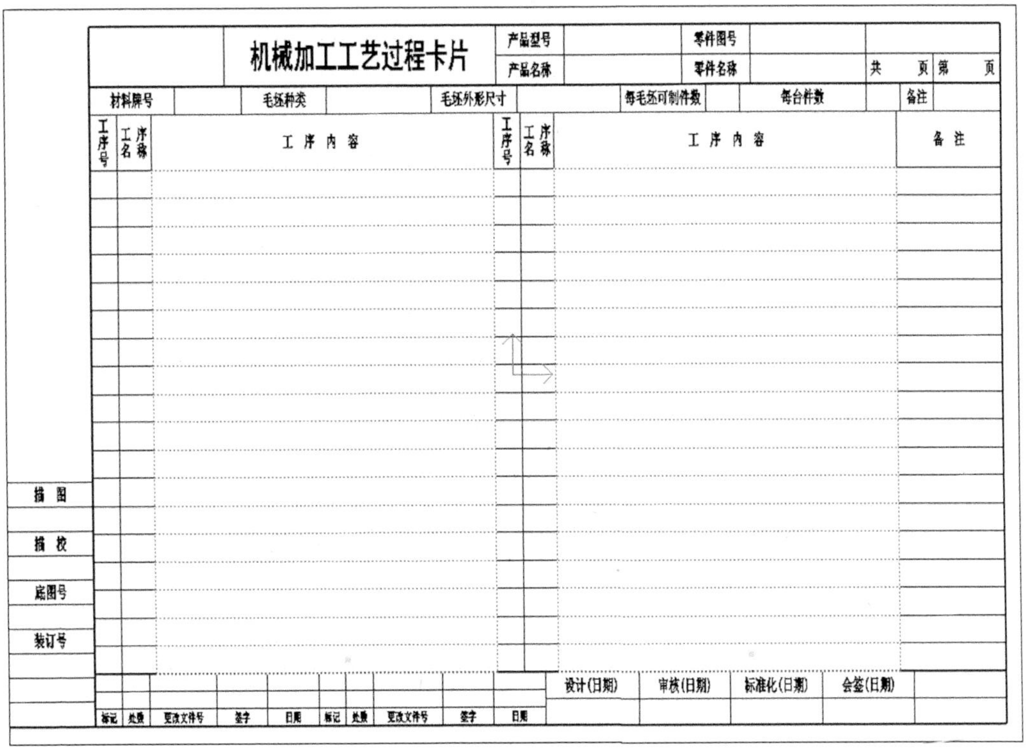

图 A-17 定义有续列的单元格

机械加工统计卡片						产品型号		零件图号		总 页	第 页	
						产品名称		零件名称		共 页	第 页	
刀 具 信 息			夹 具 信 息				量 具 信 息					
编 号	名 称	数 量	编 号	名 称	数 量		编 号	名 称		数 量		
描 图												
描 校												
底图号												
装订号		单 件 工 时 汇 总										
		准 终 工 时 汇 总										
						设计(日期)	审核(日期)	标准化(日期)	会签(日期)			
标记	处数	更改文件号	签字	日期	标记	处数	更改文件号	签字	日期			

图 A-18　定义多行多列的单元格

机械加工工艺过程卡片		产品型号		零件图号					
		产品名称		零件名称		共 页	第 页		
材料牌号		毛坯种类		毛坯外形尺寸		每毛坯可制件数	每台件数	备注	
工序号	工序名称	工 序 内 容		工序号	工序名称	工 序 内 容		备 注	
描 图									
描 校									
底图号									
装订号									
				设计(日期)	审核(日期)	标准化(日期)	会签(日期)		
标记	处数	更改文件号	签字	日期	标记	处数	更改文件号	签字	日期

图 A-19　定义完单元格属性的模板

（3）再选定的区域内单击鼠标右键，出现单元格属性对话框，选取"单元格支持续页"

有效，如图 A‑20 所示，并点击"确定"按钮，即定义了卡片的"表属性"。

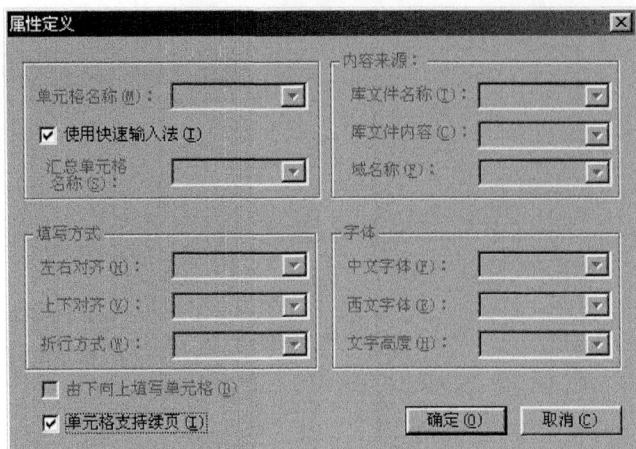

图 A‑20　定义属性对话框

　　保存之后，用户就可以在"新建"对话框的"工艺卡片"中找到并打开这张模板了。至此，一张新模板的订制就完成了。

（三）绘图

　　CAXA工艺图表的绘图功能有两个界面，一个是CAXA经典"老面孔"界面；另一个是类AUTOCAD的新界面，类似AUTOCAD绘图功能，绘图操作省略。

　　CAXA工艺图表具有 DWG、DXF 和 IGES 标准转换接口，可以用熟悉的软件绘图，通过上述接口输入CAXA工艺图表后编制数控加工技术文件。

四、实验步骤

（1）熟悉零件图。数控铣零件如图 A‑21 所示。

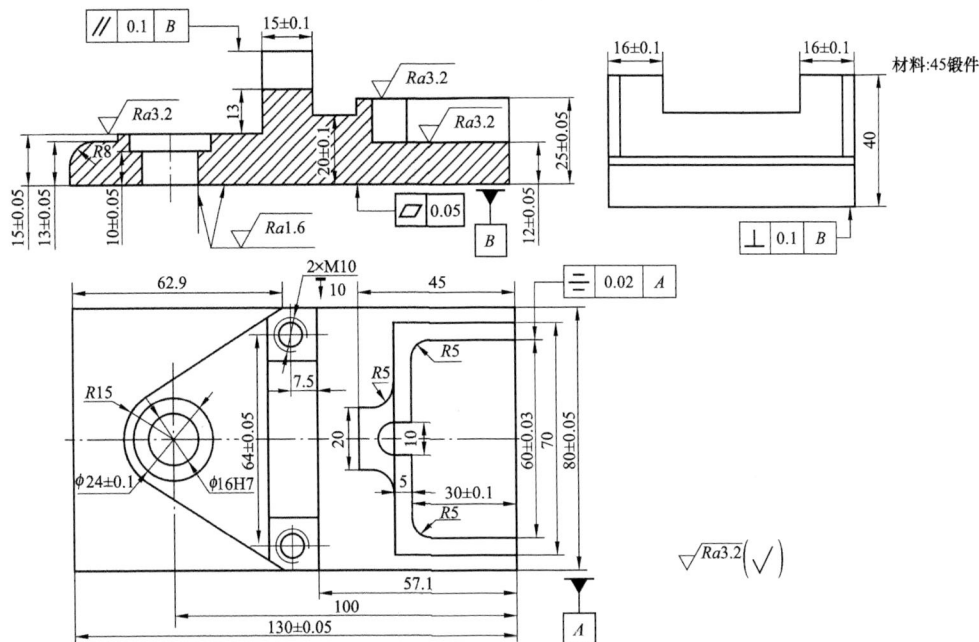

图 A‑21　数控铣零件

（2）制定工艺规程。

（3）订制工艺卡片模板。

（4）画图，编写工艺卡片。

（5）整理实验报告。

五、思考题

（1）如何订制工艺卡片？

（2）在 CAD 中画的工艺卡片模板模型如何输入到 CAXA 工艺图表中？

（3）订制好的工艺规程模板如何转移到其他电脑中使用？

实验二　数控车床的基本操作

一、实验目的

（1）了解机床的坐标系。

（2）掌握操作面板各键和按钮的功能及用途。

（3）熟练掌握开机、关机的操作步骤。

（4）熟练掌握回零、手动、手轮方式的操作。

二、使用设备

CAK6136 数控 FANUC 0i 系统数控车床、毛坯、刀具、量具。

三、实验内容

（1）熟悉数控机床操作面板。

（2）熟悉机床的加工方式。

（3）熟悉数控程序。

（4）熟悉程序的输入和加工模拟。

四、实验步骤

（一）机床面板介绍

FANUC 0i Mate - TC 系统数控车床的操作面板主要由 NC 操作面板及机床控制面板组成。操作面板上各个功能符号和使用方法如下。

（1）NC 操作面板如图 A - 22 所示，各键基本功能说明见表 A - 1。

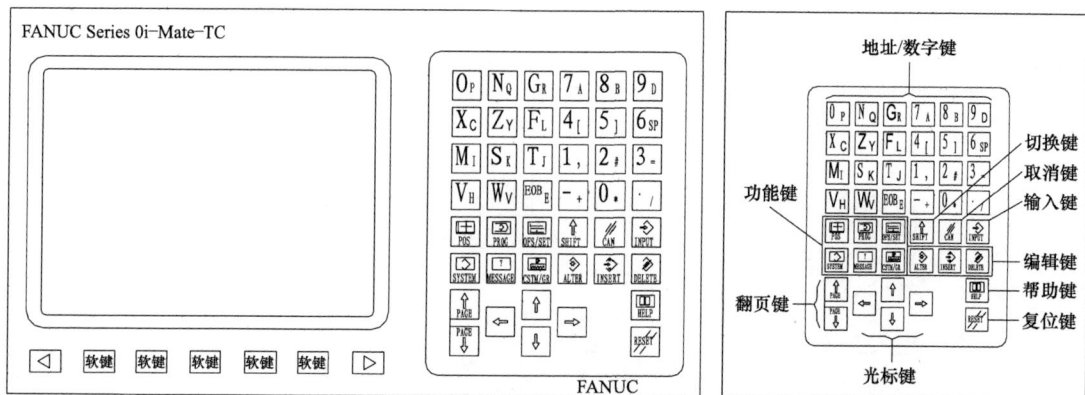

图 A - 22　NC 操作面板

表 A-1 NC面板操作键基本功能说明

图标	名称	基本功能
 RESET	复位键	按此键可使 CNC 复位,用以消除报警等
 HELP	帮助键	按此键用来显示如何操作机床,如 MDI 键的操作。可在 CNC 发生报警时提供报警的详细信息(帮助功能)
□	软键(屏幕下方共 5 个)	根据其使用的场合,对应各功能键,软键有各种功能。软键功能显示在 CRT 屏幕的底部
 7 A	地址、符号和数字键,共 24 个	按这些键可输入字母、数字及其他字符
 SHIFT	换档键	在键盘上有些键具有两个功能,按下 [SHIFT] 键,可在两个功能之间进行切换。当一个特殊字符 "~" 在屏幕上显示时,表示键面右下角的字符可以输入
 INPUT	输入键	当按了地址键或数字键之后,数据被输入到缓冲器,并在 CRT 屏幕上显示出来。为了把输入到缓冲器中的数据拷贝到寄存器,按 [INPUT] 键。这个键相当于软键的 [INPUT] 键,按此两键的结果是一样的
 CAN	取消键	按此键可删除已输入到缓冲器的最后一个字符或符号
 INSERT	程序编辑键(共 3 个:ALTER、INSERT、DE-LETE)	当编辑程序时按这些键。ALTER 为替换键,INSERT 为插入键,DELETE 为删除键
 POS	功能键	按此键可显示位置画面
 PROG	功能键	按此键可显示程序画面
 OFS/SET	功能键	按此键可显示刀偏/设定(SETTING)画面
 SYSTEM	功能键	按此键可显示系统画面
 MSSAGE	功能键	按此键可显示信息画面
 GSTM/GR	功能键	按此键可显示用户宏画面或图形画面
 ↑	光标移动键(共四个)	用于向左或向右、向上或向下移动光标
 PAGE	翻页键(共两个)	这两个键用于在屏幕上朝前或朝后翻一页

(2)机床操作控制面板如图 A-23 所示。

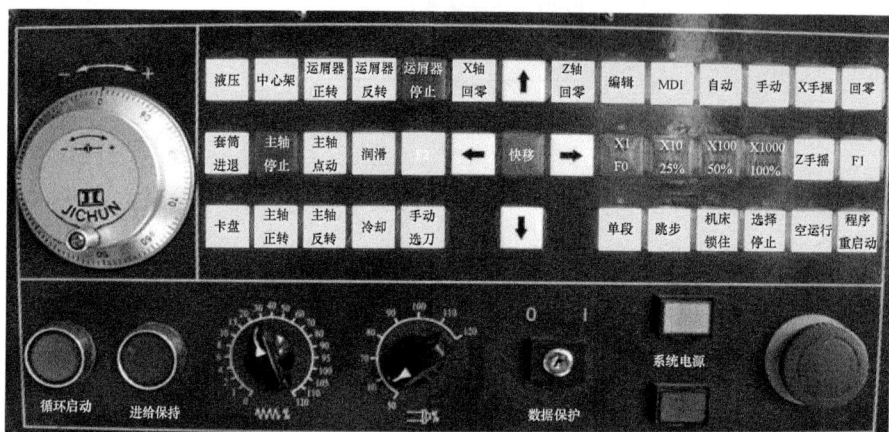

图 A-23　CAK6136 数控车床操作控制面板

（二）机床控制功能

1. 电源控制功能

（1）NC 系统电源绿色按钮。按此按钮数秒钟后，荧光屏出现显示，表示控制机已通入电源，准备工作。

（2）NC 系统电源红色按钮。按此按钮后，控制机电源切断，荧光屏显示消失，控制机断电。

（3）急停按钮。在紧急情况下按此按钮，机床各部分将全部停止运动，NC 控制系统处于"清零"状态，并切断主电动机系统。如再重复启动必须先进行"回零"操作。

2. 刀架移动控制部分

（1）点动键"+X、-X、+Z、-Z"。该键控制刀架进行移动。在手动状态下，点动进给倍率开关和快移倍率开关配合使用可实现刀架在某一方向的运动，在同一时刻只能有一个坐标轴移动。

（2）快移键。当此键与点动键同时按下时，刀架按快移倍率开关"F0、25%、50%、100%"选择的速度快速移动。

（3）快移倍率开关"F0、25%、50%、100%"。可改变刀架的快移速度。

（4）进给倍率开关。是在刀架进行自动时调整进给倍率的。在 0%～120%区间调节，在刀架进行点动时，可以选择点动进给量，当选择空运转状态时，自动进给操作的 F 码无效，执行 mm/min 进给量。

（5）"回零"操作。在"回零"方式下，分别按 X 轴或 Z 轴的正方向键不松手，则 X 轴或 Z 轴以指定的倍率向正方向移动，当压合回零开关时机床刀架减速，以设定的低进给速度移到回零点。相应的 X 轴或 Z 轴回零指示灯亮，表示刀架已回到机床零点位置。

（6）"手摇轮"操作。将状态开关选在"X 手摇"或"Z 手摇"状态与手摇倍率开关"X1、X10、X100、X1000"配合使用，通过摇动手摇轮实现刀架移动，每摇一个刻度，刀架将走 0.001、0.01、0.1、1mm。

（7）"X 手摇"、"Z 手摇"键。按下"X 手摇"或"Z 手摇"键，指示灯亮，机床处于 X 轴或 Z 轴手摇进给操作状态，操作者可以通过手摇轮来控制刀架 X 轴或 Z 轴的运动方向。

其速度快慢可由"X1、X10、X100、X1000"四个键来控制。

3. 主轴控制部分

(1)"主轴正转"键。按此键，主轴将顺时针旋转（面对主轴端面定义），键内指示灯亮，此键仅在手动状态下起作用，若主轴正在反转，则必须先按"主轴停"键，待主轴停转后，再按主轴正转键。主轴的转速由手动数据输入或程序中的S码指令决定。

(2)"主轴反转"键。按此键，主轴将逆时针旋转（面对主轴端面定义），键内指示灯亮，此键仅在手动状态下起作用，若主轴正在正转，则必须先按"主轴停"键，待主轴停转后，再按主轴反转键。主轴的转速由手动数据输入或程序中的S码指令决定。

(3)"主轴停止"键。此键一按，主轴立即停止旋转，该键在所有状态下均起作用。在自动状态下时，此键一按，主轴立即停止，若重新启动主轴必须把状态开关放在手动位置，按相应主轴正、反转键。

(4)主轴倍率开关。此开关可以调整主轴的转速，即改变S码速度，使之按主轴的转速调整到50%～120%之间的倍率，此开关在任何工作状态下均起作用。

4. 工作状态控制部分

状态键可选择下列各种状态。

(1)"编辑"状态。在此状态，可以把工件程序读入NC控制机，可以对编入的程序进行修改、插入和删除。

1）新建程序。

a. 选择 EDIT 方式；

b. 按"PRGRM"键；

c. 输入地址O和四位数字程序号，按"INSERT"键将其存入存储器，并以此方式将程序依次输入。

2）寻找程序。

a. 选择 EDIT 方式；

b. 按"PRGRM"键；

c. 若屏幕上显示某一不需要的程序时，按下软键"DIR"；

d. 输入想调用的程序号（例如：O1234）。

3）删除程序。

a. 选择 EDIT 方式；

b. 按"PRGRM"键，输入要删除的程序号；

c. 按"DELET"键。可以删除此程序号的程序。

4）字的插入、变更和删除。

a. 选择 EDIT 方式；

b. 按"PRGRM"键，输入要编辑的程序号；

c. 移动光标，检索要变更的字；

d. 进行文字的插入、变更和删除等编辑操作。

(2)"自动"状态。在此状态下，可进行存储程序的顺序号检索。当加工程序在MDI状态下编好后，按下此键，指示灯亮，机床进入自动操作方式。再按下循环起动键，机床按照程序指令连续自动加工。

（3）"MDI"状态。即手动数据输入状态下，可以通过 NC 控制机的操作面板上的键盘把数据送入 NC 控制机中，所送数据均能在荧光屏上显示出来，按循环启动键启动 NC 控制机，执行所送入的程序。

（4）"手动"状态。即 JOG 状态，按下此键，指示灯亮，机床进入手动操作方式。此时可实现机床各种手动功能的操作。

5. 循环控制部分

（1）"循环启动"键。按此键，使用编辑及手动方式输入 NC 控制机内的程序被自动执行，在执行程序时，该键内的指示灯亮，当执行完毕时指示灯灭。

1）"循环启动"键在以下情况下起作用。

a. 当机床在自动循环工作中，按"进给保持"键，机床刀架运动暂停，循环启动指示灯灭，"进给保持"键指示灯亮。循环启动键可以消除进给保持，使机床继续工作。

b. "选择停"键。当机床在自动循环工作中，在"选择停"键被按下时，"选择停"指示灯亮，程序中有 M01（选择停）指令时，机床将停止工作。若重新继续工作，再按"循环启动"键，可以使"选择停"机能取消，使机床继续按规定的程序执行动作。

2）"循环启动"键在下列情况下不起作用。

a. 急停状态；

b. 复位状态；

c. 程序顺序号检索时；

d. 在报警发生时；

e. 在"状态选择"开关选在除"手动数据输入"或"自动"状态以外的位置时；

f. 在 NC 控制机没有准备好时。

（2）"进给保持"键。当机床在自动循环操作中，按此键，刀架运动立即停止，循环启动指示灯灭，"进给保持"键指示灯亮。"循环启动"键可以消除"进给保持"，使机床继续工作。在"进给保持"状态，可以对机床进行任何的手动操作。

注意：进行螺纹切削时，"进给保持"键无效。

（3）"选择停"键。此键有两个工作状态。当机床在自动循环操作中，"选择停"键被按下时，"选择停"指示灯亮，程序中有 M01（选择停）指令时，机床将停止工作，若重新继续工作，再按"循环启动"键，可以使"选择停"机能取消，使机床继续按规定的程序执行动作。

（4）程序段"跳步"键。此键有两个工作状态。当按下此键时，指示灯亮，表示"程序段跳步"机能有效；再按下此键，指示灯灭，表示取消了"程序段跳步"机能。在"程序段跳步"机能有效时，运行程序中有"/"标记的程序段不执行，也不能进入缓冲寄存器，程序执行转到跳步程序段的下一段，即无"/"标记的程序段。在"程序段跳步"机能无效时，运行程序中带有"/"标记的程序段执行。因而，程序中的所有程序段均被依次执行。

（5）"单程序段"键。此键有两个工作状态。当按一下此键时，指示灯亮，表示"单段"机能有效；再按一下此键，指示灯灭，表示"单段"机能取消。当"单段"机能有效时，每按一下"循环启动"键，机床只执行一个程序段的指令。

（6）"空运转"键。此键有两个工作状态。当按一下此键时，指示灯亮，表示"空运转"机能有效。此时程序中的全部 F 码都无效，机床的进给按"点动倍率"选择开关所选定的进给量（mm/min）来执行。"进给倍率"选择开关无效，通常机床的进给是 mm/min（即 F 码），置"空运转"后机床的进给是 mm/min；再按一下此键，指示灯灭，表示"空运转"机能取消。

要特别注意：空运转只是在自动状态下快速检验运动程序的一种方法，不能用于实际的零件切削中。

操作步骤如下：

1）选择自动状态，调出要实验的程序；

2）按下"空运转"键，此键有效；

3）按下循环启动键，空运转操作开始；

4）再按一下次键，空运转功能取消。

（7）"机床锁住"键。此键有两个工作状态。当按一下此键时，指示灯亮，表示"机床锁住"机能有效，此时机床刀架不能移动，也就是机床进给不能执行，但程序的执行和显示都正常；再按一下此键，指示灯灭，表示本机能取消。

6．整理

（1）整理工具，打扫卫生。

（2）整理实验报告。

五、思考题

（1）如何从中间的某个行号检索执行程序？

（2）如何另存程序名？

实 验 三　宇 龙 数 控 加 工 仿 真

一、实验目的

（1）了解宇龙数控机床加工仿真软件的使用方法。

（2）编制典型零件的加工程序。

（3）执行仿真加工。

二、使用设备

计算机、宇龙数控机床加工仿真软件。

三、宇龙数控机床加工仿真软件使用

（一）项目文件

项目文件的内容包括机床、毛坯、经过加工的零件、选用的刀具和夹具、在机床上的安装位置和方法；工件坐标系、刀具长度和半径补偿数据等输入的参数；输入的数控程序。

1．新建项目文件

在文件下拉菜单中选择"新建项目"；选择新建项目后，系统被初始化。

2．保存项目文件

在文件下拉菜单中选择"保存项目"或"另存项目"；选择需要保存的内容，按下"确认"按钮。如果保存一个新的项目或需要以新的项目名保存，选择"另存项目"，内容选择完毕，还需要输入项目名。

3．打开项目文件

打开选中的项目文件夹，在文件夹中选中并打开后缀名为"mac"的文件。

（二）选择机床类型

打开菜单"机床/选择机床……"，在选择机床对话框中选择控制系统类型和相应的机床模型并按"确定"按钮，此时界面如图 A-24 所示。

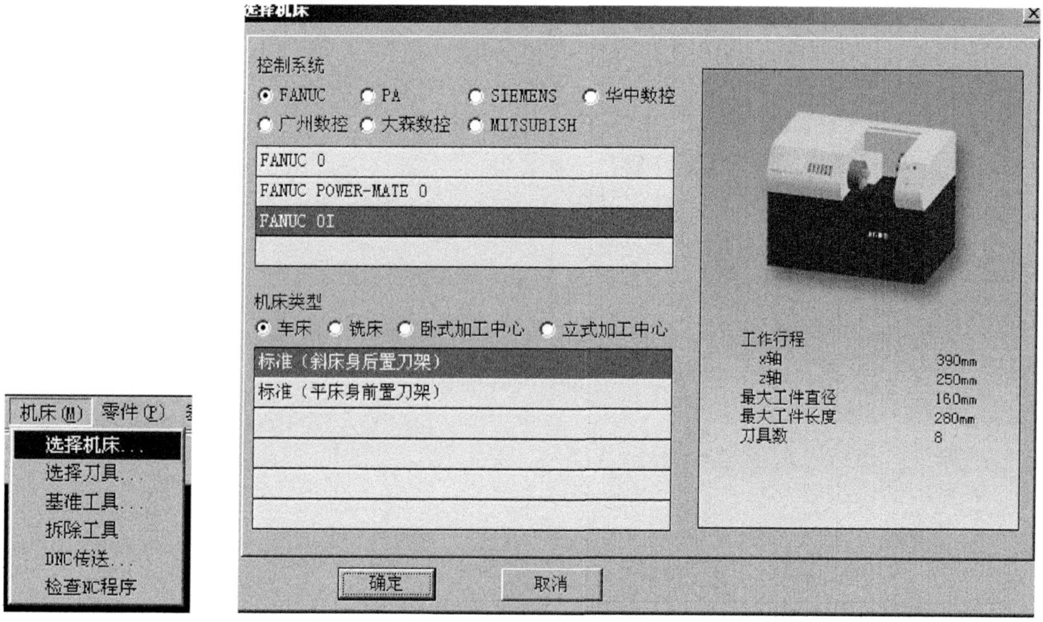

图 A-24　机床选择界面

图 A-25　定义毛坯

（三）定义毛坯

在工具条上选择"⊘"或打开"零件"下拉菜单，选择"定义毛坯"后，系统打开如图 A-25 所示对话框。

1. 选择毛坯类型

车加工仿真有长方形毛坯和圆柱形毛坯。可以用光标点击形状图标选择毛坯类型。车加工仿真仅提供圆柱形毛坯类型。

2. 参数输入

在毛坯名输入框内输入毛坯名，然后被定义的毛坯才可以被保存。尺寸输入框用于输入尺寸，单位：毫米。

3. 保存退出

按"确定"按钮，保存定义的毛坯并且退出本操作。

4. 取消退出

按"取消"按钮，退出本操作。

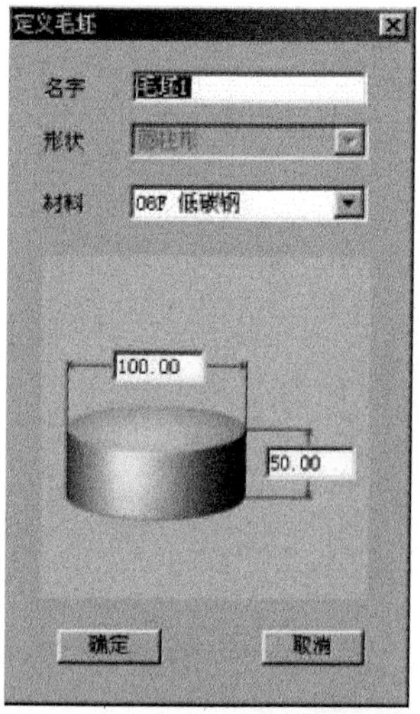

5. 保存零件模型

保存零件模型需要给定模型名。利用保存零件模型这个功能，可以把经过部分加工的零件作为成型毛坯存放。

6. 取出零件模型

在"文件"下拉菜单中选择"导入零件模型"，系统弹出文件对话框，在此对话框中选择并且打开后缀名为"PRT"的零件文件。

7. 放置零件

在"零件"下拉菜单中选择"放置零件"命令或者在工具条上选择图标，打开如图 A-26 所示操作对话框。

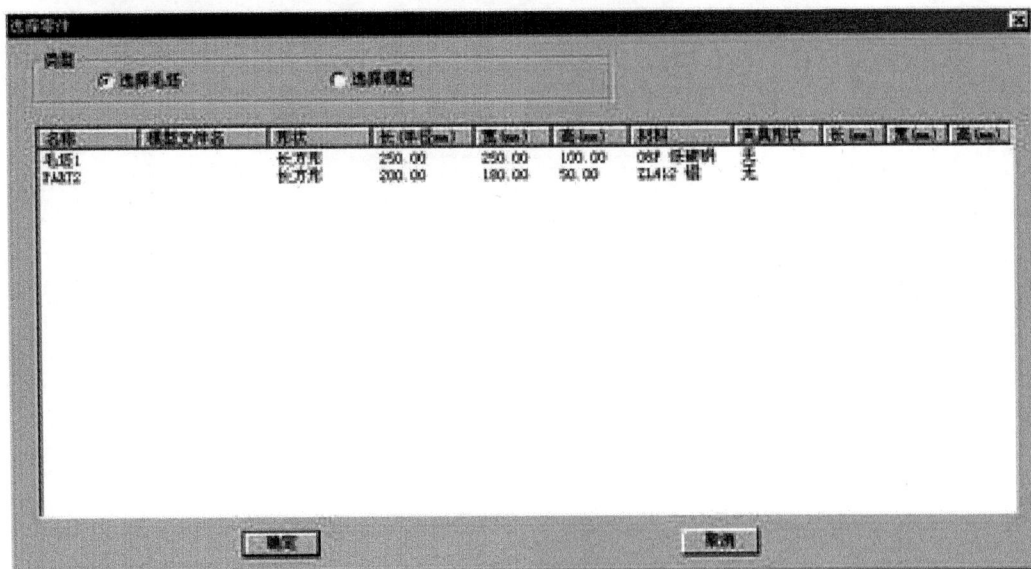

图 A-26　放置零件

在列表中点击所需的零件，按下"确定"按钮，系统自动关闭对话框，零件和夹具（如果已经选择了夹具）将被放到机床上。对于卧式加工中心还可以在上述对话框中选择是否使用角尺板。如果选择了使用角尺板，那么在放置零件时，角尺板同时出现在机床台面上。

8. 调整零件位置

零件可以在工作台面上移动。毛坯放上工作台后，系统将自动弹出一个小键盘，如图 A-27 所示，通过按动小键盘上的方向按钮，实现零件的平移和旋转。小键盘上的"关闭"按钮用于关闭小键盘。在"零件"下拉菜单中选择"移动零件"也可以打开小键盘。

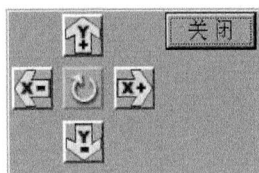

图 A-27　调整零件位置

（四）选择刀具

在工具条中选择"刀"或在"机床"下拉菜单中选择"选择刀具"，进入如图 A-28 所示刀具选择对话框，系统中的刀库刀具数量与机床有关，本系统中数控车床允许同时安装 8 把刀具。

1. 选择车刀

在对话框左侧排列的编号 1～8 中，选择所需的刀位号。被选中的刀位号的背景颜色变为蓝色。指定外圆加工和内孔加工等加工方式，选择刀片的类型，系统自动给出相匹配的刀柄供选择。当刀片和刀柄都选择完毕，刀具被确定，并且输入到所选的刀位中。旁边的图片显示其适用的方式。

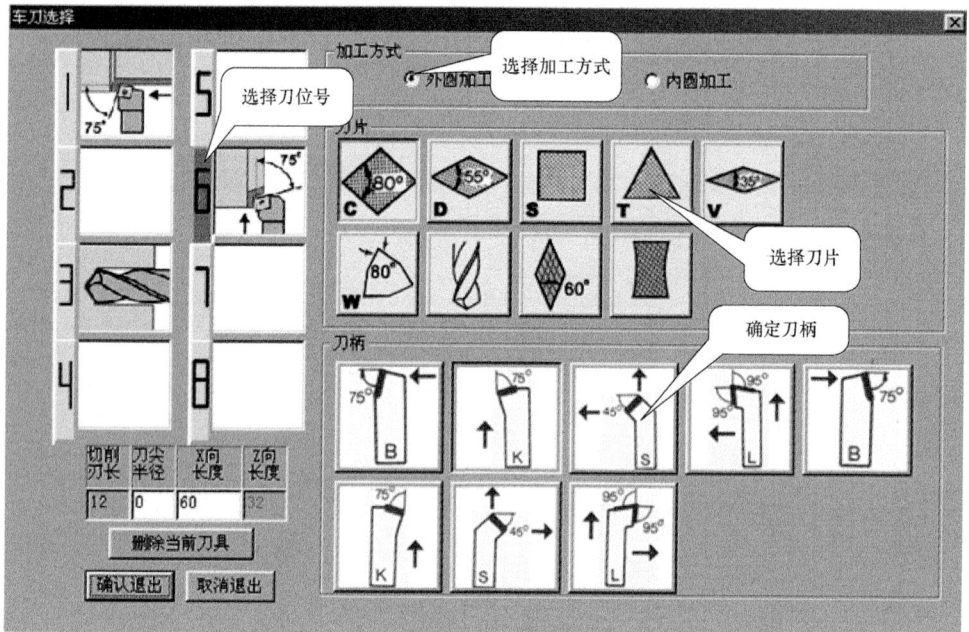

图 A-28　车刀选择对话框

    点击"确认退出"按钮，保存选择的结果。退出时所选中的刀位将是当前工作刀位。当前刀位正处于加工位置。

    2．刀具修改

    （1）刀尖半径修改。允许操作者修改刀尖半径，刀尖半径可以是 0。

    （2）刀具长度修改。允许修改刀具长度。刀具长度是指从刀尖开始到刀架的距离。

    （3）输入钻头直径。当在刀片中选择钻头时，允许输入直径。

    （五）视图显示与控制

    1．弹出上下文浮动菜单

    置光标在显示区域内，点击鼠标右键，浮动菜单即可出现。

    2．旋转视图

    打开"视图"下拉菜单或浮动菜单，在其中选择"动态放缩"或在工具条中选择"🔄"，然后按住鼠标左键，移动鼠标。

    3．放大与缩小视图

    打开"视图"下拉菜单或浮动菜单，在其中选择"动态放缩"或在工具条中选择"🔍"，然后按住鼠标左键，移动鼠标。

    4．局部放大

    打开"视图"下拉菜单或浮动菜单，在其中选择"局部放大"或在工具条中选择"🔍"，然后按住鼠标左键，移动鼠标。

    5．平移视图

    打开"视图"下拉菜单或浮动菜单，在其中选择"动态平移"或在工具条中选择"✛"，然后，按住鼠标左键，移动鼠标。

6. 复位

打开"视图"下拉菜单或浮动菜单，在其中选择"复位"或在工具条中选择"🔍"，然后，按住鼠标左键，移动鼠标。

7. 设置显示参数

打开"视图"下拉菜单或浮动菜单，在其中选择"选项"或在工具条中选择"☰"，在如图 A-29 所示的对话框中进行设置。其中零件透明显示仅对车削仿真有效，用以观察内部加工状态。

速度值用以调节系统运算速度，如果计算机配置比较低，可以将速度减小，有效数值范围从 1 到 50。

如果选中"对话框显示出错信息"，出错信息提示将出现在一个对话框中间。否则，出错信息将出现在屏幕的右下角。

（六）机床操作和加工

机床操作和加工按机床使用操作手册，此处省略。

图 A-29　设置显示参数

四、实验步骤

（1）编制加工程序。零件图如图 A-30 所示。

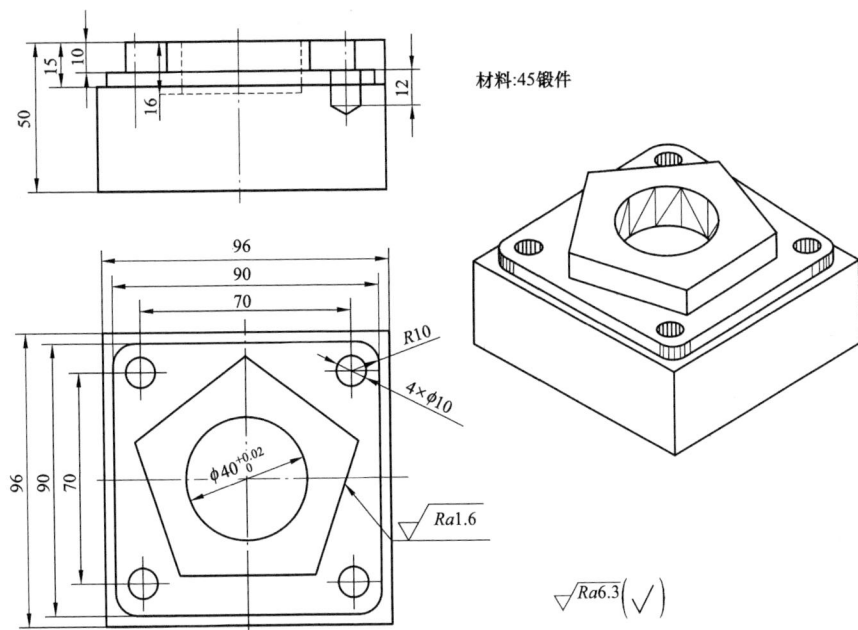

材料:45锻件

图 A-30　实验零件

（2）执行仿真加工。

（3）寻找程序错误，调试程序。

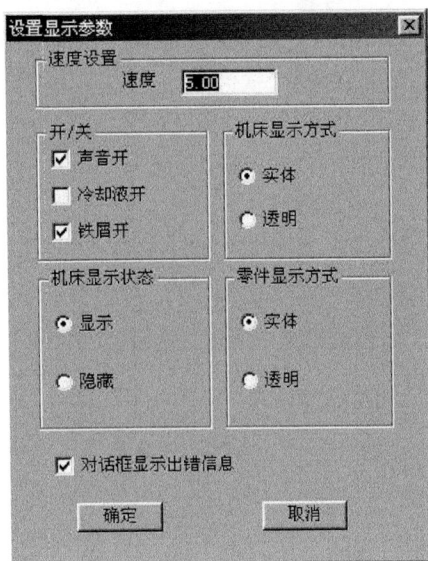

（4）记录仿真结果。

（5）整理仪器。

（6）整理实验报告。

五、思考题

（1）宇龙仿真软件输入对刀数据的方法有哪些？

（2）宇龙仿真软件如何进行多刀具程序的仿真加工？

实验四　数控车削零件的加工

一、实验目的

（1）掌握工件工艺的编制。

（2）熟练掌握编程原点及刀具偏置的设置。

（3）进一步熟练掌握编程的操作。

（4）掌握单步加工和自动加工的操作。

二、使用设备

FANUC 数控车床、车刀、卡尺。

三、实验要求

（1）完成工件的加工。

（2）实验课前将加工程序编制完成。

（3）正式加工前，要求"空运行"检查刀具的轨迹是否正确。

四、实验内容

（1）如图 A - 31 所示零件，点划线为毛坯。

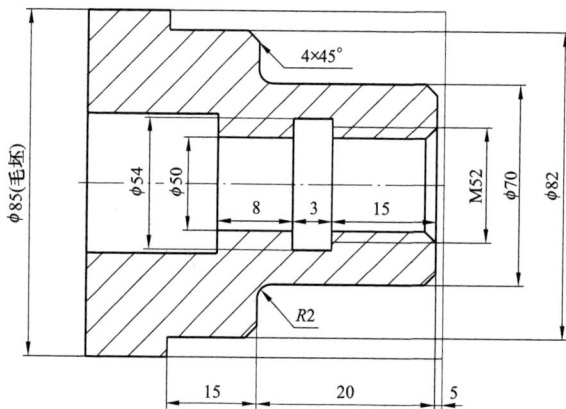

图 A - 31　实验零件

（2）加工该零件的工艺步骤。

1）车端面及外圆；

2）车内孔槽；

3）掉头装夹；

4）车外圆；

5）车内孔及内孔倒角；

6）车内螺纹。

要求螺纹使用主轴转速为 500r/min，其他工序使用主轴转速为 720r/min。

五、实验步骤

（1）编写程序。

（2）该零件切削所需要的刀具见表 A - 2。

表 A - 2　　　　　　　　　　切 削 所 需 要 的 刀 具

工步	刀具类型	刀具简图	加工部位	刀　号
1	外圆车刀		车外圆、端面及倒外角	1 号刀（基准刀）

续表

工步	刀具类型	刀具简图	加工部位	刀 号
2	切槽刀		切槽刀	2号刀
3	内孔车刀		车内孔及内孔倒角	3号刀
4	内螺纹车刀		车内螺纹	4号刀

（3）安装刀具。

（4）安装毛坯。

（5）输入程序。

（6）对刀。

（7）机床程序仿真。

（8）加工。

（9）测量。

（10）整理仪器。

（11）整理实验报告。

六、思考题

（1）如何订制工艺卡片？

（2）数控车床加工误差的来源有哪些？

实验五　数控铣削零件的加工

一、实验目的

（1）掌握数控铣程序编制。

（2）掌握数控铣床零件的加工。

二、使用设备

西门子数控铣床、刀具、毛坯、平口虎钳、量具。

三、实验内容

通过在数控铣、加工中心床上完成如图 A-32 所示零件的加工，了解数控铣、加工中心加工的加工工艺特点和数控刀具在数控铣、加工中心加工中的应用。

四、实验步骤

（1）零件的铣削加工要求。加工零件如图 A-32 所示，材料为 45 钢，毛坯尺寸长×宽×高为 110mm×70mm×30mm，试分析该零件的数

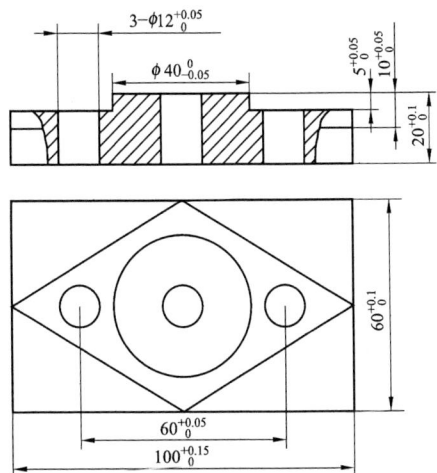

图 A-32　零件

控铣削加工工艺，如零件图分析、装夹方案、加工顺序等。编制刀具卡、工艺卡，编写加工程序。

（2）工艺分析。

1）零件图工艺分析。该零件主要由平面、孔及外轮廓组成，平面与外轮廓的表面粗糙度要求为 $Ra6.3$，可采用粗铣—精铣方案。

2）确定装夹方案。加工上表面、外轮廓、$\phi40$ 圆柱及菱形台阶面和孔系时选用平口虎钳夹紧。

3）确定加工顺序。按照基面先行，先面后孔，先粗后精的原则确定加工顺序：粗铣上表面、粗铣 $\phi40$ 圆柱及菱形→粗铣 100mm×60mm 轮廓→精铣上表面、$\phi40$ 圆柱及菱形底面→精铣 100mm×60mm 轮廓、$\phi40$ 圆柱及菱形侧面→钻 3×$\phi12$ 孔至 $\phi10$→扩 3×$\phi12$ 孔至 $\phi11.8$→铰 3×$\phi12$ 孔→翻面装夹粗精加工底面并保证尺寸 20。

4）刀具选择。见表 A-3。

表 A-3   数控加工刀具卡

刀具号	刀具规格名称	加工表面	刀具半径补偿值
T01	$\phi63$ 面铣刀	粗精铣上表面、菱形及 $\phi40$ 圆柱底面	D01＝32
T02	$\phi20$ 波刃刀	100mm×60mm 外轮廓	D02＝10.5
T03	$\phi20$ 整体硬质合金铣刀	精铣轮廓、菱形及 $\phi40$ 圆柱侧面	D03＝10 D04＝9.97
T04	$\phi10$ 高速钢钻头	钻 3×$\phi12$ 孔至 $\phi10$	
T05	$\phi11.8$ 高速钢钻头	扩 3×$\phi12$ 孔至 $\phi11.8$	
T06	$\phi12$ 铰刀	铰 3×$\phi12$ 孔	

5）切削用量的选择

铣削平面、$\phi40$ 圆柱及菱形台阶面和外轮廓时可留 0.5mm 的精加工余量，其余一次粗铣完。确定主轴转速时，查阅相关技术手册，90°面铣刀加工 45 钢时的速度为 100~200m/min 取 $Vc=160$m/min，高速钢波刃刀及钻头的线速度为 20~45m/min，整体硬质合金立铣刀的线速度为 60~120m/min，根据铣刀直径和公式计算主轴转速，并填入工序卡片中。

确定进给速度时，根据铣刀齿数、主轴转速和相关技术手册中给出的每齿进给量，计算进给速度并填入工序卡片中。

（3）拟订数控铣削加工工序卡片见表 A-4。

分析加工工艺，将刀具和切削用量等参数编入数控加工工序卡片中。

表 A-4   数控铣削加工工序卡片

工步号	工步内容	使用刀具名称			切削用量		
		刀具号	刀长补偿	半径补偿	S 功能	F 功能	切削深度
1	粗铣上表面、粗铣 $\phi40$ 圆柱及菱形	$\phi63$ 端面铣刀			S1000	F800	1
		T01	H01	D01			
2	粗铣 100mm×60mm 轮廓	$\phi20$ 波刃刀			S450	F100	4.5
		T02	H02	D02			
3	精铣上表面、$\phi40$ 圆柱及菱形底面	$\phi63$ 端面铣刀			S1000	F800	0.3
		T01	H01	D01			

续表

工步号	工步内容	使用刀具名称			切削用量		
		刀具号	刀长补偿	半径补偿	S功能	F功能	切削深度
4	精铣 100mm×60mm 轮廓、φ40 圆柱及菱形侧面	φ20 整体硬质合金立铣刀			S1500	F300	0.5
		T03	H03	D03 D04（铣圆柱）			
5	钻 3×φ12 孔至 φ10	φ10 高速钢钻头			S500	F60	
		T04	H04				
6	扩 3×φ12 孔至 φ11.8	φ11.8 高速钢钻头			S300	F40	
		T05	H05				
7	铰 3×φ12 孔	φ12 铰刀					
		T06	H06				

（4）装夹工件，安装刀具。

（5）对刀、设定刀具参数。

（6）编制数控铣削加工程序。

（7）试切加工，检验并拆卸工件，做好实验记录。

（8）清理设备、装置和工量具。

（9）整理实验报告。

五、思考题

（1）数控铣的对刀方式有哪些？

（2）数控刀具半径补偿有什么作用？

实验六　计算机辅助数控编程

一、实验目的

（1）了解 Edgecam 软件的使用方法。

（2）利用 Edgecam 软件编制五坐标的数控铣程序。

二、使用设备

计算机、Edgecam 软件。

三、Edgecam 软件数控编程流程

Edgecam 编程流程如图 A-33 所示。

四、实验步骤

（1）建立零件 CAD 模型，零件如图 A-34、图 A-35 所示。

（2）输入 Edgecam 软件。

（3）编制数控程序。

（4）模拟仿真。

（5）整理仪器。

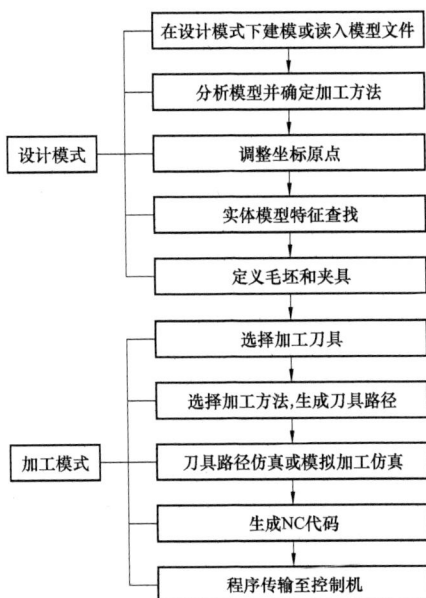

图 A-33　Edgecam 编程流程

（6）整理实验报告。

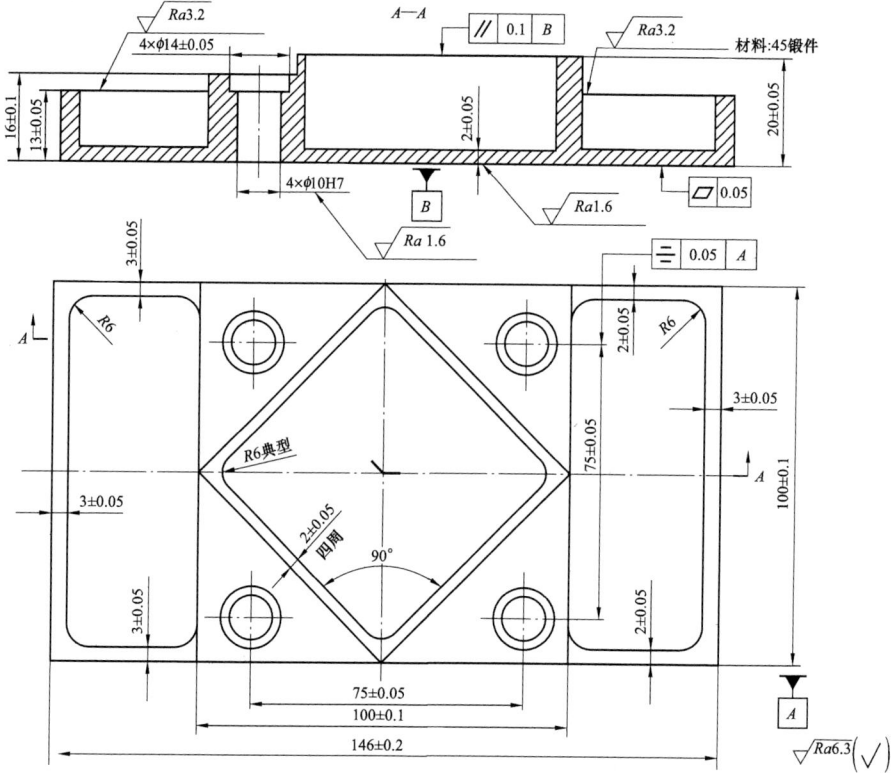

图 A-34　零件一

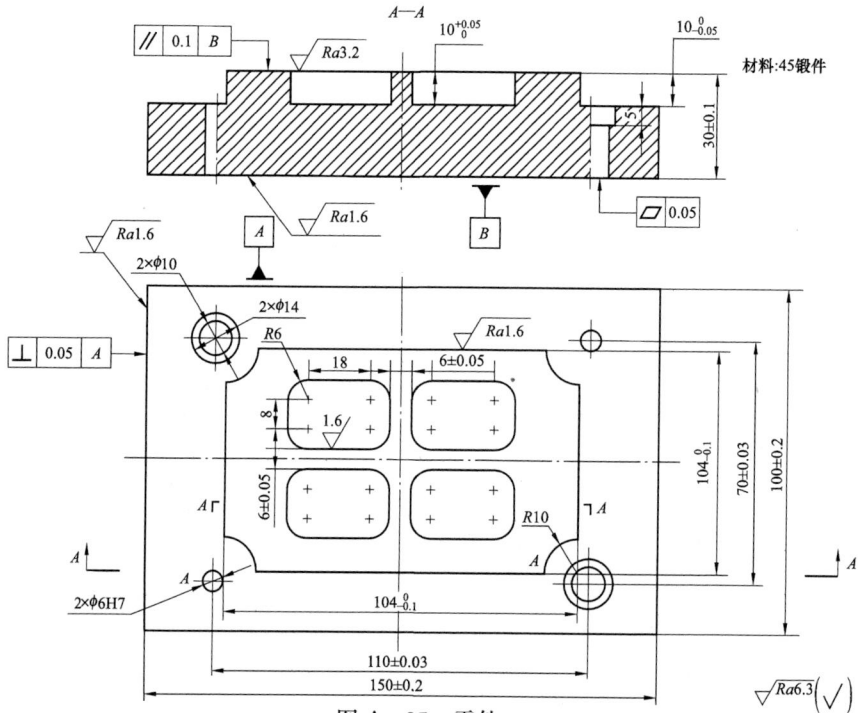

图 A-35　零件二

五、思考题

(1) Edgecam 中外形铣切的成组加工和一般加工的"轮廓铣"有何区别?

(2) 零件的外轮廓留 1mm 余量加工,有哪些方法?

实验七　后 置 处 理 技 术

一、实验目的

(1) 掌握后置处理的意义。

(2) 掌握后置处理的方法。

(3) 会用高级语言编制简单的后置处理程序。

二、使用设备

计算机,C、VB 等程序编译器。

三、实验步骤

(1) 生成 UG 软件的三坐标数控铣床的前置文件。

(2) 分析前置文件和 FANUC-0i 系统的指令映射关系。

(3) 研究后置处理器的算法,画出流程图。

(4) 编制程序。

(5) 利用编制的程序处理前置文件,并生成机床用程序。

(6) 仿真加工,检查程序的错误并调试和修改程序。

(7) 整理实验报告。

四、思考题

(1) 画出处理 A、B 摆角机床的 UG 前置文件的流程图。

(2) UG 软件后置处理的方法有哪些?

实验八　VERICUT 数控加工仿真

一、实验目的

(1) 了解 VERICUT 软件的使用方法。

(2) 掌握 VERICUT 软件模型构建。

(3) 执行典型零件的仿真操作。

二、使用设备

计算机、VERICUT 软件。

三、实验步骤

(1) 构建 FANUC-0i 三坐标数控铣床。

(2) 建立仿真工艺模型。

(3) 调入数控程序。

(4) 设置仿真参数。

(5) 执行仿真操作。

(6) 检查仿真结果。

(7) 更改错误程序。

(8) 整理实验报告。

四、思考题

（1）如何建立 VERICUT 的仿真模型？

（2）在 VERICUT 中的坐标系有哪些？如何设置？

实验九　数 字 化 测 量

一、实验目的

了解三坐标测量机的使用方法和测量原理。

二、仪器设备

三坐标测量机是一种高效、新颖的精密测量仪器。它广泛应用于机械制造、仪器制造、电子工业、航空工业等各领域。

应用三坐标测量机可对直线坐标、平面坐标以及空间三维尺寸进行测量，可以测量球体直径、球心坐标、曲线曲面轮廓、各种角度关系以及凸轮、叶片等复杂零件的几何尺寸和形状位置误差。三坐标测量机测量精度高，速度快，软件功能强大，是测量行业不可或缺的高级仪器。

三、基本功能实验

（一）测头及标准球的标定

1．目的

当使用测量机进行工件检测时，跟工件直接接触的是测头的红宝石球的球面，测量机在进行数据处理时是以红宝石球的球心来计算的，必须对测球的半径和位置进行补偿。因此，在测量工件之前，首先要进行测头校正，从而得到测头的准确数值，校正完毕，坐标机会自动补偿校正后的数据。这样，可以消除由于测头而带给工件测量的误差。

2．功能

可分别用"手动模式"或"自动模式"校验、定义测头。

3．方法

（1）定义测头直径。用鼠标单击"测头"图标，再单击"定义测头"图标，在相应图标中输入定义值及测头直径的理论值，用鼠标单击上图"确认键"，即完成定义测头功能。计算机自动提示下一个新测头的标号。

（2）校验测头。用鼠标单击"测头"图标，再单击"校验测头"图标，在"测头标号"处选择要校验的测头标号，再输入"标准球的直径"，然后选择"手动模式"校验所需的测头。当第一次校验完毕后，可看到标准球的球心坐标已自动显示出来。此时用户可根据测头类型分别用"手动模式"或"自动模式"校验每一被定义的测头。

得到测头的准确值，在以后的测量中即可自动进行测头补偿。测量时，应使所有定义的测头都使用统一的基准，这样在测量过程中使用多个测头完成整个测量过程，就不必考虑测头数据的不一致性问题。

（二）基本元素的测量

1．目的

基本元素测量是所有测量和其他工作的基础。所有零件的检测都要通过对基本几何元素的测量来实现。通过测量得到指定被测基本元素的有关参数值。

2. 功能

通过此功能可测量指定点、线、面、圆、弧、椭圆、圆柱、圆锥、球、键槽、曲线、曲面等基本元素。

3. 方法

用鼠标单击"测量"图标，然后单击"被测元素"图标。工作区将显示该测量元素的标号及测量点数，可根据工作区的提示对测量元素进行删除点、增加点等修改，然后进行测量，即可得到被测基本元素的实际值。

(三)"3-2-1"坐标系的建立

1. 目的

将坐标系的三个轴的方向和坐标原点建立在零件上，用于一些同类零件的程序控制自动测量。

2. 功能

此功能可建立一个完整的零件坐标系。"3-2-1"的含义如下：

(1) 3 (测量第一平面上的三点，软件自动将此平面的法矢作为零件坐标系的第一轴的方向)；

(2) 2 (测量第二平面上的两点直线，再将其投影到第一平面作为第二轴的方向)；

(3) 1 (再测量或通过构造产生一点作为零件坐标系的原点)。

3. 方法

用鼠标单击零件坐标系的主菜单图标，再单击"3-2-1"坐标系图标，工作区会显示零件坐标系的每一项信息，可根据需要输入相应的元素作为新的坐标轴和原点。

以上面为例，选择坐标轴的名称，定义二坐标轴的方向及原点的坐标，方法如下：

在工作区的中部有五个小方框，首先用鼠标单击"第一轴"处，此处应变为蓝色，然后用户可根据需要，到工作区最右边显示"坐标轴改变区"处，选择要建立的坐标轴的名称和方向，并单击鼠标左键，蓝色小窗口即显示所选择的坐标轴。从工作区最左边选择要建立"第一轴"的元素类型，并用鼠标单击，此类元素的所有元素标号便全部显示在工作区，从中选中所需元素的标号，用鼠标双击，此元素的标号便显示在"第一轴"的方框中，此时，"第一轴"的方向便建立了。建立"第二轴"(工作区中，中间第二个小窗口)，用户可用鼠标单击此窗口，使之变为蓝色后，可用同样的方法 (建立第一轴) 处理。建立"原点 X 值"。如果要改变原点的 X 坐标，只要在第三个小窗口上单击鼠标左键，该小窗口即变为蓝色。在工作区最左边，查找所需元素类型，且按下该按钮，该类型所有元素标号都显示在工作区，选择所需要的元素标号，且双击鼠标左键，选择的元素标号，即出现在蓝色小窗口的右边。此时，零件坐标系的原点的 X 坐标即确立了。"原点 Y 值"、"原点 Z 值"的方法都参照建立"原点 X 值"方法。选择"确认键"按钮，确认已建立的坐标系。此时，"Coord"窗口显示坐标系的标号，便是此零件坐标系的名称。

(四) 其他功能实验

(略)

四、思考题

三坐标测量机为什么要建立零件坐标系？

实验十　数控车铣复合编程

一、实验目的

(1) 掌握利用 CAXA 工艺图表软件编制数控加工工艺规程。

(2) 编制典型零件的车铣复合程序。

二、使用设备

计算机、CAXA 工艺图表软件、EDGECAM 软件。

三、实验步骤

(1) 制订工艺规程。

(2) 编制程序。

(3) 生成机床程序。

(4) 加工仿真。

(5) 整理仪器。

(6) 整理实验报告。

四、思考题

(1) EDGECAM 如何进行后置处理?

(2) EDGECAM 车铣复合加工有几种定义 NC 操作的方法?

实验十一　数控线切割加工

一、实验目的

(1) 了解 CAXA 工艺图表软件的使用方法。

(2) 掌握利用 CAXA 工艺图表软件编制数控加工工艺规程。

(3) 编制典型零件的线切割程序。

二、使用设备

计算机,CAXA 工艺图表软件,电火花线切割机床。

三、实验步骤

(1) 典型零件编程工艺性分析。如图 A-36 所示,分析该零件的电加工工艺,完成零件图分析、装夹方案、加工顺序等内容,用 CAXA 线切割软件生成图形、加工轨迹和 G 代码程序,并完成零件加工。钼丝半径为 0.18mm,放电间隙为 0.1mm。工件毛坯厚度为 20mm,材料为普通钢板。

1) 零件图分析。该工件形状简单,由简单的直线和圆弧光滑连接而成,厚度较薄,采用线切割机床加工,一次装夹加工成型。

2) 确定装夹方案。由于该零件形状简单,且材料厚度较薄,可采用悬臂支撑方式直接将毛坯用压板装夹在工作台架上进行加工。

3) 加工顺序。根据装夹方式,最后加工夹紧受力边。

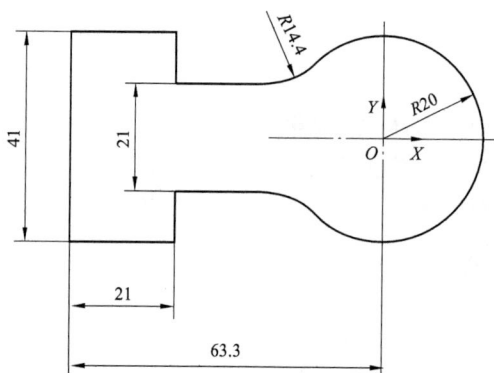

图 A-36　线切割零件

4) 切割参数选择。选择切割参数时，在保证加工表面粗糙度及零件加工精度的前提下，尽可能提高切割加工速度（如选择较大的脉冲宽度、较小的脉冲停歇、较大的最大电流及较大的进给速度等）。另外，由于此零件为厚度较薄普通钢板，工作液的浓度配置为 $10\%\sim15\%$。

（2）主要操作过程及程序加工。

1）生成加工轨迹；

2）生成机床加工代码并进行处理；

3）程序加工。

（3）拆卸工件，清理实验设备、装置及工量具。

（4）整理实验报告。

四、思考题

（1）线切割程序编制有哪些方式？

（2）如何制定数控线切割工艺？

实验十二　复杂结构件的综合编程与加工

一、实验目的

（1）掌握 CAXA 工艺图表编制数控加工工艺规程。

（2）掌握 Edgecam 软件编制数控程序。

（3）掌握后置处理技术。

二、使用设备

计算机、CAXA 工艺图表软件、Edgecam 软件、宇龙加工仿真软件、数控铣床。

三、实验内容

（1）建立加工模型。

（2）编制数控加工工艺规程。

（3）编制数控程序。

（4）执行加工仿真。

（5）生成机床程序。

（6）利用宇龙软件进行仿真加工。

（7）加工零件。

四、实验步骤

（1）分析图纸，零件如图 A-37 所示。

（2）制订加工工艺。

（3）编制工艺规程。

（4）建立零件模型。

（5）编制数控程序，模拟仿真，生成程序。

（6）加工零件。

（7）整理工具和机床。

（8）整理仪器。

（9）整理实验报告。

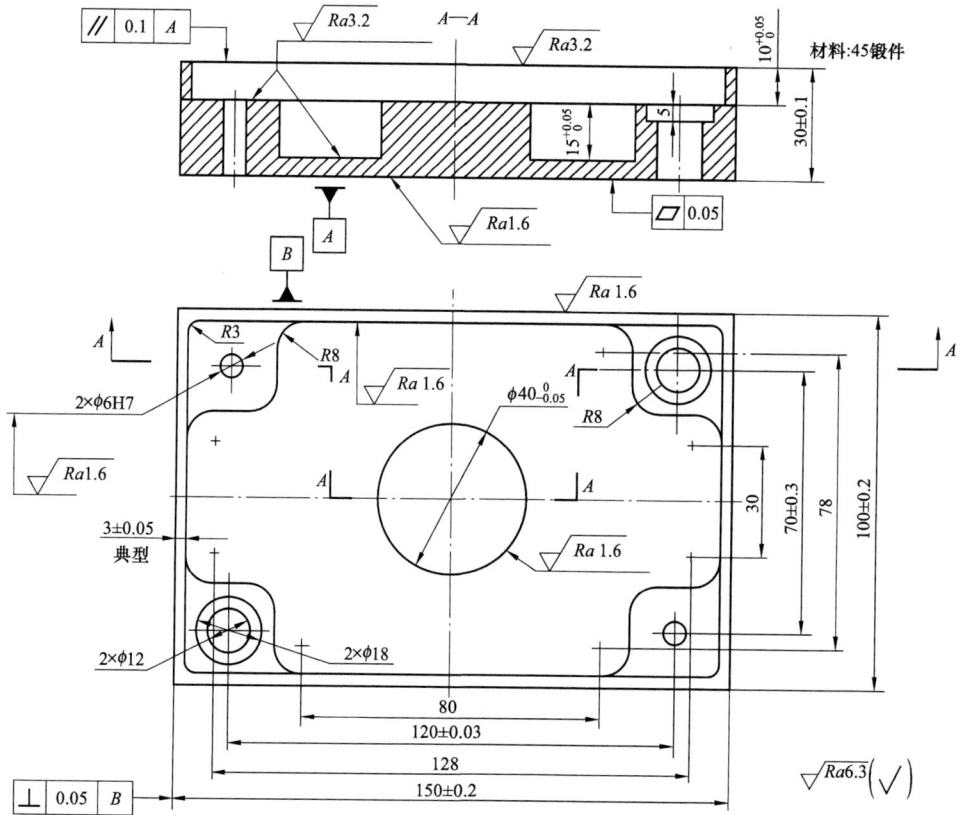

图 A-37　零件 1

五、思考题

（1）如何定制工艺卡片？

（2）Edgecam 如何仿真加工零件？

附录 B　重点名词术语中英文对照

1. 计算机数字控制（Computerized Numerical Control，CNC）
2. 轴（Axis）
3. 机床坐标系（Machine Coordinate system）
4. 机床坐标原点（Machine Coordinate Origin）
5. 工件坐标系（Work‐piece Coordinate System）
6. 工件坐标原点（Work‐piece Coordinate Origin）
7. 机床零点（Machine zero）
8. 参考位置（Reference Position）
9. 绝对尺寸（Absolute Dimension）
10. 绝对坐标值（Absolute Coordinates）
11. 增量尺寸（Incremental Dimension ）
12. 最小输入增量（Least Input Increment）
13. 脉冲增量（Least command Increment）
14. 插补（Interpolation）
15. 直线插补（Line Interpolation）
16. 圆弧插补（Circular Interpolation）
17. 顺时针圆弧（Clockwise Arc）
18. 逆时针圆弧（Counterclockwise Arc）
19. 手工零件编程（Manual Part Programming）
20. 计算机零件编程（Computer Part programming）
21. 绝对编程（Absolute Programming）
22. 增量编程（Increment programming）
23. 字符（Character）
24. 控制字符（Control Character）
25. 地址（Address）
26. 程序段格式（Block Format）
27. 指令码（Instruction Code）
28. 程序号（Program Number）
29. 程序名（Program Name）
30. 指令方式（Command Mode）
31. 程序段（Block）
32. 零件程序（Part Program）
33. 加工程序（Machine Program）
34. 程序结束（End of Program）
35. 数据结束（End of Data）
36. 程序暂停（Program Stop）

37. 准备功能 （Preparatory Function）

38. 辅助功能 （Miscellaneous Function）

39. 刀具功能 （Tool Function）

40. 进给功能 （Feed Function）

41. 主轴速度功能 （Spindle Speed Function）

42. 进给保持 （Feed Hold）

43. 刀具轨迹 （Tool Path）

44. 零点偏置 （Zero Offset）

45. 刀具补偿 （Tool Offset）

46. 刀具长度补偿 （Tool Length Offset）

47. 刀具半径补偿 （Tool Radius Offset）

48. 刀具补偿 （Cutter Compensation）

49. 刀具轨迹进给速度 （Tool Path Feedrate）

50. 固定循环 （Fixed Cycle，Canned Cycle）

51. 子程序 （Subprogram）

52. 工序单 （Planning sheet）

53. 执行程序 （Executive Program）

54. 倍率 （Override）

55. 误差 （Error）

56. 分辨率 （Resolution）

57. 数控机床 （CNC machine tool）

58. 电火花加工 （electric spark machining）

59. 电火花线切割加工 （electrical discharge wire – cutting）

60. 加工中心 （machining center）

61. 固定循环 （Preparatory Function）

62. 加工参数 （Machining Parameter）

63. 刀具控制 （Tool Control）

64. 循环功能 （Cycle Function）

65. 冷却液控制 （Coolant Control）

66. 插补 （Interpolator）

67. G 代码 （G – code）

68. 快速移动 （Rapid Traverse）

69. 英制 （Inch Format）

70. 公制 （Metric Format）

71. 螺纹切削 （Thread Cutting）

72. 取消刀具补偿 （Cutter Compensation Cancel）

73. 刀具左补偿 （Cutter Compensation – left）

74. 刀具右补偿 （Cutter Compensation – right）

75. 刀具长度补偿 （＋） （Cutter Offset Positive）

76. 刀具长度补偿 （－） （Cutter Offset Negative）

77. 固定循环取消（Fixed Cycle Cancel）

78. 绝对编程（Absolute Dimension Program）

79. 增量编程（Incremental Program）

80. 设定工件原点（Set the Workpiece Origin）

81. 恒定线速度控制（Constant Surface Speed Control）

82. 恒定线速度撤销（Constant Spindle Speed Cancel）

83. 每分钟进给量（Feed per Minute）

84. 每转进给量（Feed per Revolution）

85. 编程（Programming）

86. 轮廓（Contour）

87. 程序停止（Program Stop）

88. 选择性停止（Optional Stop）

89. 程序结束（End of Program）

90. 主轴顺时针旋转（Spindle CW）

91. 主轴逆时针旋转（Spindle CCW）

92. 主轴停止（Spindle Stop）

93. 换刀（Tool Change）

94. 冷却液开（液状）（Flood Coolant on）

95. 冷却液开（雾状）（Mist Coolant on）

96. 冷却液关（Coolant off）

97. 液压夹头夹紧（Chuck Close）

98. 液压夹头松开（Chuck Open）

99. 调用子程序（Calling of Subprogram）

100. 球头铣刀（Ball End Mill）

101. 车削（Turning）

102. 铣削（Milling）

103. 文件格式（File Format）

104. 几何特征（Geometric Feature）

105. 激光切割（Laser Cutting）

106. 组合夹具（Modular Fixture）

107. 非模态代码（Non‐modal Code）

108. 后置处理（Post‐processing）

109. 刀具中心编程（Tool Center Programming）

110. 子程序结束（End of Subprogram）

111. 返回主程序（Return to Main Program）

112. 刀库（Tool Magazine）

113. 转塔刀架（Turret）

114. 立式加工中心（Vertical Machining Center）

115. Z字（Z‐word）

附 录 C 技 术 论 坛 网 址

1. 机械 CAD：http：//www. jxcad. com
2. 三维网：http：//www. 3dportal. cn
3. 精诚网：http：//www. creoug. com
4. 开思论坛：http：//bbs. icax. org
5. 野火论坛：http：//www. proewildfire. cn/forum. php
6. EDGECAM 网：www. edgecam. cn
7. 数控城：http：//www. skaw. cn
8. 中国模具论坛：http：//www. mouldbbs. com/
9. 5 维网：http：//ug. 5dcad. cn/
10. ABC 工具室：http：//www. abcug. com/
11. 明经 CAD 社区：http：//www. mjtd. com
12. 模具 CNC 论坛：http：//www. doour. net/index. asp
13. 我要自学网：http：//www. 51zxw. net/default. aspx
14. UG 爱好者：http：//www. ugsnx. com/
15. VNUC 数控加工仿真软件：http：//www. legalsoft. com. cn/Default. asp
16. 宇航数控车铣模拟仿真教学软件：http：//www. yhcnc. com/index. htm
17. CAXA：http：//www. caxa. com. cn/
18. 广州数控：http：//www. gsk. com. cn/index. asp
19. 华中数控：http：//www. huazhongcnc. com
20. 佳工机电网：http：//www. newmaker. com/
21. 中国机械网：http：//www. jx. cn/
22. 中国金属加工网：http：//www. mw35. com/software/index. asp
23. 数控中国论坛：http：//bbs. shukongcn. com/
24. 广东 UG：http：//bbs. uggd. com/
25. e - works 中国制造业信息化门户：http：//www. e - works. net. cn/
26. ARTCNC：http：//www. artcnc. cn/

参 考 文 献

[1] 王令其，张思弟. 数控加工技术. 北京：机械工业出版社，2006.

[2] 涂志标，黎胜容. 典型零件数控铣加工生产实例. 北京：机械工业出版社，2011.

[3] 贾军，黎胜容. 典型零件数控车加工生产实例. 北京：机械工业出版社，2011.

[4] 任志俊. 数控铣工实用技术. 长沙：湖南科学技术出版社，2013.

[5] 陆剑中，孙家宁. 金属切削原理与刀具. 北京：机械工业出版社，2001.

[6] 张思弟，贺曙新. 数控编程加工技术. 北京：化学工业出版社，2005.

[7] 贺曙新，张思弟，文少波. 数控加工工艺. 北京：化学工业出版社，2005.

[8] 王春海，樊锐，赵先仲. 数字化加工技术. 北京：化学工业出版社，2003.

[9] 张思弟. 数控车工实用技术手册. 南京：江苏科学技术出版社，2006.

[10] 李超. 数控加工实例. 沈阳：辽宁科学技术出版社，2005.

[11] 关颖. 数控车床. 沈阳：辽宁科学技术出版社，2005.

[12] 赵长明，刘万菊. 数控加工工艺及设备. 北京：高等教育出版社，2003.

[13] 宋放之，等. 数控工艺培训教程（数控车部分）. 北京：清华大学出版社，2003.

[14] 张建华. 精密与特种加工技术. 北京：机械工业出版社，2003.

[15] 王先边. 精密加工技术实用手册. 北京：机械工业出版社，1999.

[16] 《实用数控加工技术》编委会. 实用数控加工技术. 北京：兵器工业出版社，1995.

[17] 刘雄伟. 数控加工理论与编程技术. 北京：机械工业出版社，2000.

[18] 王爱玲. 现代数控编程技术及应用. 北京：国防工业出版社，2002.

[19] 张学仁，等. 数控电火花线切割加工技术. 哈尔滨：哈尔滨工业大学出版社，2000.

[20] 陈洪涛. 数控加工工艺与编程. 北京：高等教育出版社，2003.

[21] 金涛，王卫兵. 数控车加工. 北京：机械工业出版社，2004.

[22] 郑书华，张凤辰. 数控铣削编程与操作训练. 北京：高等教育出版社，2004.

[23] 蔡复之. 实用数控加工技术. 北京：兵器工业出版社，1995.

[24] 龚仲华. 数控技术. 北京：机械工业出版社，2004.

[25] 许祥泰，刘艳芳. 数控加工编程实用技术. 北京：机械工业出版社，2000.

[26] 孙德茂. 数控机床车削加工直接编程技术. 北京：机械工业出版社，2005.

[27] 宋天麟. 数控机床及其使用与维修. 南京：东南大学出版社，2003.

[28] 王爱玲. 现代数控机床. 北京：国防工业出版社，2003.

[29] 娄锐. 数控应用关键技术. 北京：电子工业出版社，2005.

[30] 周济. 数控加工技术. 北京：国防工业出版社，2002.

[31] 刘战强，黄传真，郭培全. 先进切削加工技术及应用. 北京：机械工业出版社，2005.

[32] 顾京. 数控机床加工程序编制. 4 版. 北京：机械工业出版社，2011.